MEMORIZE ANSWERS

'답'만 외우는

제빵
기능사 필기
CBT

기출문제 + 모의고사 14회

시대에듀

답만 외우는 **제빵기능사** 필기

Always with you

사람이 길에서 우연하게 만나거나 함께 살아가는 것만이 인연은 아니라고 생각합니다.
책을 펴내는 출판사와 그 책을 읽는 독자의 만남도 소중한 인연입니다.
시대에듀는 항상 독자의 마음을 헤아리기 위해 노력하고 있습니다.
늘 독자와 함께하겠습니다.

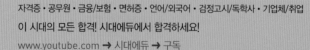

최근 라이프 스타일의 변화로 간편하게 즐길 수 있는 식사 대용 빵을 소비하는 추세가 급격하게 늘어나고 있으며, 해외 디저트 브랜드 유입, 개인 디저트 전문점 증가 등 디저트 시장은 세분화 · 전문화 · 다양화되고 있다.

맛과 향뿐만 아니라 예술적 · 시각적인 요소가 점차 중요시되고 있으며, 제빵기능사는 자신만의 맛을 개발하여 사람들에게 기쁨을 줄 수 있다는 점이 특히 매력적이다. 이런 시대의 흐름에 따라 제빵기능사는 많은 사람들에게 관심을 받고 있으며, 그 전망 또한 매우 밝다.

이에 파티시에를 꿈꾸는 수험생들이 한국산업인력공단에서 실시하는 제빵기능사 자격시험에 효과적으로 대비할 수 있도록 다음과 같은 특징을 가진 도서를 출간하게 되었다.

본 도서의 특징

1. 자주 출제되는 기출문제의 키워드를 분석하여 정리한 빨간키를 통해 시험에 완벽하게 대비할 수 있다.
2. 정답이 한눈에 보이는 기출복원문제 7회분과 해설 없이 풀어보는 모의고사 7회분으로 구성하여 필기시험을 준비하는 데 부족함이 없도록 하였다.
3. 명쾌한 풀이와 관련 이론까지 꼼꼼하게 정리한 상세한 해설을 통해 문제의 핵심을 파악할 수 있다.

이 책이 제빵기능사를 준비하는 수험생들에게 합격의 안내자로서 많은 도움이 되기를 바라면서 수험생 모두에게 합격의 영광이 함께하기를 기원하는 바이다.

편저자 올림

시험안내

개 요

제빵에 관한 숙련기능을 가지고 제빵 제조와 관련되는 업무를 수행할 수 있는 능력을 가진 전문인력을 양성하고자 자격
제도를 제정하였다.

시행처   한국산업인력공단(www.q-net.or.kr)

자격 취득 절차

필기 원서접수	• **접수방법** : 큐넷 홈페이지(www.q-net.or.kr) 인터넷 접수 • **시행일정** : 상시 시행(월별 세부 시행계획은 전월에 큐넷 홈페이지를 통해 공고) • **접수시간** : 회별 원서접수 첫날 10:00 ~ 마지막 날 18:00 • **응시 수수료** : 14,500원 • **응시자격** : 제한 없음
필기시험	• **시험과목** : 빵류 재료, 제조 및 위생관리 • **검정방법** : 객관식 4지 택일형, 60문항(60분)
필기 합격자 발표	• **발표방법** : CBT 필기시험은 시험 종료 즉시 합격 여부 확인 가능 • **합격기준** : 100점 만점에 60점 이상
실기 원서접수	• **접수방법** : 큐넷 홈페이지 인터넷 접수 • **응시 수수료** : 33,000원 • **응시자격** : 필기시험 합격자
실기시험	• **시험과목** : 제빵 실무 • **검정방법** : 작업형(4시간 정도) • **채점** : 채점기준(비공개)에 의거 현장에서 채점
최종 합격자 발표	• **발표일자** : 회별 발표일 별도 지정 • **발표방법** : 큐넷 홈페이지 또는 전화 ARS(1666-0100)를 통해 확인
자격증 발급	• **상장형 자격증** : 수험자가 직접 인터넷을 통해 발급 · 출력 • **수첩형 자격증** : 인터넷 신청 후 우편배송만 가능 ※ 방문 발급 및 인터넷 신청 후 방문 수령 불가

검정현황

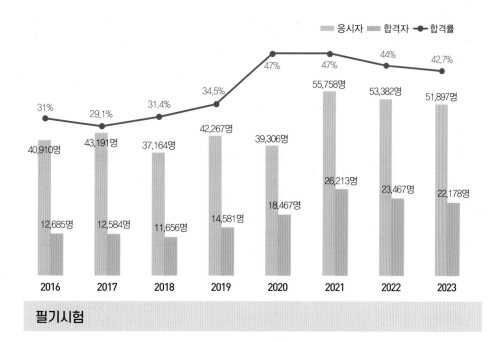

응시자　합격자　●합격률

31%　29.1%　31.4%　34.5%　47%　47%　44%　42.7%

40,910명　43,191명　37,164명　42,267명　39,306명　55,758명　53,382명　51,897명

12,685명　12,584명　11,656명　14,581명　18,467명　26,213명　23,467명　22,178명

2016　2017　2018　2019　2020　2021　2022　2023

필기시험

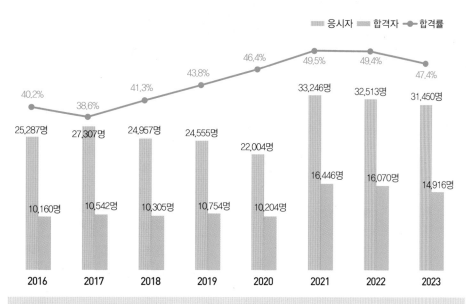

응시자　합격자　●합격률

40.2%　38.6%　41.3%　43.8%　46.4%　49.5%　49.4%　47.4%

25,287명　27,307명　24,957명　24,555명　22,004명　33,246명　32,513명　31,450명

10,160명　10,542명　10,305명　10,754명　10,204명　16,446명　16,070명　14,916명

2016　2017　2018　2019　2020　2021　2022　2023

실기시험

출제기준

필기과목명	주요항목	세부항목	세세항목
빵류 재료, 제조 및 위생관리	재료 준비	재료 준비 및 계량	• 배합표 작성 및 점검 • 재료 준비 및 계량방법 • 재료의 성분 및 특징 • 기초 재료과학 • 재료의 영양학적 특성
	빵류 제품 제조	반죽 및 반죽관리	• 반죽법의 종류 및 특징 • 반죽의 결과 온도 • 반죽의 비용적
		충전물 · 토핑물 제조	• 재료의 특성 및 전처리 • 충전물 · 토핑물 제조방법 및 특징
		반죽 발효관리	• 발효 조건 및 상태관리
		분할하기	• 반죽 분할
		둥글리기	• 반죽 둥글리기
		중간발효	• 발효 조건 및 상태관리
		성형	• 성형하기
		팬닝	• 팬닝방법
		반죽 익히기	• 반죽 익히기 방법의 종류 및 특징 • 익히기 중 성분 변화의 특징
	제품 저장관리	제품의 냉각 및 포장	• 제품의 냉각방법 및 특징 • 포장재별 특성 • 불량제품 관리
		제품의 저장 및 유통	• 저장방법의 종류 및 특징 • 제품의 유통 · 보관방법 • 제품의 저장 · 유통 중의 변질 및 오염원 관리방법
	위생안전관리	식품위생 관련 법규 및 규정	• 식품위생법 관련 법규 • HACCP 등의 개념 및 의의 • 공정별 위해요소 파악 및 예방 • 식품첨가물
		개인 위생관리	• 개인 위생관리 • 식중독의 종류, 특성 및 예방방법 • 감염병의 종류, 특징 및 예방방법
		환경 위생관리	• 작업환경 위생관리 • 소독제 • 미생물의 종류와 특징 및 예방방법 • 방충 · 방서관리
		공정 점검 및 관리	• 공정의 이해 및 관리 • 설비 및 기기

실기시험 위생기준

구 분	세부 기준
위생복 상의	• 전체 흰색, 기관 및 성명 등의 표식이 없을 것 • 팔꿈치가 덮이는 길이 이상의 7부, 9부, 긴소매(수험자 필요에 따라 흰색 팔토시 가능) • 상의 여밈은 위생복에 부착된 것이어야 하며 벨크로(일명 찍찍이), 단추 등의 크기, 색상, 모양, 재질은 제한하지 않음(단, 금속성 부착물, 배지, 핀 등은 금지) • 팔꿈치 길이보다 짧은 소매는 작업 안전상 금지 • 부직포, 비닐 등 화재에 취약한 재질 금지
위생복 하의 (앞치마)	• "흰색 긴바지 위생복" 또는 "(색상 무관) 평상복 긴바지 + 흰색 앞치마" - 흰색 앞치마 착용 시, 앞치마 길이는 무릎 아래까지 덮이는 길이일 것 - 평상복 긴바지의 색상·재질은 제한이 없으나, 부직포, 비닐 등 화재에 취약한 재질이 아닐 것 - 반바지, 치마, 폭넓은 바지 등 안전과 작업에 방해가 되는 복장 금지
위생모	• 전체 흰색, 기관 및 성명 등의 표식이 없을 것 • 빈틈이 없고, 일반 제과점에서 통용되는 위생모(크기 및 길이, 재질은 제한 없음) - 흰색 머릿수건(손수건)은 머리카락 및 이물에 의한 오염 방지를 위해 착용 금지
마스크	• 침액 오염 방지용으로, 종류는 제한하지 않음(단, 마스크 착용 의무화 기간 중 '투명 위생 플라스틱 입가리개'는 마스크 착용으로 인정하지 않음) - 미착용 시 실격
위생화 (작업화)	• 색상 무관, 기관 및 성명 등의 표식이 없을 것 • 조리화, 위생화, 작업화, 운동화 등 가능(단, 발가락, 발등, 발뒤꿈치가 모두 덮일 것) • 미끄러짐 및 화상의 위험이 있는 슬리퍼류, 작업에 방해가 되는 굽이 높은 구두, 속 굽 있는 운동화 금지
장신구	• 일체의 개인용 장신구 착용 금지(단, 위생모 고정을 위한 머리핀은 허용) • 손목시계, 반지, 귀걸이, 목걸이, 팔찌 등 이물, 교차오염 등의 식품위생 위해 장신구는 착용하지 않을 것
두 발	• 단정하고 청결할 것, 머리카락이 길 경우 흘러내리지 않도록 머리망을 착용하거나 묶을 것
손 / 손톱	• 손에 상처가 없어야 하나, 상처가 있을 경우 보이지 않도록 할 것(시험위원 확인하에 추가 조치 가능) • 손톱은 길지 않고 청결하며 매니큐어, 인조손톱 등을 부착하지 않을 것
위생관리	• 재료, 조리기구 등 조리에 사용되는 모든 것은 위생적으로 처리하여야 하며, 제과제빵용으로 적합한 것일 것
안전사고 발생 처리	• 칼 사용(손 빔) 등으로 안전사고 발생 시 응급조치를 하여야 하며, 응급조치에도 지혈이 되지 않을 경우 시험 진행 불가

※ 일반적인 개인위생, 식품위생, 작업장 위생, 안전관리를 준수하지 않을 경우 감점 처리될 수 있으며, 기타 자세한 사항은 큐넷 홈페이지(www.q-net.or.kr)에서 확인하시기 바랍니다.

CBT 응시 요령

기능사 종목 전면 CBT 시행에 따른

CBT 완전 정복!

"CBT 가상 체험 서비스 제공"

한국산업인력공단
(http://www.q-net.or.kr) 참고

01 수험자 정보 확인

시험장 감독위원이 컴퓨터에 나온 수험자 정보와 신분증이 일치하는지를 확인하는 단계입니다. 수험번호, 성명, 생년월일, 응시종목, 좌석번호를 확인합니다.

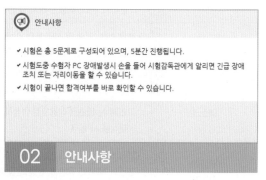

02 안내사항

시험에 관한 안내사항을 확인합니다.

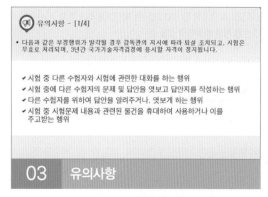

03 유의사항

부정행위에 관한 유의사항이므로 꼼꼼히 확인합니다.

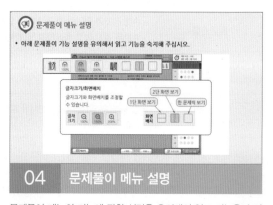

04 문제풀이 메뉴 설명

문제풀이 메뉴의 기능에 관한 설명을 유의해서 읽고 기능을 숙지해 주세요.

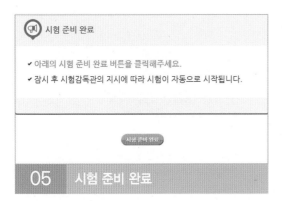

05 시험 준비 완료

시험 안내사항 및 문제풀이 연습까지 모두 마친 수험자는 시험 준비 완료 버튼을 클릭한 후 잠시 대기합니다.

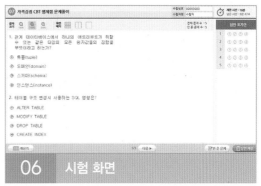

06 시험 화면

시험 화면이 뜨면 수험번호와 수험자명을 확인하고, 글자크기 및 화면배치를 조절한 후 시험을 시작합니다.

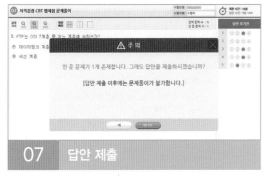

07 답안 제출

[답안 제출] 버튼을 클릭하면 답안 제출 승인 알림창이 나옵니다. 시험을 마치려면 [예] 버튼을 클릭하고 시험을 계속 진행하려면 [아니오] 버튼을 클릭하면 됩니다. 답안 제출은 실수 방지를 위해 두 번의 확인 과정을 거칩니다. [예] 버튼을 누르면 답안 제출이 완료되며 득점 및 합격여부 등을 확인할 수 있습니다.

CBT 완전 정복 Tip

내 시험에만 집중할 것
CBT 시험은 같은 고사장이라도 각기 다른 시험이 진행되고 있으니 자신의 시험에만 집중하면 됩니다.

이상이 있을 경우 조용히 손을 들 것
컴퓨터로 진행되는 시험이기 때문에 프로그램상의 문제가 있을 수 있습니다. 이때 조용히 손을 들어 감독관에게 문제점을 알리며, 큰 소리를 내는 등 다른 사람에게 피해를 주는 일이 없도록 합니다.

연습 용지를 요청할 것
응시자의 요청에 한해 연습 용지를 제공하고 있습니다. 필요시 연습 용지를 요청하며 미리 시험에 관련된 내용을 적어놓지 않도록 합니다. 연습 용지는 시험이 종료되면 회수되므로 들고 나가지 않도록 유의합니다.

답안 제출은 신중하게 할 것
답안은 제한 시간 내에 언제든 제출할 수 있지만 한 번 제출하게 되면 더 이상의 문제풀이가 불가합니다. 안 푼 문제가 있는지 또는 맞게 표기하였는지 다시 한 번 확인합니다.

이 책의 100% 활용법

STEP 1

답이 한눈에 보이는 문제를 보고 정답을 외운다.

기출문제 풀이는 합격으로 가는 지름길입니다. 기출복원문제의 정답을 외워 최신 경향을 파악하고, 상세한 해설로 이론 학습을 대신합니다.

STEP 2

부족한 내용은 빨간키로 보충 학습한다.

시험에 꼭 나오는 핵심 포인트만 정리하였습니다. 시험장에서 마지막으로 보는 요약집으로도 활용할 수 있습니다.

제 1 회 | **기출복원문제**

03 다음 중 산형식빵의 비용적으로 가장 적합한 것은?

① $1.5 \sim 1.8 cm^3/g$

② $1.7 \sim 2.6 cm^3/g$

③ $3.2 \sim 3.4 cm^3/g$

④ $3.6 \sim 4.0 cm^3/g$

해설

제품별 비용적

- 산형식빵 : $3.2 \sim 3.4 cm^3/g$
- 풀먼식빵 : $3.8 \sim 4.0 cm^3/g$
- 스펀지 케이크 : $5.08 cm^3/g$

CHAPTER

01 | 재료 준비

▌ **배합표**

- 배합표란 빵을 만드는 데 필요한 재료의 종류와 양, 비율을 숫자로 표기하며, 배합량은 g과 kg 단위로 표기한다.
- 베이커스 퍼센트(Baker's %)는 밀가루 사용량을 100% 기준으로 전체 사용된 재료의 합을 100%로 표기한다.

▌ **배합량 계산법**

▌ 고율 배합

- 설탕의 사용량이 밀가루의 사용량보다 많고, 수분(달걀, 우유 등)이 설탕량보다 많은 배합
- 많은 설탕을 녹일만한 양의 물을 사용하여 수분이 제품에 많이 남게 되므로, 촉촉한 상태를 오랫동안 유지에 신선도를 높이고 부드러움이 지속됨

▌ 저율 배합

설탕, 유지, 달걀 등의 비율이 낮으며 기본 재료인 밀가루, 소금, 물을 위주로 하여 만든 배합

▌ 고율 배합과 저율 배합의 비교

구 분	고율 배합	저율 배합
설탕과 밀가루의 양	설탕 ≥ 밀가루	설탕 ≤ 밀가루
공기의 혼입	많음	적음
반죽의 비중	낮음	높음
화학 팽창제 사용량	적음	많음
굽 기	저온 장시간(언더 베이킹)	고온 단시간(오버 베이킹)

STEP 3
실전처럼 모의고사를 풀어본다.

해설의 도움 없이 시간을 재며 실제 시험처럼 모의고사 문제를 풀어봅니다.

STEP 4
어려운 문제는 반복 학습한다.

어려운 내용이 있다면 상세한 해설을 참고합니다. 14회분 문제 풀이를 최소 3회독 합니다.

STEP 5
시대에듀 CBT 모의고사로 최종 마무리한다.

시험 전날 시대에듀에서 제공하는 온라인 모의고사로 자신의 실력을 최종 점검합니다. (쿠폰번호 뒤표지 안쪽 참고)

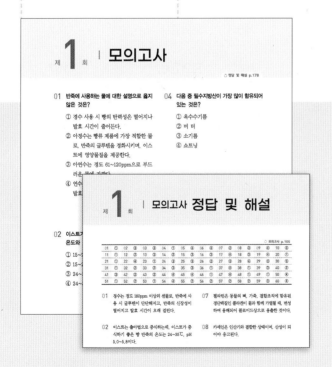

목 차

답만 외우는 제빵기능사

빨 간 키

빨리보는 간단한 키워드

당신의 시험에 빨간불이 들어왔다면!
최다빈출키워드만 모아놓은 합격비법 핵심 요약집 빨간키와 함께하세요!
그대의 합격을 기원합니다.

01 | 재료 준비

▌ 배합표

- 배합표란 빵을 만드는 데 필요한 재료의 종류와 양, 비율을 숫자로 표시한 것으로, 배합률은 %로 표기하며, 배합량은 g과 kg 단위로 표기한다.
- 베이커스 퍼센트(Baker's %)는 밀가루 사용량을 100% 기준으로 하여 표기하며, 트루 퍼센트는 전체 사용된 재료의 합을 100%로 표기한다.

▌ 배합량 계산법

밀가루 무게(g)	$\dfrac{\text{밀가루 비율(\%)} \times \text{총 반죽 무게(g)}}{\text{총 배합률(\%)}}$
총반죽 무게(g)	$\dfrac{\text{총 배합률(\%)} \times \text{밀가루 무게(g)}}{\text{밀가루 비율(\%)}}$
트루 퍼센트(%)	$\dfrac{\text{각 재료 중량(g)}}{\text{총 재료 중량(g)}} \times 100$

▌ 고율 배합

- 설탕의 사용량이 밀가루의 사용량보다 많고, 수분(달걀, 우유 등)이 설탕량보다 많은 배합
- 많은 설탕을 녹일만한 양의 물을 사용하여 수분이 제품에 많이 남게 되므로, 촉촉한 상태를 오랫동안 유지해 신선도를 높이고 부드러움이 지속됨

▌ 저율 배합

설탕, 유지, 달걀 등의 비율이 낮으며 기본 재료인 밀가루, 소금, 물을 위주로 하여 만든 배합

▌ 고율 배합과 저율 배합의 비교

구 분	고율 배합	저율 배합
설탕과 밀가루의 양	설탕 ≧ 밀가루	설탕 ≦ 밀가루
공기의 혼입	많음	적음
반죽의 비중	낮음	높음
화학 팽창제 사용량	적음	많음
굽 기	저온 장시간(오버 베이킹)	고온 단시간(언더 베이킹)

■ 밀가루의 종류

• 밀의 구조 : 껍질 14%, 배유 83%, 배아 2~3%
• 밀가루의 분류

구 분	단백질 함량(%)	용 도	제분 밀의 종류
강력분	11~14	제빵용	경질밀, 초자질
중력분	9~10.5	우동, 면류	연질밀, 중자질
박력분	6~8.5	제과용	연질밀, 분상질
듀럼분	11~12	스파게티, 마카로니	듀럼분, 초자질

■ 밀가루의 기능

• 글루텐을 형성하여 발효 시 생성된 가스를 보유, 제품의 부피와 기초 골격을 이루게 한다.
• 밀가루의 종류에 따라 제품의 부피, 껍질과 속의 색, 맛 등에 영향을 준다.

■ 이스트

• 이스트(효모)는 빵의 팽창제로, 출아법으로 증식한다.
• 최적 온도는 28~32℃이고, pH는 4.5~5.0이다.
• 종류 : 생이스트, 건조 이스트, 인스턴트 이스트
• 이스트에 들어 있는 대표적인 효소

프로테이스(Protease, 프로테아제)	단백질 → 펩타이드 + 아미노산
라이페이스(Lipase, 리파아제)	지방 → 지방산 + 글리세롤
인버테이스(Invertase, 인버타아제)	자당 → 포도당 + 과당
말테이스(Maltase, 말타아제)	맥아당 → 포도당 + 포도당
치메이스(Zymase, 치마아제)	단당류(포도당, 과당) → 탄산가스 + 알코올

■ 이스트의 기능

• 반죽 내에서 탄산가스를 생산하여 팽창에 관여한다.
• 독특한 풍미와 식감을 갖는 양질의 빵을 만든다.
• 반죽 내에서 이스트가 발효 가능한 당(자당, 포도당, 과당, 맥아당 등)을 이용하여 에틸알코올, 탄산가스, 열, 산 등을 생성한다.

■ 소금의 기능

• 설탕의 감미와 작용하여 풍미를 증가시키고 맛을 조절한다.
• 캐러멜화의 온도를 낮추고 껍질 색을 조절한다.
• 잡균들의 번식을 억제하고 반죽의 물성을 좋게 한다.
• 반죽의 글루텐의 탄성을 강하게 한다.

▌ 이스트 푸드(Yeast Food)

- 발효 및 반죽의 성질을 조절하고, 빵의 품질을 향상시키기 위하여 첨가한다.
- 이스트 푸드는 보통 반죽 무게의 0.2~0.4%를 사용한다.
- 물 조절제, 이스트 조절제, 반죽 조절제(산화제)의 3가지로 구성되어 있다.
- 이스트 푸드의 역할
  - 물 조절제(Water Conditioner) : 칼슘염, 마그네슘염 및 산염 등을 첨가하여 물을 아경수 상태로 만들고 pH를 조절하도록 한다.
  - 이스트 조절제(Yeast Conditioner) : 암모늄염을 함유시켜 이스트에 질소를 공급해 준다.
  - 반죽 조절제(Dough Conditioner) : 비타민 C와 같은 산화제를 첨가하여 단백질을 강화시킨다.

▌ 물

- 물은 반죽의 온도를 조절하며, 재료를 분산시켜 효모와 효소 활성을 촉진한다.
- 자유수와 결합수

자유수	• 식품 중에 존재하며, 쉽게 이동 가능한 물 • 0℃ 이하에서 동결, 100℃에서 증발 • 용매 역할
결합수	• 식품 중 고분자 물질과 강하게 결합하고, 쉽게 제거할 수 없는 물 • −20℃에서도 잘 얼지 않으며, 100℃에서 증발되지 않음

- 경도에 따른 물의 분류

경 수	• 센물(경도 181ppm 이상) • 반죽 사용 시 빵의 탄력성이 강해지는 반면, 반죽이 질겨지고, 발효 시간이 오래 걸림
아경수	• 경도 121~180ppm • 빵류 제품에 가장 적합, 반죽의 글루텐을 경화시키며, 이스트에 영양물질을 제공
아연수	• 경도 61~120ppm • 부드러운 물에 가까움
연 수	• 단물(경도 60ppm 이하) • 반죽 사용 시, 반죽이 연하고 끈적거리나 발효 속도는 빠름

▌ 설탕(당)의 기능

- 밀가루 단백질을 연화시켜 제품의 조직을 부드럽게 한다(연화작용).
- 제품에 단맛이 나게 하며, 독특한 향을 내게 한다(감미제 역할).
- 수분 보유력을 가지고 있어서 노화를 지연시키고 신선도를 오래 유지한다.
- 발효하는 동안 이스트가 이용할 수 있는 먹이를 제공한다.
- 갈변반응과 캐러멜화로 껍질 색을 내며 독특한 풍미를 만든다.

▌ 달걀의 구성과 수분 함량

- 달걀의 구성 : 껍데기 10%, 노른자 30%, 흰자 60%
- 수분 함량
  - 달걀 : 수분 75%, 고형분 25%
  - 노른자 : 수분 50%, 고형분 50%
  - 흰자 : 수분 88%, 고형분 12%

▌ 달걀의 기능

- 구조 형성 : 달걀의 단백질이 밀가루와의 결합작용으로 구조를 형성한다.
- 결합제 : 커스터드 크림을 엉기게 하여 농후화 작용을 한다.
- 수분 공급 : 전란의 75%가 수분으로 제품에 수분을 공급한다.
- 유화제 : 노른자의 레시틴이 유화작용을 하며, 반죽의 분리현상을 막아주기도 한다.
- 팽창작용 : 믹싱 중 공기를 혼합하므로 굽기 중 5~6배의 부피로 늘어나는 팽창작용을 한다.
- 쇼트닝 효과 : 노른자 성분인 레시틴의 유화작용으로 제품을 부드럽게 한다.
- 색 : 노른자의 황색은 식욕을 돋우는 기능을 가지고 있다.

▌ 유지의 종류

버 터	• 우유를 크림분리기에 걸어 원심력으로 우유지방을 분리하여 응축시켜 만든 유지 중의 하나이다. • 유지방 80~85%, 수분 14~17%, 소금 1~3%를 함유하며, 풍미가 우수하나 크림성이 좋지 않다. • 녹는점이 낮고 가소성 범위가 좁아 18~21℃에서 작업성이 좋다. • -5~0℃의 저온에서 직사광선을 피한 깨끗한 장소에 보존한다.
마가린	• 유지 함량 80% 이상, 수분 함량 18% 이하로 고가인 버터의 대용 유지로 개발된 제품이다. • 식물성 유지 또는 유지방을 포함하는 동물성 유지에 물, 식품, 식품첨가물 등을 혼합하여 유화시켜서 만든 고체 또는 유동 형태의 유지이다. • 버터에 비해 가소성, 유화성, 크림성이 뛰어나고 가격이 저렴하여 제과·제빵용 유지로 사용되고 있다.
쇼트닝	• 라드(Lard) 대용 유지로, 동·식물성 유지를 정제 가공한 제품이다. • 무색, 무미, 무취이며 지방 함량이 100%로 제과, 식빵용 유지로 사용된다. • 쇼트닝성(바삭바삭한 정도)과 크림성(공기 혼입)이 우수하다.
유화 쇼트닝	• 유화제를 5~6% 정도 첨가한 것이다. • 유화제를 첨가한 목적은 빵과 케이크의 노화 지연, 크림성 증가, 유화 분산성 및 흡수성의 증대를 통하여 보다 좋은 제과제빵 적성을 가지게 하는 데 있다. • 튀김 기름 : 고체 쇼트닝, 액체유 등 발연점이 높은 것을 사용해야 한다.

▌ 유지의 기능

- 반죽 팽창을 위한 윤활작용을 한다.
- 식빵의 슬라이스를 돕는다.
- 수분 보유력을 향상시켜 노화를 연장한다.
- 페이스트리를 구울 때 유지 중의 수분 증발로 부피를 크게 한다.
- 믹싱 중에 유지가 얇은 막을 형성하여 전분과 단백질이 단단하게 되는 것을 방지하여 구운 후의 제품에도 윤활성을 제공한다.
- 액체유는 가소성이 결여되어 반죽에서 피막을 형성하지 못하고 방울 상태로 분산되기 때문에 쇼트닝 기능이 거의 없다.
- 식품을 섭취할 때 완제품에 부드러움을 준다.

▌ 우유의 구성과 종류

- 우유의 구성
  - 수분 88%, 고형분 12%(단백질 3.4%, 유지방 3.6%, 유당 4.7%, 회분 0.7%)
  - 유단백질 중 80% 정도가 카세인으로 산과 레닌효소에 의해 응고된다.
  - 유당은 이스트에 의해 발효되지 않고 젖산균(유산균), 대장균에 의해 발효된다.
- 우유의 종류
  - 시유 : 살균 또는 균질화시킨 우유이다.
  - 농축우유 : 우유의 수분을 증발시켜 고형분을 높인 우유이다.
  - 탈지우유 : 우유에서 지방을 제거한 우유이다.
  - 탈지분유 : 탈지우유에서 수분을 증발시켜 가루로 만든 것이다.
  - 전지분유 : 생우유 속에 든 수분을 증발시켜 가루로 만든 것이다.

▌ 우유의 살균법

- 저온 장시간 살균법 : 60~65℃, 30분간 가열
- 고온 단시간 살균법 : 75℃, 15초간 가열
- 초고온 순간 살균법 : 130~150℃, 2~5초간 가열

▌ 초콜릿의 블룸(Bloom)현상

초콜릿 가공 과정 중 하나인 온도조절 작업이 충분하지 않거나 고온이나 직사광선으로 인하여 초콜릿이 녹았다가 그대로 굳은 경우에 생긴다.

- 지방 블룸(팻 블룸) : 지방이 분리되었다가 굳어지면서 얼룩이 생기는 현상이다.
- 설탕 블룸(슈거 블룸) : 초콜릿의 설탕이 공기 중의 수분을 흡수해 녹았다가 재결정되어 표면에 하얗게 피는 현상이다.

■ 초콜릿 템퍼링(Tempering)

- 초콜릿 사용 전 카카오 버터를 미세한 결정으로 만들어 매끈한 광택의 초콜릿을 만드는 과정이다.
- 초콜릿의 모든 성분이 골고루 녹도록 49℃로 용해한 다음 26℃ 전후로 냉각하고 다시 적절한 온도(29~31℃)로 올리는 일련의 작업이 필요하다.
- 템퍼링의 효과
  - 광택이 좋고, 내부 조직이 조밀해진다.
  - 안정한 결정이 많고 결정형이 일정하다.
  - 입 안에서 용해성이 좋아지며, 팻 블룸이 일어나지 않는다.

■ 탄수화물

- 탄소(C), 수소(H), 산소(O)로 구성되어 있다.
- 1g당 4kcal의 에너지를 낸다.
- 분 류

단당류	포도당, 과당, 갈락토스
이당류	• 자당(설탕) : 포도당 + 과당 • 맥아당(엿당) : 포도당 + 포도당 • 유당(젖당) : 포도당 + 갈락토스 • 전화당 : 자당이 가수분해될 때 생기는 중간산물, 포도당과 과당이 1 : 1로 혼합된 당

다당류	• 단순다당류 : 단당류로만 구성된 다당류
	  예 전분, 섬유소, 글리코겐, 이눌린 등
	• 복합다당류 : 단당류 이외에 지방질이나 단백질 등의 성분이 복합되어 있는 다당류
	  예 펙틴, 키틴 등

■ 당류의 상대적 감미도

과당(175) > 전화당(130) > 설탕(100) > 포도당(75) > 맥아당(32) > 유당(16)

■ 지 방

- 탄소(C), 수소(H), 산소(O)로 구성되어 있다.
- 1g당 9kcal의 에너지를 낸다.
- 분 류

단순 지방	지방산과 글리세린의 에스터(Ester, 에스테르) 결합으로 이루어져 있다. 예 중성 지방, 납(왁스), 식용유 등
복합 지방	• 인지질 : 지질 + 인산 • 당지질 : 지질 + 당 • 지단백질 : 지질 + 단백질
유도 지방	지방산, 글리세린, 콜레스테롤, 에르고스테롤

▌ 포화지방산

- 이중결합이 없다.
- 주로 동물성 지방에 많이 함유되어 있다(소기름, 돼지기름, 버터 등).
- 융점이 높아 상온에서 주로 고체로 존재한다.
- 종류 : 뷰티르산, 카프르산, 미리스트산, 스테아르산, 팔미트산 등

▌ 불포화지방산

- 이중결합이 있다.
- 이중결합이 많을수록 불포화도가 높으며, 산패되기 쉽다.
- 주로 식물성 지방에 많이 함유되어 있다.
- 종류 : 올레산, 리놀레산, 리놀렌산, 아라키돈산 등
- 고도불포화지방산 : 아라키돈산, EPA, DHA 등

▌ 지방산 포화도에 따른 분류

구 분	아이오딘가	특 징
건성유	130 이상	상온에서 방치하면 굳어버리는 성질을 가짐 예 아마인유, 오동나무기름, 들깨기름 등
반건성유	100~130	건성유과 불건성유의 중간 성질의 유지 예 참기름, 대두유, 면실유 등
불건성유	100 이하	상온에서 방치해도 굳어지지 않는 성질을 가짐 예 동백기름, 올리브유, 피마자유 등

▌ 단백질

- 탄소(C), 수소(H), 산소(O), 질소(N), 인(P), 황(S) 등으로 구성되어 있다.
- 1g당 4kcal의 에너지를 낸다.
- 분 류

단순 단백질	알부민, 글로불린, 글루텔린, 프롤라민
복합 단백질	핵단백질, 당단백질, 인단백질, 색소단백질, 금속단백질
유도 단백질	메타단백질, 프로테오스, 펩톤, 폴리펩타이드, 펩타이드

▌효 소

• 탄수화물 분해효소

효 소	작 용
아밀레이스(Amylase, 아밀라아제)	전분 → 덱스트린 + 맥아당
수크레이스(Sucrase, 수크라아제)	설탕 → 포도당 + 과당
말테이스(Maltese, 말타아제)	맥아당 → 포도당 2분자
락테이스(Lactase, 락타아제)	젖당 → 포도당 + 갈락토스

• 단백질 분해효소

효 소	작 용
펩신(Pepsin)	단백질 → 펩톤
펩티데이스(Peptidase, 펩티다아제)	펩타이드 → 아미노산
트립신(Trypsin)	단백질 → 펩타이드, 아미노산

• 지질 분해효소

효 소	작 용
라이페이스(Lipase, 리파아제)	지방 → 글리세린 + 지방산

▌필수 아미노산

• 체내에서 생성할 수 없으며, 반드시 음식물을 통해서 섭취해야 하는 아미노산이다.
• 필수 아미노산의 종류(9가지) : 라이신(Lysine), 트립토판(Tryptophan), 트레오닌(Threonine), 페닐알라닌(Phenylalanine), 류신(Leucine), 아이소류신(Isoleucine), 메티오닌(Methionine), 발린(Valine), 히스티딘(Histidine)
  ※ 8가지로 보는 경우 히스티딘은 제외된다.

▌반죽 작업 공정의 6단계(M. J. 스튜어트 피거)

픽업 단계(Pick-up Stage) : 데니시 페이스트리	• 가루재료와 물이 균일하게 혼합되는 단계이며, 반죽은 끈기가 없고 끈적거리며 거친 상태이다. • 믹싱속도는 저속을 유지한다.
클린업 단계(Clean-up Stage) : 스펀지법의 스펀지 반죽	• 반죽기의 속도를 저속에서 중속으로 바꾼다. • 수분이 밀가루에 완전히 흡수되어 한 덩어리의 반죽이 만들어지는 단계로, 이때 밀가루의 수화가 끝나고 글루텐이 조금씩 결합하기 시작한다. • 글루텐 결합이 적어 반죽을 펼쳐 보면 두꺼운 채로 잘 끊어진다. • 이 단계에서 유지를 넣으면 믹싱 시간이 단축된다. • 흡수율을 높이기 위해 이 시기에 소금을 넣는다. • 대체적으로 냉장 발효 빵 반죽은 이 단계에서 반죽을 마친다.

발전 단계(Development Stage) : 하스브레드	• 글루텐 결합이 급속하게 진행되어 반죽의 탄력성이 최대가 되며, 믹서의 최대 에너지가 요구된다. • 반죽은 훅에 엉겨 붙고 볼에 부딪힐 때 건조하고 둔탁한 소리가 난다. • 프랑스빵이나 공정이 많은 빵 반죽은 이 단계에서 반죽을 그친다.
최종 단계(Final Stage) : 식빵, 단과자빵	• 글루텐을 결합하는 마지막 단계로 신장성이 최대가 된다. • 반죽이 반투명하고 믹서볼의 안벽을 치는 소리가 규칙적이며 경쾌하게 들린다. • 반죽을 조금 떼어내 두 손으로 잡아당기면 찢어지지 않고 얇게 늘어난다. • 대부분 빵류의 반죽은 이 단계에서 반죽을 마친다.
렛다운 단계(Let Down Stage) : 햄버거빵, 잉글리시 머핀	• 글루텐을 결합함과 동시에 다른 한쪽에서 끊기는 단계이다. • 반죽이 탄력성을 잃고 신장성이 커져 고무줄처럼 늘어지며 점성이 많아지는 단계로, 오버 믹싱, 과반죽 단계라 한다. • 잉글리시 머핀 반죽은 모든 빵 반죽에서 가장 오래 믹싱한다.
브레이크다운 단계 (Break Down Stage)	• 글루텐이 더 이상 결합하지 못하고 끊기기만 하는 단계로, 반죽의 신장성과 탄력성이 전혀 없고 글루텐 조직이 흩어지고 축 처진다. • 이러한 반죽을 구우면 오븐 팽창(Oven Spring)이 일어나지 않아 표피와 속결이 거친 제품이 나온다. 이는 빵 반죽으로서 가치를 상실한 것이다.

▌스트레이트법 제조 공정

재료 계량 → 반죽 → 1차 발효 → 펀치(발효 후 반죽 부피가 2~3배 되었을 때 반죽에 압력을 주어 가스를 뺌) → 분할 → 둥글리기 → 중간발효 → 성형 → 패닝 → 2차 발효 → 굽기 → 냉각 → 포장

▌스트레이트법의 장단점

장 점	단 점
• 제조 공정이 단순하며, 장비가 간단하다. • 노동력 및 시간을 절감할 수 있다. • 발효 손실을 줄일 수 있다.	• 잘못된 공정을 수정하기 힘들다. • 발효 시간이 짧아 수화가 불충분하고 노화가 빠르다.

▌비상스트레이트법

• 스트레이트법에서 변형된 방법으로 이스트의 사용량을 늘려 발효 시간을 단축시켜 짧은 시간에 제품을 만들어 낼 수 있는 방법이다.

• 보통 베이커리에서는 계획된 생산량을 초과하는 제품을 생산할 때 비상 반죽법을 사용하는 경우가 많다.

▌비상스트레이트법의 장단점

장 점	단 점
반죽 시간을 증가시켜서 반죽의 생화학적 발전을 기계적인 발전으로 대치하고 반죽 온도를 높일 수 있다.	반죽의 온도를 높여 발효 속도를 빠르게 하고, 이스트를 많이 사용하기 때문에 이스트의 냄새가 느껴지거나 노화 속도가 빠르고 불균일한 기공의 상태 등이 나타난다.

▌ 스트레이트법 → 비상스트레이트법 전환 시 조치사항

구 분	조치사항	내 용
필수적 조치	생 이스트 사용량 2배 증가	발효 속도 촉진
	반죽 온도 30℃	발효 속도 촉진
	물의 양 1% 감소	작업성 향상
	설탕 사용량 1% 감소	발효 시간의 단축으로 인하여 잔류당 증가, 껍질 색 조절
	반죽 시간 20~25% 증가	반죽의 기계적 발달 촉진, 글루텐 숙성 보완
	1차 발효 시간 15~30분	공정 시간 단축
선택적 조치	소금 사용량 1.75%까지 감소	삼투압 현상에 의한 이스트 활동 저해 감소
	탈지분유 1% 감소	발효 속도를 조절하는 완충제 역할로 인한 발효 시간 지연 조절
	제빵 개량제 증가	이스트의 활동 촉진
	식초, 젖산 첨가	짧은 발효 시간으로 인한 pH 조절

▌ 스펀지 도법의 제조 공정

재료 계량 → 스펀지 반죽 → 스펀지 발효 → 본반죽 → 발효(플로어 타임) → 분할 → 둥글리기 → 중간발효 → 성형 → 패닝 → 2차 발효 → 굽기 → 냉각 → 포장

▌ 액종 반죽법

• 스펀지법의 변형으로, 스펀지 대신 액종을 만들어 사용하는 방법이다.
• 제조 공정 : 재료 계량 → 액종 만들기 → 본반죽 → 발효(플로어 타임) → 분할 → 둥글리기 → 중간발효 → 성형 → 패닝 → 2차 발효 → 굽기 → 냉각 → 포장

▌ 사워 반죽(Sourdough)법

• 호밀빵을 만들 때 필요한 발효종으로 호밀과 물을 반죽한 후 며칠 동안 숙성시키면 종이 산화한다. 이 산과 발효 부산물이 독특한 풍미를 만든다.
• 사워종을 배합하면 반죽조직에 기포가 형성되어 촉촉해지면서 식감이 좋게 바뀐다.
• 제빵에 사워를 사용하는 목적은 풍미를 주고 팽창효과를 얻기 위해서이다.
• 많은 양의 사워를 사용하면 별도의 이스트 첨가 없이도 팽창효과를 낼 수 있다.
• 처음에는 호밀빵에서 아밀레이스의 활성을 낮추어 빵의 풍미를 향상시키기 위하여 사워를 사용하였으나, 최근에는 밀가루빵에도 풍미를 향상시키기 위하여 사용한다.
• 사워를 발효시켜 빵의 풍미에 영향을 주는 미생물로는 젖산균이 있다.

▌ 냉동반죽법

- 1차 발효 또는 성형 후, −40~−35℃의 저온에서 급속냉동시켜 −23~−18℃에서 냉동 저장하면서 필요할 때마다 해동, 발효시킨 후 구워서 사용할 수 있도록 반죽하는 제빵법이다.
- 보통 반죽보다 이스트의 사용량을 2배 정도로 증가시켜야 한다.
- 분할, 성형하여 필요할 때마다 쓸 수 있어 편리하나, 냉동조건이나 해동조건이 적절치 않을 경우 제품의 탄력성과 껍질 모양 등이 좋지 않거나 풍미가 떨어지고 노화가 쉽게 되는 단점이 있다.
- 해동 시, 5~10℃ 냉장고에서 15~16시간 완만하게 해동하거나 도 컨디셔너(Dough Conditioner)나 리타드(Retard) 등의 해동기기를 이용하여 해동한다.

▌ 노타임법(No-time Dough Method)

- 노타임 반죽은 발효 시간을 주지 않거나 현저하게 줄여 주는 방법이다.
- 글루텐 형성은 환원제와 산화제의 도움을 받아 기계적 혼합에 의해서 이루어진다.
- 노타임 반죽에서 사용되는 산화제와 환원제는 보통 베이스 믹스(Base Mix)로 알려진 첨가제에 포함되어 있다.
- 노타임 반죽에 사용되는 베이스 믹스 첨가량은 5~14% 정도이다.

▌ 연속식 제빵법

- 액체발효법을 한 단계 발전시켜 연속적인 작업이 하나의 제조라인을 통하여 이루어지도록 한 방법이다.
- 특수한 장비와 원료 계량장치로 이루어져 있으며, 정형장치가 없고 최소의 인원과 공간에서 생산이 가능하도록 되어 있다.
- 유럽에서 사용하는 초고속믹서와 찰리우드법(Chorleywood Dough Method) 등도 연속 제빵법의 범주에 속한다.
- 찰리우드법은 초고속 회전 혼합기를 이용하여 혼합단계에서 반죽을 형성시킨다.

▌ 반죽 온도 계산법(스트레이트법)

마찰계수	반죽의 결과 온도 × 3* − (실내 온도 + 밀가루 온도 + 수돗물 온도)
사용수 온도	희망 반죽 온도 × 3* − (실내 온도 + 밀가루 온도 + 마찰계수)
얼음 사용량	물 사용량 × (수돗물 온도 − 사용수 온도) / (80 + 수돗물 온도)

※ 3* : 온도에 영향을 주는 인자의 개수

▌ 반죽의 비중

$$비중 = \frac{같은\ 부피의\ 반죽\ 무게}{같은\ 부피의\ 물\ 무게}$$

▌ 반죽의 물리적 특성 측정 기구

- 아밀로그래프(Amylograph) : 점도의 변화, 전분의 질을 측정
- 패리노그래프(Farinograph) : 반죽의 점탄성, 흡수율, 믹싱 내구성, 믹싱 시간을 측정
- 익스텐소그래프(Extensograph) : 반죽의 신장성, 밀가루 내구성, 발효 시간을 측정

▌ 반죽 시간 및 속도에 영향을 주는 요인

- 반죽기의 회전속도와 반죽 양 : 회전속도가 빠르고 반죽 양이 적으면 반죽 시간이 짧으며, 속도가 느리고 반죽 양이 많으면 시간이 길어진다.
- 소금 : 글루텐 형성을 촉진하여 반죽의 탄력성을 키운다. 그 결과 반죽 시간이 늘어난다.
- 탈지분유 : 글루텐 형성을 늦춘다. 그 결과 반죽 시간이 늘어난다.
- 설탕 : 글루텐 결합을 방해하여 반죽의 신장성을 키운다. 그 결과 반죽 시간이 늘어난다.
- 밀가루 : 단백질의 질이 좋고 양이 많을수록 반죽 시간이 길어지고 반죽의 기계 내성이 커진다.
- 흡수율 : 흡수율이 높을수록 반죽 시간이 짧아진다.
- 스펀지 양 : 스펀지 배합 비율이 높고 발효 시간이 길수록 본반죽의 반죽 시간이 짧아진다.
- 반죽 온도 : 반죽 온도가 높을수록 반죽 시간이 짧아진다.
- 산도 : 산도가 낮을수록 반죽 시간이 짧아지고 최종 단계의 폭이 좁아진다.

▌ 충전물

- 빵류의 굽기 공정 후에 추가적으로 제품 사이에 추가하는 식품을 말한다.
- 종류 : 크림류, 앙금류, 잼류, 버터류, 치즈류, 채소류, 육가공품, 소스류, 허브, 어류, 견과류

▌ 토핑물

- 빵류 제품 마무리에서 다루는 토핑물은 빵류의 굽기 공정 후에 추가적으로 제품 위에 올리거나 장식하는 식품을 말한다.
- 종류 : 견과류, 설탕, 초콜릿, 냉동 건과일

02 | 빵류 제품 제조

▌ **발효의 목적**
- 반죽의 팽창
- 반죽의 숙성
- 향기 물질의 생성

▌ **발효에 영향을 주는 요소**
- 재료 : 이스트, 발효성 당, 소금, 분유, 밀가루, 이스트 푸드 등
- 반죽 온도 : 온도가 상승하면 활성이 증가하여 35℃에서 최대가 되고 그 이상에서는 활성이 감소하여 60℃가 되면 사멸한다.
- 반죽의 산도 : 이스트 발효에 최적 pH는 4.5~5.8이나 pH 2.0 이하나 8.5 이상에서는 활성이 떨어진다.

▌ **1차 발효**
- 1차 발효는 반죽 완료 후 정형 과정에 들어가기 전까지 발효시키는 단계로, 1차 발효의 평균 온도는 27℃이다.
- 빵 제조방법에 따른 1차 발효 조건

빵 제조방법	1차 발효		
	온도(℃)	상대습도(%)	시간
스트레이트법	27	75~80	1.5~3시간
스펀지 도법	27	75~80	4~5시간
오버나이트스펀지 도법	27	75~80	12~24시간
비상스트레이트법	30	75~80	30분 이내
노타임법	27	75~80	10~15분

▌ **발효 관리**
- 발효 관리는 이스트가 생성하는 이산화탄소를 반죽이 최대한 보유하도록 하여 반죽 팽창이 최대가 되도록 하는 것이다.
- 가스 생성량과 가스 보유량이 일치하면 반죽을 구웠을 때 부피가 가장 크고 최상의 기공, 조직, 껍질 색, 맛과 향 등의 특징을 갖는 빵이 된다.

▌ 발효 손실

- 발효하는 동안 수분 증발이나 이스트에 의한 당 분해로 생성된 이산화탄소가 공기 중으로 방출되어 발효 전 반죽 무게에 비하여 발효 후 반죽 무게가 줄어드는 비율을 발효 손실이라 한다.
- 반죽 온도가 높을수록, 발효 시간이 길수록, 소금과 설탕이 적을수록, 발효실 온도가 높을수록, 발효실 습도가 낮을수록 발효 손실이 크다.

▌ 2차 발효

- 성형 과정을 거친 반죽은 글루텐이 불안정하고, 탄력성을 잃은 상태가 되므로, 이를 회복하기 위한 2차 발효가 필요하다.
- 2차 발효의 평균 온도는 35~40℃, 습도는 80~90% 전후이며, 제품의 70~80%까지 부풀리는 작업을 한다.
- 빵 제품별 2차 발효 조건

제 품	2차 발효		
	온도(℃)	상대습도(%)	시간(분)
식빵류, 과자빵류	40	85~90	50~60
데니시 페이스트리류	28~33	75~80	30~40
도넛류	34~38	75~80	30~45
하스브레드류	30~33	75~80	60~70

▌ 2차 발효 중 결점 요인 및 증상

- 발효 온도

온도가 낮을 때	• 2차 발효 시간이 길어진다. • 제품의 겉면이 거칠다. • 기공벽이 두껍고 조직이 조밀해진다. • 풍미가 충분히 생성되지 않는다.
온도가 높을 때	• 발효 속도가 빨라지고 산성이 되어 세균 번식이 쉬워진다. • 속과 껍질이 분리되고, 속결이 고르지 못하게 된다.

- 상대습도

발효실 습도가 낮을 때	• 부피가 크지 않고 표면이 갈라진다. • 빵의 윗면이 솟아오른다. • 껍질 색이 고르지 않다.
발효실 습도가 높을 때	• 껍질이 거칠고 질겨진다. • 반점이나 줄무늬, 기포가 나타난다. • 빵의 윗면이 납작해진다.

- 발효 시간

발효 시간이 부족할 때	• 발효되지 못하고 남아 있는 잔류당에 의해 껍질 색이 진해진다. • 글루텐의 신장성 부족으로 부피가 축소된다. • 표면이 갈라지고 옆면이 터진다.
발효 시간이 과다할 때	• 부피가 너무 커 주저앉을 수 있다. • 껍질 색이 여리고 내상이 좋지 않다. • 산의 생성으로 신 냄새가 나고 노화가 빠르다.

▌ 액종법

- 사용하는 가루의 일부, 물, 이스트를 반죽하여 발효, 숙성시킨 발효종을 만들고 여기에 나머지 가루와 재료를 더해 본반죽을 완성시키는 반죽법이다.
- 액종(발효종의 일종)을 사용할 경우 빵의 노화가 늦고 생지의 신장성과 신전성이 좋으며 생지가 잘 손상되지 않으며 볼륨이 좋다.
- 저온에서 장시간 발효한 경우 발효 생성물의 풍미를 반영해 구수한 향이 난다.

▌ 플로어 타임(Floor Time)

- 스펀지법(중종법)이나 사워도(Sourdough) 반죽을 할 때 본반죽이 끝나고 분할하기 전에 발효시키는 공정으로, 이 단계의 발효를 플로어 타임이라고 부른다.
- 플로어 타임 시간은 보통 10분에서 40분 내외로 비교적 짧으나, 반죽의 점착성을 줄이고 숙성 정도를 조절하기 위해 꼭 거쳐야 하는 공정이다.
- 플로어 타임이 길면 탄력성이 커지고, 플로어 타임이 너무 짧으면 반죽이 끈적거리는 점착성이 있으므로 주의해야 한다.

▌ 발효 완료점

- 손가락 테스트 : 반죽을 손가락으로 찔렀을 때 모양이 그대로 남아 있는 상태가 최적 발효이다.
- 반죽 상태 : 반죽의 상태와 색, 냄새 등을 통해 판단하는 것으로 최적 발효는 취급성이 좋고 특정 냄새가 강하지 않다.
- 반죽의 pH 측정 : 반죽 발효가 정상적으로 진행되는지 확인할 수 있는 지표이다.

▌ 분할(Dividing)

- 1차 발효를 끝낸 반죽을 제품에 맞게 무게를 측정하여 분할을 하는 것을 말한다.
- 분할방법으로 기계(자동) 분할, 손(수동) 분할이 있다.

▌ 분할 반죽 무게

분할 반죽 무게 = 완제품 무게 ÷ (1 − 굽기 및 냉각 손실)

▌ 둥글리기(Rounding)

- 분할할 때 생기는 반죽의 잘려진 면을 정리하기 위하여 반죽을 공 모양이나 타원형 등으로 만드는 작업을 말한다.
- 둥글리기 작업 시 작업장의 온도는 25℃ 내외, 습도는 60%가 좋다.
- 둥글리기의 목적
  - 분할하는 동안 흐트러진 글루텐을 정돈한다.
  - 분할된 반죽을 성형하기 적절한 상태로 만든다.
  - 반죽 전체에 가스를 균일하게 분산시켜 반죽의 기공을 고르게 한다.
  - 성형할 때 반죽이 끈적거리지 않도록 매끈한 표피를 형성한다.
  - 중간발효 중에 발생하는 가스를 보유할 수 있는 얇은 막을 표면에 형성한다.

▌ 중간발효

- 둥글리기를 마친 반죽을 휴식시키고 약간의 발효과정을 거쳐 다음 단계에서 반죽이 손상되는 일이 없도록 하는 작업으로, 벤치타임(Bench Time)이라고도 한다.
- 중간발효의 목적
  - 손상된 글루텐의 배열을 정돈한다.
  - 가스의 발생으로 유연성을 회복시켜 성형 과정에서 작업성을 좋게 한다.
  - 분할, 둥글리기 공정에서 단단해진 반죽에 탄력성과 신장성을 준다.
- 중간발효의 조건
  - 온도 : 27~29℃ 유지
  - 상대습도 : 75% 전후
  - 시간 : 10~20분
  - 반죽의 부피 팽창 정도 : 1.7~2배 정도

▌ 성형 공정

밀어 펴기	• 중간발효를 마친 반죽을 밀대나 기계로 밀어 펴서 원하는 크기와 두께로 만드는 공정이다. • 주로 중간발효까지의 과정에서 생긴 가스로 불규칙적이고 큰 공기들을 빼내 균일한 기공과 원하는 두께로 만드는 과정을 말한다. • 덧가루 과다 사용 시 제품의 줄무늬를 형성할 수 있고, 2차 발효과정에서 이음매가 벌어지게 되어 외형적으로 좋지 않은 제품이 될 수 있다. • 밀어 펴기로 성형이 완료되는 제품에는 햄버거빵, 잉글리시 머핀, 피자 등이 있다.
말 기	• 밀어 편 반죽을 말아 원통이나 타원형 원통으로 만드는 작업이다. • 꽈배기, 크림빵류, 호밀빵, 바게트, 더치빵, 모카빵, 베이글류의 빵 등 다양한 종류의 빵을 만드는 방법으로 이용한다.
봉하기	• 밀대나 손으로 반죽의 가스를 빼고 앙금이나 채소 등의 다양한 충전물을 넣어 이음매가 벌어지지 않도록 하고 바닥에 오도록 한다. • 식빵이나 앙금빵, 햄버거, 소보로빵 등의 이음매를 봉하여 만든다.

▌ 패닝(Panning, 팬닝)

- 정형이 완료된 반죽을 원하는 모양의 틀이나 철판 위에 올려놓는 과정이다.
- 평철판에 패닝할 때는 2차 발효와 굽기 후에도 제품들이 서로 달라붙지 않도록 간격을 최대한으로 배열하는 것이 좋다.
- 틀의 부피와 비교하여 반죽의 양이 적으면 부피(Volume)가 좋지 않고, 반대로 반죽의 양이 많으면 윗면이 터지거나 흘러넘치게 되어 제품의 가치가 떨어진다.

▌ 패닝 방법

- 반죽의 무게와 상태에 따른 비용적에 맞추어 적당한 반죽량을 넣는다.
- 반죽의 이음매는 바닥 쪽에 놓이도록 한다.
- 사용하는 팬의 온도를 미리 높이면 2차 발효에서 걸리는 시간을 단축시킬 수 있어 팬의 온도를 미리 32℃ 정도로 유지하는 것이 좋다.
- 실리콘으로 코팅된 팬은 따로 이형유(팬 오일)를 사용하지 않아 사용이 간편하지만, 그렇지 않은 팬의 경우 이형유(팬 오일)를 발라 준다.
- 팬 오일은 반죽 무게의 0.1~0.2% 정도를 사용하는 것이 좋다.

▌ 팬 오일(이형유)의 조건

- 발연점이 높은 기름(210℃ 이상)이어야 한다.
- 고온이나 장시간의 산패에 잘 견디는 안정성이 높은 기름이어야 한다.
- 무색, 무미, 무취로 제품의 맛에 영향이 없어야 한다.
- 바르기 쉽고 골고루 잘 발라져야 한다.
- 고화되지 않아야 한다.

▌ 각 제품의 적정 패닝양

- 반죽의 적정 분할량 = 틀 부피(팬 용적) ÷ 비용적
- 틀 부피(팬 용적) 계산법

사각 팬	가로 × 세로 × 높이
경사진 옆면을 가진 사각 팬	평균 가로 × 평균 세로 × 높이
원형 팬	반지름 × 반지름 × π(3.14) × 높이
경사진 옆면을 가진 원형 팬	평균 반지름 × 평균 반지름 × π(3.14) × 높이

▌ 비용적

- 반죽 1g을 발효시켜 구웠을 때 팽창할 수 있는 부피이다(cm^3/g).
- 제품에 따른 비용적

제품 종류	비용적(cm^3/g)
풀먼식빵	3.8~4.0
산형식빵	3.2~3.4
레이어 케이크	2.96
파운드 케이크	2.40
엔젤푸드 케이크	4.71
스펀지 케이크	5.08

▌ 굽기 단계

1단계	반죽의 수분에 녹아 있던 탄산가스가 열을 받아 팽창하여 반죽 전체로 퍼짐으로써 반죽의 부피가 급속히 커지는 단계이다(오븐 팽창).
2단계	• 껍질 색이 나기 시작하는 단계로 수분의 증발과 캐러멜화, 메일라드 반응(마이야르 반응)이 일어난다. • 오븐 안의 온도가 일정하지 않기 때문에 철판의 위치를 바꾸어 줌으로써 열의 전달을 일정하게 한다.
3단계	반죽의 중심까지 열이 전달되어 전분의 호화(60℃)와 단백질의 변성(글루텐 응고, 74℃)이 끝나고 수분이 일부 증발하면서 제품의 옆면이 단단해지고 껍질 색도 진해진다.

▌ 굽기에서의 변화

- 오븐 팽창(Oven Spring)
- 전분의 호화
- 글루텐의 응고
- 효소작용
- 향의 생성
- 캐러멜화 반응(Caramelization)
- 메일라드 반응(Maillard Reaction)

▌ 전반 저온-후반 고온

많은 반죽을 한꺼번에 구워 내거나 높은 온도가 필요하지 않은 제품의 경우 초기에 낮은 열로 모양을 형성하고 후반에 고온으로 색을 내는 방법이다.

▌ 전반 고온-후반 저온

일반적으로 많이 사용되며, 초기의 고온으로 빵 모양을 형성하고 색이 나기 시작하면 온도를 낮추어 수분을 증발시키고 단백질 응고와 전분의 호화작용으로 구워내는 방법이다.

▌ 고온 단시간(언더 베이킹, Under Baking)

- 과다한 수분 증발을 막아 촉촉한 제품을 생산할 때 사용하는 방법이다.
- 반죽량이 적거나 저율 배합, 발효가 과한 제품에 적합하다.
- 속이 익지 않아 주저앉기 쉬우며, 수분이 빠지지 않아 껍질이 쭈글쭈글해질 수 있다.

▌ 저온 장시간(오버 베이킹, Over Baking)

- 수분을 증발시켜 말리듯이 굽는 방법으로, 장식용 빵을 굽거나 바삭한 식감의 그리시니 등을 구울 때 사용하는 방법이다.
- 반죽량이 많거나 고율 배합, 발효가 부족한 제품에 적합하다.
- 윗면이 평평해지고 수분 손실이 커 노화가 빠르다.

▌ 스팀 사용

- 스팀은 프랑스빵, 하드 롤, 호밀빵 등의 하스브레드(Hearth Bread)를 구울 때 많이 사용된다.
- 반죽 내에 설탕, 유지, 달걀 등의 비율이 낮은 경우 오븐 내에서 급격한 팽창을 일으키기에 반죽의 유동성이 부족하기 때문에 반죽을 오븐에 넣고 난 직후에 수분을 공급하여 표면이 마르는 시간을 늦춰 오븐 스프링을 유도한다.
- 스팀을 사용하면 빵의 볼륨이 커지고, 빵의 표면에 껍질이 얇아지면서 윤기가 나는 빵이 만들어진다.

▌ 튀김용 유지의 조건

- 기름에 튀겨지는 동안 구조 형성에 필요한 열전달을 할 수 있어야 한다.
- 제품이 냉각되는 동안 충분히 응결되어 설탕이 탈색되거나 지방 침투가 되지 않아야 한다.
- 정제가 잘된 대두유, 옥수수 기름, 면실유 등 발연점이 높은 기름이 적합하다.
- 엷은 색을 띠며 특유의 향이나 착색이 없어야 한다.
- 튀김 기름의 유리 지방산 함량은 0.35~0.5%가 적당하다.
- 수분 함량은 0.15% 이하로 유지해야 한다.

▌ 튀김 기름의 질을 저하시키는 요인

온도(열), 물(수분), 공기(산소), 이물질

▌ 오븐의 종류와 특징

데크 오븐 (Deck Oven)	• 일반적으로 가장 많이 사용하며, 선반에서 독립적으로 상하부 온도를 조절하여 제품을 구울 수 있다. • 온도가 균일하게 형성되지 않는다는 단점이 있으나 각각의 선반 출입구를 통해 제품을 손으로 넣고 꺼내기가 편리하며, 제품이 구워지는 상태를 눈으로 확인할 수 있어 각각의 팬의 굽는 정도를 조절할 수 있다.
컨벡션 오븐 (Convection Oven)	• 고온의 열을 강력한 팬을 이용하여 강제 대류시키며 제품을 굽는 오븐으로, 데크 오븐에 비해 전체적인 열 편차가 없고 조리 시간도 짧다. • 대규모 업소에서부터 일반 가정까지 다양한 용량의 제품이 있으며, 대형 프랜차이즈 베이커리에서 복합 형태의 오븐으로 많이 사용한다.
로터리 랙 오븐 (Rotary Rack Oven)	• 오븐 속의 선반이 회전하여 구워지는 오븐으로, 내부 공간이 커서 많은 양의 제품을 구울 수 있다. • 주로 소규모 공장이나 대형 매장, 호텔 등에서 사용한다.
터널 오븐 (Tunnel Oven)	• 반죽이 들어가는 입구와 제품이 나오는 출구가 다르다. • 다른 기계들과 연속 작업을 통해 제과·제빵의 전 과정을 자동화할 수 있어 대규모 공장에서 주로 사용한다.

▌ 제빵 전용 기기

• 분할기(Divider) : 1차 발효가 끝난 반죽을 정해진 용량의 반죽 크기로 자동적으로 분할하는 기계이다.

• 라운더(Rounder) : 분할된 반죽을 둥그렇게 말아 하나의 표피를 매끄럽게 형성한다.

• 정형기(Moulder) : 중간발효를 마친 반죽을 밀어 펴서 가스를 빼고 다시 말아서 원하는 모양으로 만드는 기계이다.

• 발효기 : 믹싱이 끝난 반죽을 발효시키는 데 사용한다.

• 도 컨디셔너(Dough Conditioner) : 냉장, 냉동, 해동, 2차 발효를 프로그래밍에 의해 자동적으로 조절하는 기계이다.

• 르방 프로세서(Levain Processor) : 정밀 온도 시스템으로 효모균의 배양과 휴식을 세심하게 관리할 수 있다.

• 식빵 슬라이서 : 식빵을 일정한 두께로 자르는 데 사용한다.

• 튀김기 : 빵도넛, 크로켓 등 튀김제품을 튀기는 기계로 자동 온도 조절 장치가 있다.

• 찜기 : 찜을 하는 제품을 찔 수 있도록 고압, 고온의 증기를 공급한다.

03 | 제품 저장관리

▌ 냉각의 목적

- 곰팡이, 세균, 야생효모균에 피해를 입지 않도록 한다.
- 빵의 절단(슬라이스) 및 포장을 용이하게 한다.
- 빵의 저장성을 증대시킨다.

▌ 아이싱(Icing)

- 제품의 표면을 적절한 재료로 씌우는 것을 말하며, 코팅(Coating) 또는 커버링(Covering)이라고도 한다.
- 대체적으로 아이싱도 일종의 마무리 작업으로써 장식으로 본다.

▌ 제품 포장의 목적

빵의 저장성 증대, 미생물 오염 방지, 상품의 가치 향상

▌ 빵류 포장재의 조건

위생성, 안정성, 보호성, 편리성, 판매 촉진성, 경제성, 환경 친화성

▌ 포장재의 종류

종이 및 판지 제품, 셀로판, 플라스틱 포장재 등

▌ 1차 포장과 2차 포장

1차 포장 (Primary Packaging)	• 내용물에 포장재가 직접 접촉하는 포장으로, 소비자 포장이라고도 한다. • 수분, 습기, 광열 및 충격 등을 방지 또는 차단한다.
2차 포장 (Secondary Packaging)	• 1차 포장된 제품을 보호하고 보관이나 수송하기 위하여 집적하는 경우의 포장이다. • 2차 포장 재료에는 골판지나 나무 상자 등이 있다.

▌ 제품의 노화

- 노화 : 빵의 껍질 및 내부에서 일어나는 물리적, 화학적 변화로 맛과 향기 등이 변하는 현상이다.
- 전분의 노화 조건 : 수분 함량 30~60%, 저장 온도 −7~10℃

▌ 노화의 지연방법

- 아밀로스보다 아밀로펙틴이 노화가 늦다.
- 계면활성제는 표면장력을 변화시켜 빵, 과자의 부피와 조직을 개선하고 노화를 지연한다.
- 레시틴은 유화작용과 노화를 지연한다.
- 설탕, 유지의 사용량을 증가시키면 수분 보유력이 높아져 노화를 억제할 수 있다.

▌ 실온 저장

건조 식자재를 저장·보관하는 건조 저장고는 적합한 공간과 사용 현장과의 위치, 저장 식재료의 안전성을 고려해야 한다.

▌ 냉동 저장

장기 보존을 목적으로 사용되며, 장기 보관 시 냉해, 탈수, 오염, 부패 등 품질 저하가 발생하므로 냉해 방지와 수분 증발을 억제하기 위해서 포장하거나 밀봉하여 저장·관리한다.

▌ 완만 해동

- 냉장고 내 해동 : 냉장고 내에서 천천히 해동하는 방법으로, 대량으로 해동할 경우 이용한다.
- 상온 해동 : 실내에서 자연히 해동하는 방법으로, 공기 중의 수분이 재료나 제품에 직접 응결되지 않도록 포장한 채 해동한다. 실온이 높을수록 해동 시간은 짧아지지만, 균일하게 해동되지 않으므로 실온이 낮은 곳이 바람직하다.
- 액체 중 해동 : 포장하거나 비닐 주머니에 넣어 10℃ 정도의 물 또는 식염수로 해동하는 방법으로, 고인 물보다 흐르는 물에 빨리 해동된다.

▌ 식품 보존법

- 물리적 처리에 의한 보존법 : 건조법(탈수법), 냉장·냉동법, 가열살균법, 조사살균법
- 화학적 처리에 의한 보존법 : 염장법, 당장법, 산저장법(초절임법), 화학물질 첨가
- 종합적 처리에 의한 보존법 : 훈연법, 밀봉법, 염건법, 조미법, 세균학적 방법

04 | 위생안전관리

▌ 식품위생법의 목적(식품위생법 제1조)

- 식품으로 인하여 생기는 위생상의 위해 방지
- 식품영양의 질적 향상 도모
- 식품에 관한 올바른 정보 제공
- 국민 건강의 보호·증진에 이바지

▌ 식품위생의 정의(식품위생법 제2조)

- 식품 : 모든 음식물(의약으로 섭취하는 것은 제외)을 말한다.
- 식품첨가물 : 식품을 제조·가공·조리 또는 보존하는 과정에서 감미, 착색, 표백 또는 산화방지 등을 목적으로 식품에 사용되는 물질을 말한다. 이 경우 기구·용기·포장을 살균·소독하는 데에 사용되어 간접적으로 식품으로 옮아갈 수 있는 물질을 포함한다.
- 화학적 합성품 : 화학적 수단으로 원소 또는 화합물에 분해반응 외의 화학반응을 일으켜서 얻은 물질을 말한다.
- 기구 : 다음의 어느 하나에 해당하는 것으로서 식품 또는 식품첨가물에 직접 닿는 기계·기구나 그 밖의 물건(농업과 수산업에서 식품을 채취하는 데에 쓰는 기계·기구나 그 밖의 물건 및 「위생용품 관리법」에 따른 위생용품은 제외)을 말한다.
  - 음식을 먹을 때 사용하거나 담는 것
  - 식품 또는 식품첨가물을 채취·제조·가공·조리·저장·소분(완제품을 나누어 유통을 목적으로 재포장하는 것)·운반·진열할 때 사용하는 것
- 용기·포장 : 식품 또는 식품첨가물을 넣거나 싸는 것으로서 식품 또는 식품첨가물을 주고받을 때 함께 건네는 물품을 말한다.
- 공유주방 : 식품의 제조·가공·조리·저장·소분·운반에 필요한 시설 또는 기계·기구 등을 여러 영업자가 함께 사용하거나, 동일한 영업자가 여러 종류의 영업에 사용할 수 있는 시설 또는 기계·기구 등이 갖춰진 장소를 말한다.
- 위해 : 식품, 식품첨가물, 기구 또는 용기·포장에 존재하는 위험요소로서 인체의 건강을 해치거나 해칠 우려가 있는 것을 말한다.
- 영업 : 식품 또는 식품첨가물을 채취·제조·가공·조리·저장·소분·운반 또는 판매하거나 기구 또는 용기·포장을 제조·운반·판매하는 업(농업과 수산업에 속하는 식품 채취업은 제외)을 말한다. 이 경우 공유주방을 운영하는 업과 공유주방에서 식품제조업 등을 영위하는 업을 포함한다.

- 영업자 : 영업허가를 받은 자나 영업신고를 한 자 또는 영업등록을 한 자를 말한다.
- 식품위생 : 식품, 식품첨가물, 기구 또는 용기·포장을 대상으로 하는 음식에 관한 위생을 말한다.
- 집단급식소 : 영리를 목적으로 하지 아니하면서 특정 다수인에게 계속하여 음식물을 공급하는 기숙사, 학교, 유치원, 어린이집, 병원, 사회복지시설, 산업체, 국가, 지방자치단체 및 공공기관, 그 밖의 후생기관 등의 어느 하나에 해당하는 곳의 급식시설로서 대통령령으로 정하는 시설을 말한다.
- 식품이력추적관리 : 식품을 제조·가공단계부터 판매단계까지 각 단계별로 정보를 기록·관리하여 그 식품의 안전성 등에 문제가 발생할 경우 그 식품을 추적하여 원인을 규명하고 필요한 조치를 할 수 있도록 관리하는 것을 말한다.
- 식중독 : 식품 섭취로 인하여 인체에 유해한 미생물 또는 유독물질에 의하여 발생하였거나 발생한 것으로 판단되는 감염성 질환 또는 독소형 질환을 말한다.

▌ 영업의 종류(식품위생법 시행령 제21조)
- 식품제조·가공업 : 식품을 제조·가공하는 영업
- 즉석판매제조·가공업 : 총리령으로 정하는 식품을 제조·가공업소에서 직접 최종소비자에게 판매하는 영업
- 식품첨가물제조업
  - 감미료·착색료·표백제 등의 화학적 합성품을 제조·가공하는 영업
  - 천연 물질로부터 유용한 성분을 추출하는 등의 방법으로 얻은 물질을 제조·가공하는 영업
  - 식품첨가물의 혼합제재를 제조·가공하는 영업
  - 기구 및 용기·포장을 살균·소독할 목적으로 사용되어 간접적으로 식품에 이행될 수 있는 물질을 제조·가공하는 영업
- 식품운반업 : 직접 마실 수 있는 유산균음료(살균유산균음료를 포함)나 어류·조개류 및 그 가공품 등 부패·변질되기 쉬운 식품을 전문적으로 운반하는 영업. 다만, 해당 영업자의 영업소에서 판매할 목적으로 식품을 운반하는 경우와 해당 영업자가 제조·가공한 식품을 운반하는 경우는 제외한다.
- 식품소분·판매업
  - 식품소분업 : 총리령으로 정하는 식품 또는 식품첨가물의 완제품을 나누어 유통할 목적으로 재포장·판매하는 영업
  - 식품판매업 : 식용얼음판매업, 식품자동판매기영업, 유통전문판매업, 집단급식소 식품판매업, 기타 식품판매업
- 식품보존업
  - 식품조사처리업 : 방사선을 쬐어 식품의 보존성을 물리적으로 높이는 것을 업으로 하는 영업
  - 식품냉동·냉장업 : 식품을 얼리거나 차게 하여 보존하는 영업. 다만, 수산물의 냉동·냉장은 제외한다.

- 용기 · 포장류제조업
  - 용기 · 포장지제조업 : 식품 또는 식품첨가물을 넣거나 싸는 물품으로서 식품 또는 식품첨가물에 직접 접촉되는 용기(옹기류는 제외) · 포장지를 제조하는 영업
  - 옹기류제조업 : 식품을 제조 · 조리 · 저장할 목적으로 사용되는 독, 항아리, 뚝배기 등을 제조하는 영업
- 식품접객업
  - 휴게음식점영업 : 주로 다류, 아이스크림류 등을 조리 · 판매하거나 패스트푸드점, 분식점 형태의 영업 등 음식류를 조리 · 판매하는 영업으로서 음주행위가 허용되지 아니하는 영업. 다만, 편의점, 슈퍼마켓, 휴게소, 그 밖에 음식류를 판매하는 장소(만화가게 및 인터넷컴퓨터게임시설제공업을 하는 영업소 등 음식류를 부수적으로 판매하는 장소를 포함)에서 컵라면, 일회용 다류 또는 그 밖의 음식류에 물을 부어 주는 경우는 제외한다.
  - 일반음식점영업 : 음식류를 조리 · 판매하는 영업으로서 식사와 함께 부수적으로 음주행위가 허용되는 영업
  - 단란주점영업 : 주로 주류를 조리 · 판매하는 영업으로서 손님이 노래를 부르는 행위가 허용되는 영업
  - 유흥주점영업 : 주로 주류를 조리 · 판매하는 영업으로서 유흥종사자를 두거나 유흥시설을 설치할 수 있고 손님이 노래를 부르거나 춤을 추는 행위가 허용되는 영업
  - 위탁급식영업 : 집단급식소를 설치 · 운영하는 자와의 계약에 따라 그 집단급식소에서 음식류를 조리하여 제공하는 영업
  - 제과점영업 : 주로 빵, 떡, 과자 등을 제조 · 판매하는 영업으로서 음주행위가 허용되지 아니하는 영업
- 공유주방 운영업 : 여러 영업자가 함께 사용하는 공유주방을 운영하는 영업

▌ 허가를 받아야 하는 영업 및 허가관청(식품위생법 시행령 제23조제1항)
- 식품조사처리업 : 식품의약품안전처장
- 단란주점영업과 유흥주점영업 : 특별자치시장 · 특별자치도지사 또는 시장 · 군수 · 구청장

▌ 영업신고를 하여야 하는 업종(식품위생법 시행령 제25조제1항)
- 즉석판매제조 · 가공업
- 식품운반업
- 식품소분 · 판매업
- 식품냉동 · 냉장업
- 용기 · 포장류제조업(자신의 제품을 포장하기 위하여 용기 · 포장류를 제조하는 경우 제외)
- 휴게음식점영업, 일반음식점영업, 위탁급식영업 및 제과점영업

▌ 식품위생감시원의 직무(식품위생법 시행령 제17조)

- 식품 등의 위생적인 취급에 관한 기준의 이행 지도
- 수입·판매 또는 사용 등이 금지된 식품 등의 취급 여부에 관한 단속
- 식품 등의 표시·광고에 관한 법률 규정에 따른 표시 또는 광고기준의 위반 여부에 관한 단속
- 출입·검사 및 검사에 필요한 식품 등의 수거
- 시설기준의 적합 여부의 확인·검사
- 영업자 및 종업원의 건강진단 및 위생교육의 이행 여부의 확인·지도
- 조리사 및 영양사의 법령 준수사항 이행 여부의 확인·지도
- 행정처분의 이행 여부 확인
- 식품 등의 압류·폐기 등
- 영업소의 폐쇄를 위한 간판 제거 등의 조치
- 그 밖에 영업자의 법령 이행 여부에 관한 확인·지도

▌ 식품안전관리인증기준 대상 식품(식품위생법 시행규칙 제62조제1항)

- 수산가공식품류의 어육가공품류 중 어묵·어육소시지
- 기타수산물가공품 중 냉동 어류·연체류·조미가공품
- 냉동식품 중 피자류·만두류·면류
- 과자류, 빵류 또는 떡류 중 과자·캔디류·빵류·떡류
- 빙과류 중 빙과
- 음료류(다류 및 커피류는 제외)
- 레토르트식품
- 절임류 또는 조림류의 김치류 중 김치(배추를 주원료로 하여 절임, 양념혼합과정 등을 거쳐 이를 발효시킨 것이거나 발효시키지 아니한 것 또는 이를 가공한 것에 한함)
- 코코아가공품 또는 초콜릿류 중 초콜릿류
- 면류 중 유탕면 또는 곡분, 전분, 전분질원료 등을 주원료로 반죽하여 손이나 기계 따위로 면을 뽑아내거나 자른 국수로서 생면·숙면·건면
- 특수용도식품
- 즉석섭취·편의식품류 중 즉석섭취식품
- 즉석섭취·편의식품류의 즉석조리식품 중 순대
- 식품제조·가공업의 영업소 중 전년도 총매출액이 100억원 이상인 영업소에서 제조·가공하는 식품

▌ 식품안전관리인증기준(HACCP ; Hazard Analysis Critical Control Point)

식품의 원료관리, 제조·가공·조리·선별·처리·포장·소분·유통·판매의 모든 과정에서 위해한 물질이 식품에 섞이거나 식품이 오염되는 것을 방지하기 위하여 각 과정의 위해요소를 확인·평가하여 중점적으로 관리하는 기준

▌ HACCP의 12절차와 7원칙

단 계	절 차	설 명	비 고
1	HACCP팀 구성	HACCP을 진행할 팀을 설정하고, 수행 업무와 담당을 기재한다.	준비단계
2	제품설명서 작성	제품설명서에는 제품명, 제품유형, 품목제조보고 연월일, 작성연월일, 제품용도, 기타 필요한 사항이 포함되어야 한다.	
3	용도 확인	해당 식품의 의도된 사용방법 및 소비자를 파악한다.	
4	공정흐름도 작성	공정단계를 파악하고 공정흐름도를 작성한다.	
5	공정흐름도 현장 확인	작성된 공정흐름도가 현장과 일치하는지 검증한다.	
6	위해요소 분석	HACCP팀이 수행하며, 이는 제품설명서에서 원·부재료별로, 그리고 공정흐름도에서 공정·단계별로 구분하여 실시한다.	원칙 1
7	중요관리점 결정	해당 제품의 원료나 공정에 존재하는 잠재적인 위해요소를 관리하기 위한 중점 관리요소를 결정한다.	원칙 2
8	한계기준 설정	결정된 중요관리점에서 위해를 방지하기 위해 한계기준을 설정한다.	원칙 3
9	모니터링 체계 확립	중점 관리요소를 효율적으로 관리하기 위한 모니터링 체계를 수립한다.	원칙 4
10	개선 조치방법 수립	모니터링 결과 CCP가 관리상태 위반 시 개선조치를 설정한다.	원칙 5
11	검증 절차 및 방법 수립	HACCP이 효과적으로 시행되는지를 검증하는 방법을 설정한다.	원칙 6
12	문서화 및 기록 유지	원칙 및 그 적용에 대한 문서화와 기록 유지방법을 설정한다.	원칙 7

▌ HACCP 도입의 효과

식품업체 측면	소비자 측면
• 자주적 위생관리 체계의 구축 • 위생적이고 안전한 식품의 제조 • 위생관리 집중화 및 효율성 도모 • 경제적 이익 도모 • 회사의 이미지 제고와 신뢰성 향상	• 안전한 식품을 소비자에게 제공 • 식품 선택의 기회를 제공

▌ HACCP 적용업소의 조명시설 관리

• 조명은 활동이 효과적으로 수행될 수 있어야 하고, 조명이 식품의 색상을 변경시키지 않으며, 규격 기준을 충족시켜야 한다.

• 식품이나 포장재가 노출되는 구역 내의 전구나 조명장치는 안전한 형태의 것이거나 파손이나 이물 낙하 등에 의한 식품의 오염이 방지될 수 있도록 보호장치나 보호커버가 설치되어 있어야 한다.

• 육안 확인이 필요한 공정은 정확성을 위하여 조도 기준을 540lx 이상으로 관리한다.

▌ 식품첨가물의 사용 목적

- 식품의 부패 및 변질 방지
- 식품의 영양 강화, 기호 및 관능의 만족
- 식품의 제조 및 품질 개량으로 상품가치 향상

▌ 식품첨가물의 종류

- 산도조절제(Acidity Regulator) : 산도를 조절하는 데 사용되는 첨가물로 구연산, 주석산, 호박산 등이 있다.
- 착색제(Colorant) : 식품에 색을 내거나 복원하는 데 사용하는 첨가물로 타르색소, β-카로틴, 캐러멜 등이 있다.
- 표백제(Bleaching Agent) : 색소와 발색성 물질에 의한 변색을 차단하고 무색의 화합물로 변화시키기 위해 사용하는 보존제로, 당밀 또는 물엿(메타중아황산칼륨) 등이 있다.
- 유화제(Emulsifier) : 물과 기름처럼 섞이지 않는 물질을 균질하게 섞거나 유지시켜 주는 식품첨가물로 아이스크림 등에 사용된다.
- 밀가루 개량제(Flavor Treatment Agent) : 제빵의 품질이나 식욕을 증진시키기 위해 사용하는 첨가물로 과산화벤조일, 과황산암모늄, 이산화염소 등이 있다.
- 팽창제(Raising Agent) : 가스를 방출하여 반죽의 부피를 증가시키는 첨가물로 베이킹소다, 베이킹파우더 등이 있다.
- 안정제(Stabilizer) : 두 가지 또는 그 이상의 성분을 일정한 분산 형태로 유지시키는 첨가물이다.
- 감미료(Sweetener) : 식품에 단맛을 부여하는 첨가물로, 아스파탐, 사카린나트륨 등이 있으며 기본적으로 설탕의 600배에 가까운 단맛을 낸다.
- 증점제(Thickener) : 식품의 점성을 증가시키는 첨가물로, 알긴산나트륨, 구아검, 카라기난 등이 사용된다.
- 착향료(Flavoring Agent) : 상온에서 휘발성이 있고 식욕 증진을 목적으로 사용하는 첨가물이다.

▌ 식품첨가물의 구비조건

- 인체에 무해하고 체내에 축적되지 않을 것
- 미생물에 대한 증식억제 효과가 클 것
- 미량으로 효과가 클 것
- 독성이 없거나 극히 적을 것
- 무미, 무취이고 자극성이 없을 것
- 공기, 빛, 열에 안정적일 것
- 사용이 간편하고 값이 저렴할 것

감염형 식중독

원인균	증상 및 잠복기	원 인	원인 식품	예방법
살모넬라균	• 증상 : 급성 위장염, 구토, 설사, 복통, 발열 • 잠복기 : 6~72시간	사람, 가축, 가금류, 설치류 등	• 달걀, 식육 및 그 가공품, 가금류, 닭고기, 생채소 등 • 2차 오염된 식품에서도 식중독 발생 • 광범위한 감염원	• 62~65℃에서 20분간 가열로 사멸 • 식육의 생식을 금하고 이들에 의한 교차오염 주의 • 올바른 방법으로 달걀 취급 및 조리 • 철저한 개인위생 준수
장염 비브리오균	• 증상 : 복통과 설사, 원발성 비브리오 패혈증 • 잠복기 : 8~24시간이며 발병되면 15~20시간 지속	게, 조개, 굴, 새우, 가재, 패주 등 갑각류	• 제대로 가열되지 않거나 열처리되지 않은 어패류 및 그 가공품, 2차 오염된 도시락, 채소 샐러드 등의 복합 식품 • 오염된 어패류에 닿은 조리기구와 손가락 등을 통한 교차오염	• 어패류의 저온 보관 • 교차오염 주의 • 환자나 보균자의 분변 주의 • 60℃에서 5분, 55℃에서 10분 가열 시 사멸하므로 식품을 가열 조리함
병원성 대장균	• 증상 : 구토, 설사, 복통, 발열, 발한, 혈변 • 5세 이하의 유아 및 노인, 면역체계 이상자에게 특히 위험 • 잠복기 : 4~96시간	가축(소장), 사람	• 살균되지 않은 우유 • 덜 조리된 쇠고기 및 관련 제품	• 식품이나 음용수의 가열 • 철저한 개인위생 관리 • 주변 환경의 청결 유지 • 분변에 의한 식품오염 방지

독소형 식중독

원인균	증상 · 잠복기 · 독소	원 인	원인 식품	예방법
포도상구균	• 증상 : 구토와 메스꺼움, 복부 통증, 설사, 독감 증상, 근육통 등 • 잠복기 : 2~4시간 • 독소 : 엔테로톡신	• 사람(코, 피부, 머리카락, 감염된 상처) • 동물	• 크림이 들어 있는 빵 • 샌드위치, 우유, 유제품 등 • 부적절하게 재가열되거나 보온된 조리식품 • 김밥, 초밥, 도시락, 떡, 가공육(햄, 소시지 등), 어육제품 및 만두 등	• 화농성 질환이나 인두염에 걸린 사람의 식품 취급 금지 • 조리 종사자의 손 청결과 철저한 위생복장 착용 • 식품 접촉 표면, 용기 및 도구의 위생적 관리
보툴리누스균	• 증상 : 위장장애(구토, 변비), 권태감, 현기증 등 • 잠복기 : 12~36시간 • 독소 : 뉴로톡신(신경독)	토양, 물	pH 4.6 이상의 산도가 낮은 식품을 부적절한 가열 과정을 거쳐 진공 포장한 제품(통조림, 진공 포장팩)	적절한 병조림, 통조림 제품 사용

▌ 바이러스성 식중독

원인균	증상 및 잠복기	원 인	원인 식품	예방법
노로 바이러스	• 증상 : 바이러스성 장염, 메스꺼움, 설사, 복통, 구토 • 어린이, 노인과 면역력이 약한 사람에게는 탈수증상 발생 • 잠복기 : 1~2일	• 사람의 분변, 구토물 • 오염된 물	• 샌드위치, 제빵류, 샐러드 등 • 케이크 아이싱, 샐러드 드레싱 • 오염된 물에서 채취된 굴	• 철저한 개인위생 관리 • 인증된 유통업자 및 상점에서의 수산물 구입
로타 바이러스	• 증상 : 구토, 묽은 설사 • 주로 영유아에게 발생 • 잠복기 : 1~3일	• 사람의 분변 또는 입으로 주로 감염 • 오염된 물	• 물과 얼음 • 즉석식품 • 생채소나 과일	• 철저한 개인위생 관리 • 충분한 가열

▌ 자연성 식중독
- 식물성 식중독의 독성분
  - 독버섯 : 무스카린, 코린, 발린
  - 청매, 살구씨, 복숭아씨 : 아미그달린
  - 목화씨, 면실유 : 고시폴
  - 독미나리 : 시큐톡신
  - 감자의 싹과 녹색 부위 : 솔라닌
  - 피마자 : 리신
- 동물성 식중독의 독성분
  - 복어 : 테트로도톡신
  - 모시조개, 굴, 바지락 : 베네루핀
  - 섭조개, 대합조개 : 삭시톡신

▌ 유해 첨가물
- 유해 방부제 : 붕산, 유로트로핀, 승홍
- 유해 감미료 : 둘신, 사이클라메이트, 페릴라틴, 에틸렌글리콜
- 유해 착색료 : 아우라민, 로다민 B
- 유해 표백제 : 삼염화질소, 론갈리트

▌ 중금속에 의한 식중독

납	• 도료, 안료, 농약 등에서 오염 • 적혈구 혈색소 감소, 신장장애, 체중감소, 호흡장애 등
수 은	• 유기 수은에 오염된 해산물을 통해 발병 • 미나마타병을 일으킴 • 구토, 복통, 위장장애, 전신경련 등
카드뮴	• 오염된 음료수나 농작물로 발병 • 이타이이타이병을 일으킴 • 신장장애, 골연화증 등

▌ 감염병의 발생 요인

병인, 환경, 숙주

▌ 감염병의 분류

• 병원체에 따른 분류
  – 바이러스 : 천연두, 일본뇌염, 인플루엔자, 유행성 이하선염, 홍역, 소아마비, 유행성 간염
  – 리케차(생세포에 존재) : 양충병, 발진티푸스, 발진열
  – 세균 : 장티푸스, 콜레라, 디프테리아, 결핵, 백일해, 성홍열, 폐렴, 세균성 이질, 한센병
• 침입경로에 따른 분류
  – 호흡기계 : 결핵, 폐렴, 백일해, 홍역, 수두, 천연두 등
  – 소화기계 : 세균성 이질, 콜레라, 장티푸스, 폴리오 등

▌ 기생충 감염

• 매개물에 의한 분류
  – 채소를 매개로 감염되는 기생충 : 회충, 구충, 요충, 편충, 동양모양선충 등
  – 육류를 매개로 감염되는 기생충 : 유구조충, 무구조충 등
  – 어패류를 매개로 감염되는 기생충 : 폐디스토마(폐흡충), 간디스토마(간흡충)
• 중간숙주가 제1중간숙주와 제2중간숙주로 두 가지인 기생충
  – 간흡충(간디스토마) : 쇠우렁이(제1중간숙주)와 붕어・잉어 등의 민물고기(제2중간숙주 → 피낭유충으로 존재)
  – 폐흡충(폐디스토마) : 다슬기(제1중간숙주)와 게・가재(제2중간숙주)
  – 긴촌충(광절열두조충) : 물벼룩(제1중간숙주)과 송어・연어(제2중간숙주)
• 유구조충(갈고리촌충)의 숙주 : 돼지
• 무구조충(민촌충)의 숙주 : 소
• 음식물 섭취와 관계가 있는 기생충 : 회충, 광절열두조충, 요충

■ 인수공통감염병(동물과 사람 간 전파 가능한 질병)

• 종류 : 탄저, 중증급성호흡기증후군, 동물인플루엔자 인체감염증, 장출혈성대장균감염증, 일본뇌염, 브루셀라증, 공수병, 변종크로이츠펠트-야콥병, 큐열 등

• 예방대책 : 보균동물의 조기 발견, 도축장의 소독 및 사후관리 철저, 매개체인 쥐・해충 등의 구제, 수입 축산물의 검역・검사 강화, 가축・축육 종사자의 예방접종 및 위생교육 실시

■ 법정 감염병(감염병의 예방 및 관리에 관한 법률 제2조)

제1급 감염병	에볼라바이러스병, 마버그열, 라싸열, 크리미안콩고출혈열, 남아메리카출혈열, 리프트밸리열, 두창, 페스트, 탄저, 보툴리눔독소증, 야토병, 신종감염병증후군, 중증급성호흡기증후군(SARS), 중동호흡기증후군(MERS), 동물인플루엔자 인체감염증, 신종인플루엔자, 디프테리아
제2급 감염병	결핵, 수두, 홍역, 콜레라, 장티푸스, 파라티푸스, 세균성이질, 장출혈성대장균감염증, A형간염, 백일해, 유행성이하선염, 풍진, 폴리오, 수막구균 감염증, b형헤모필루스인플루엔자, 폐렴구균 감염증, 한센병, 성홍열, 반코마이신내성황색포도알균(VRSA) 감염증, 카바페넴내성장내세균목(CRE) 감염증, E형간염
제3급 감염병	파상풍, B형간염, 일본뇌염, C형간염, 말라리아, 레지오넬라증, 비브리오패혈증, 발진티푸스, 발진열, 쯔쯔가무시증, 렙토스피라증, 브루셀라증, 공수병, 신증후군출혈열, 후천성면역결핍증(AIDS), 크로이츠펠트-야콥병(CJD) 및 변종크로이츠펠트-야콥병(vCJD), 황열, 뎅기열, 큐열, 웨스트나일열, 라임병, 진드기매개뇌염, 유비저, 치쿤구니야열, 중증열성혈소판감소증후군(SFTS), 지카바이러스 감염증, 매독
제4급 감염병	인플루엔자, 회충증, 편충증, 요충증, 간흡충증, 폐흡충증, 장흡충증, 수족구병, 임질, 클라미디아 감염증, 연성하감, 성기단순포진, 첨규콘딜롬, 반코마이신내성장알균(VRE) 감염증, 메티실린내성황색포도알균(MRSA) 감염증, 다제내성녹농균(MRPA) 감염증, 다제내성아시네토박터바우마니균(MRAB) 감염증, 장관감염증, 급성호흡기감염증, 해외유입기생충감염증, 엔테로바이러스감염증, 사람유두종 바이러스 감염증

■ 식중독 위기 대응 4단계

• 관심(Blue) 단계
  – 소규모 식중독이 다수 발생하거나 식중독 확산 우려가 있는 경우
  – 특정 시설에서 연속 혹은 간헐적으로 5건 이상 또는 50인 이상의 식중독 환자가 발생하는 경우

• 주의(Yellow) 단계
  – 여러 시설에서 동시다발적으로 환자가 발생할 우려가 높거나 발생하는 경우
  – 동일 식재료 업체나 위탁 급식업체가 납품・운영하는 여러 급식소에서 환자가 동시 발생

• 경계(Orange) 단계
  – 전국에서 동시에 원인 불명의 식중독 확산
  – 특정 시설에서 전체 급식 인원의 50% 이상 환자 발생

• 심각(Red) 단계
  – 식품 테러, 천재지변 등으로 대규모 환자 또는 사망자 발생
  – 독극물 등 식품 테러로 인한 식재료 오염으로 대규모 환자나 사망자가 발생할 우려가 있는 경우

▌ 살균과 소독의 정의

- 살균 : 약한 살균력, 병원성 미생물의 생활력 파괴
- 멸균 : 강한 살균력, 미생물을 완전히 사멸 처리함
- 소독 : 살균과 멸균
- 방부 : 병원성 미생물의 발육과 그 작용을 저지 또는 정지시켜 부패나 발효를 방지하는 조작

▌ 소독의 대상과 방법

종 류	소독 대상	소독방법
열탕 소독	식기, 행주	100℃에서 5분 이상 가열
증기 소독	식기, 행주	100~120℃, 10분 이상 처리(금속 100℃에서 5분, 사기류 80℃에서 1분, 천류 70℃에서 25분 또는 95℃에서 10분)
건열 소독	스테인리스 스틸 식기	160~180℃에서 30~45분
자외선 소독	소도구, 용기류	2,537Å, 30~60분 조사
화학 소독제	작업대, 기기, 도마, 과일, 채소	세제 잔류 없이 음용수로 깨끗이 세척
염소 소독	생과일, 채소	100ppm, 5~10분 침지
	발판 소독	100ppm 이상
	용기 등의 식품 접촉면	100ppm, 1분간
아이오딘액	기구, 용기	pH 5 이하, 실온, 25ppm, 최소 1분간 침지
알코올	손, 용기 등 표면	70% 에틸알코올을 분무하여 건조

▌ 미생물의 종류와 특성

- 바이러스(Virus)
  - 살아 있는 세포에만 증식하며 순수배양이 불가능하다.
  - 미생물 중에서 크기가 가장 작으며 경구감염병의 원인이 된다.
- 세균(Bacteria)
  - 형태에 따라 구균(구형, Cocci), 간균(막대형, Bacilli), 나선균(나선형, Spirillum)으로 구분된다.
  - 세포벽의 염색성에 따라 그람 양성균과 그람 음성균으로 구분된다.
- 리케차(Rickettsia)
  - 세균과 바이러스의 중간에 속하며 형태는 원형과 타원형이다.
  - 종류 : 발진티푸스, 발진열 등
- 곰팡이(Mold)
  - 공기를 좋아하는 호기성으로 약산성 pH 5~6에서 가장 잘 자란다.
  - 장류, 주류, 치즈 등의 발효식품 제조에 이용되는 것도 있다.
  - 종류 : 누룩곰팡이, 푸른곰팡이, 털곰팡이 등

- 효모(Yeast)
  - 형태는 구형, 달걀형, 타원형, 소시지형 등이 있다.
  - 출아법으로 증식하며 균사를 만들지 않는다.
  - 공기의 존재와 무관하게 자란다(통성 혐기성).
  - pH 4~6에서 증식하고 내산성이 높다.
- 스피로헤타(Spirochaeta)
  - 형태는 나선형으로 운동성이 있다.
  - 단세포 생물과 다세포 생물의 중간이다.
  - 매독의 병원체가 된다.
- 미생물의 크기 : 곰팡이 > 효모 > 스피로헤타 > 세균 > 리케차 > 바이러스

▌ 미생물의 발육 조건
- 영양소 : 탄소원, 질소원, 무기염류, 발육소 등
- 수 분
  - 미생물의 주성분, 생리 기능을 조절하는 데 필요
  - 미생물 증식이 억제되는 수분활성도(Aw, Water Activity) : 세균(0.8 이하) > 효모(0.75 이하) > 곰팡이(0.7 이하)
- 온 도

미생물	최적온도(℃)	발육 가능온도(℃)
저온균	15~20	0~25
중온균	25~37	15~55
고온균	50~60	40~70

- 산 소
  - 호기성 세균 : 산소가 있어야 발육 가능한 세균(초산균, 고초균, 결핵균 등)
  - 혐기성 세균 : 산소가 없어도 발육 가능한 세균

통성 혐기성 세균	산소의 유무에 상관없이 발육하는 세균(대장균, 효모 등)
편성 혐기성 세균	산소를 절대적으로 기피하는 세균(보툴리누스균, 파상풍균 등)

- 수소이온농도(pH)
  - pH 4.0~6.0(산성) : 효모, 곰팡이
  - pH 6.5~7.5(중성 내지 약알칼리성) : 일반 세균
  - pH 2.0~8.6(알칼리성) : 콜레라균

▌ 빵류 제품 공정

- 공정 관리에 필요한 제품 설명서와 공정흐름도를 작성하고 위해요소 분석을 통해 중요관리점을 결정한다.
- 결정된 중요관리점에 대한 세부적인 관리 계획을 수립하여 공정 관리한다.

▌ 위해요소와 중요관리점

- 위해요소(Hazard) : 「식품위생법」에서 정하고 있는 인체의 건강을 해할 우려가 있는 생물학적, 화학적 또는 물리적 인자나 조건을 말한다.
- 빵류 위해요소의 종류
  - 생물학적 위해요소(Biological Hazards) : 황색포도상구균, 살모넬라, 병원성대장균 등 식중독균
  - 화학적 위해요소(Chemical Hazards) : 중금속, 잔류농약 등
  - 물리적 위해요소(Physical Hazards) : 금속 조각, 비닐, 노끈 등 이물
- 중요관리점(CCP ; Critical Control Point) : 위해요소 중점관리기준을 적용하여 식품의 위해요소를 예방·제거하거나 허용 수준 이하로 감소시켜 해당 식품의 안전성을 확보할 수 있는 중요한 단계·과정 또는 공정을 말한다.

▌ 공정 관리 지침서 작성

제품 설명서 작성 → 공정흐름도 작성 → 위해요소 분석 → 중요관리점 결정 → 중요관리점에 대한 세부 관리 계획 수립

▌ 작업환경 위생 점검

- 작업장은 견고하고 평평하여야 한다.
- 작업장 바닥은 파여 있거나 갈라진 틈이 없어야 하고, 필요한 경우를 제외하고 마른 상태를 유지한다.
- 배수로는 작업장 외부 등에 폐수가 교차오염되지 않도록 덮개를 설치한다.
- 바닥, 벽, 천장은 생산환경 조건에 적합하고, 내구성 및 내수성이 있으며, 평활하고 세정이 용이한 것으로 한다.
- 벽, 바닥, 천장의 이음새가 틈이 없고 모서리는 오염이 되지 않도록 구배를 주며, 세정이 용이하도록 한다.
- 작업장 내 분리된 공간은 오염된 공기를 배출하기 위해 환풍기 등과 같은 강제 환기시설을 설치한다.
- 출입문, 창문, 벽, 천장 등의 작업장은 해충이나 설치류가 침입하지 못하도록 관리하고, 환기시설이 가동되지 않을 때 해충이나 설치류가 유입되지 않도록 방충망 등을 이용한다.

▌ 작업자 위생 점검

- 머리카락이나 비듬 등도 황색포도상구균의 오염원이 될 수 있으므로 청결한 위생모를 착용한다.
- 위생복, 앞치마 착용 시 청결한지 확인하고, 반소매 위생복은 화상의 위험이 있어 착용하지 않는다.
- 미끄러짐 등의 사고를 방지하기 위해 안전화는 반드시 착용하되, 치수에 맞게 선택하고 오염 여부를 확인한다.
- 침, 콧물, 재채기 등으로 인한 오염물질이 제품에 혼입되지 않도록 마스크를 착용한다.
- 반드시 비누를 사용하여 손을 20초 이상 깨끗이 씻는다.

▌ 믹서의 종류

- 수직형 믹서
  - 반죽을 만드는 반죽 날개가 수직으로 설치
  - 주로 소규모 제과점에서 케이크 반죽에 사용
- 수평형 믹서
  - 반죽을 만드는 반죽 날개가 수평으로 설치
  - 반죽의 양은 전체 반죽통 부피의 30~60%가 적합
  - 주로 대형 매장이나 공장형 제조업에서 사용
- 스파이럴 믹서
  - 나선형 훅 내장
  - 프랑스빵과 같이 글루텐 형성능력이 다소 작은 밀가루로 빵을 만들 경우 적당
- 에어 믹서
  - 제과 전용 믹서
  - 에어 믹서 사용 시 공기 압력이 가장 높아야 되는 제품 : 엔젤푸드 케이크

▌ 기타 기기 및 도구

- 파이롤러(Pie Roller) : 롤러를 이용해 반죽을 늘려 두께를 조절하는 기계이다.
- 스크레이퍼(Scraper) : 반죽을 분할할 때 사용하는 도구로, 스테인리스나 플라스틱 재질로 되어 있다.
- 스패출러(Spatula) : 빵에 크림을 바를 때나 데커레이션에 사용한다.
- 롤러 커터기(Roller Cutter) : 빵, 파이, 페이스트리 반죽 등 여러 반죽을 밀어서 절단할 때 사용한다.
- 슈거체(Sugar Sieve) : 빵 장식에 슈거파우더, 밀가루, 코코아 등을 뿌릴 때 사용한다.
- 실리콘 주걱(Silicone Spatula) : 반죽을 긁어내거나 반죽 윗면을 평평하게 고를 때 또는 반죽을 짤주머니로 옮길 때 사용한다.
- 실리콘 붓(Silicone Brush) : 빵에 달걀이나 광택제를 바를 때 사용한다.

- 밀대(Rolling Pin) : 빵 반죽을 밀거나 넓게 펼 때 사용한다.
- 가루체(Flour Sieve) : 여러 가지 가루를 체질할 때 사용한다.
- 짤 주머니(Piping Bag) : 빵 반죽을 넣고 짜서 쓸 때 사용한다.

▌ 설비 및 기기의 위생·안전관리
- 작업대 : 작업대는 부식성이 없는 스테인리스 등의 재질로 설비하고, 균이 검출될 수 있어 중성세제로 세척, 열탕 소독, 약품 소독을 해야 한다.
- 냉장·냉동기기 : 냉동실은 −18℃ 이하, 냉장실은 5℃ 이하의 적정 온도를 유지한다.
- 믹싱기 : 믹싱볼과 부속품은 분리한 후 중성세제나 약알칼리성 세제로 세정하고, 본체는 물이 들어가지 않아야 한다.
- 오븐 : 클리너로 그을림을 깨끗이 닦아 주고 부패 방지를 위해 주 2회 이상 청소한다.
- 파이롤러 : 사용 후 윗부분의 이물질을 솔로 깨끗이 청소한다.
- 튀김기 : 따뜻한 비눗물을 팬에 꽉 차게 붓고 10분간 끓여 내부를 충분히 씻고 건조한 후 뚜껑을 닫아 둔다.

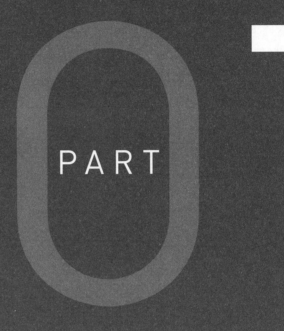

PART

01

기출복원문제

행운이란 100%의 노력 뒤에 남는 것이다.

– 랭스턴 콜먼(Langston Coleman)

기출복원문제

01 다음 중 제빵의 플로어 타임을 길게 주어야 하는 경우는?

① 중력분을 사용할 때
② 반죽혼합이 덜 되었을 때
③ 반죽 온도가 높을 때
④ **반죽 온도가 낮을 때**

[해설]
플로어 타임이란 중종 반죽법에서 본반죽을 끝내고 분할하기 전에 발효시키는 공정으로 숙성도를 조절할 수 있다. 반죽 온도가 낮은 경우 플로어 타임이나 발효 시간을 길게 주어야 한다.

02 액종법을 이용한 건포도 발효종 만들기에 대해 잘못 설명한 것은?

① 건포도 액종을 만들 때에는 물, 건포도, 꿀을 사용한다.
② **건포도종과 물을 섞기 전 건포도를 깨끗이 씻어 준비한다.**
③ 건포도 발효종은 건포도 액종과 밀가루를 섞어 만든다.
④ 건포도에는 천연 과당이 많이 분포되어 있어 발효시키기 좋다.

[해설]
제빵에 사용되는 건포도는 재료의 구입이 쉽고 발효력이 안정된 종을 만들기 쉽기 때문에 가장 많이 사용된다. 건포도종과 물을 섞을 때는 건포도에 붙어 있는 효모를 이용해야 하므로 씻지 않는다.

03 다음 중 산형식빵의 비용적으로 가장 적합한 것은?

① $1.5 \sim 1.8 \text{cm}^3/\text{g}$
② $1.7 \sim 2.6 \text{cm}^3/\text{g}$
③ **$3.2 \sim 3.4 \text{cm}^3/\text{g}$**
④ $3.6 \sim 4.0 \text{cm}^3/\text{g}$

[해설]
제품별 비용적
• 산형식빵 : $3.2 \sim 3.4 \text{cm}^3/\text{g}$
• 풀먼식빵 : $3.8 \sim 4.0 \text{cm}^3/\text{g}$
• 스펀지 케이크 : $5.08 \text{cm}^3/\text{g}$
• 파운드 케이크 : $2.40 \text{cm}^3/\text{g}$

04 스펀지 반죽 발효 시 반죽의 변화에 대해 잘못 설명한 것은?

① 부피가 증가한다.
② **온도가 내려간다.**
③ 글루텐이 부드러워진다.
④ 가스 보유력이 향상된다.

[해설]
스펀지 반죽이 발효되는 동안 이스트가 생성한 이산화탄소에 의해 스펀지는 4~5배의 부피 증가가 이루어지며 온도는 3~5℃ 올라간다. 또한 이스트에 의하여 생성된 산과 알코올로 인하여 글루텐이 부드러워지고 가스 보유력이 향상된다.

05 프랑스빵이나 저율 배합 빵에 많이 사용하는 방법으로, 물과 밀가루만을 저속으로 2~3분 혼합한 후 휴지시킨 반죽법은?

① 액종법
② 비가법
③ 폴리시법
④ **오토리즈법**

해설
오토리즈법은 물과 밀가루만을 저속으로 2~3분 혼합하여 휴지시킨 반죽으로, 휴지 시간은 1~10시간 정도 진행한다. 휴지되는 동안 밀가루와 물이 충분한 수화를 이루어 신장성이 향상되고 글루텐이 활성화된다.

06 스펀지 반죽을 거쳐 본반죽을 했을 때 반죽의 최종 적정 온도는?

① 15~18℃
② 20~23℃
③ **25~28℃**
④ 30~33℃

해설
본반죽의 발효는 10~40분 정도 진행하는데, 반죽의 최종 적정 온도는 25~28℃ 정도이다.

07 스트레이트법 반죽의 6단계 중 글루텐이 결합되는 마지막 공정으로, 반죽의 신장성이 최대가 되고 반죽이 반투명한 상태가 되는 단계는?

① 픽업 단계(Pick-up Stage)
② 클린업 단계(Clean-up Stage)
③ **최종 단계(Final Stage)**
④ 렛다운 단계(Let Down Stage)

해설
① 픽업 단계 : 밀가루와 그 밖의 가루 재료가 물과 대충 섞이는 단계
② 클린업 단계 : 수분이 밀가루에 흡수되어 한 덩어리의 반죽이 만들어지는 단계
④ 렛다운 단계 : 글루텐이 결합됨과 동시에 다른 한쪽에서 끊기는 단계

08 스트레이트법(직접 반죽법)의 제빵 공정 중 1차 발효와 2차 발효 사이에 들어가는 과정은?

① **정 형**　　② 반 죽
③ 냉 각　　④ 포 장

해설
스트레이트법(직접 반죽법)의 제빵 공정
재료 계량 → 반죽 → 1차 발효 → 정형(분할 → 둥글리기 → 중간발효 → 성형 → 패닝) → 2차 발효 → 굽기 → 냉각 → 포장
※ 제과·제빵에서 정형과 성형은 별다른 구분 없이 거의 같은 의미로 쓰인다.

09 우유식빵 반죽은 어느 단계에서 마무리하는가?

① 클린업 단계 ② 발전 단계
③ 최종 단계 ④ 렛다운 단계

해설
우유식빵 반죽은 최종 단계로 마무리하며, 반죽 온도는 27℃ 정도로 맞춘다.

10 버터톱식빵 반죽 시 최종 단계로 마무리할 때의 반죽 온도는?

① 27℃ ② 22℃
③ 17℃ ④ 12℃

해설
버터톱식빵 반죽 시 반죽은 최종 단계로 마무리하며, 반죽 온도는 27℃ 정도로 맞춘다.

11 단과자빵 배합 반죽에 커스터드 크림을 충전하여 만드는 단과자빵은?

① 크림빵 ② 소보로빵
③ 스위트롤 ④ 버터롤

해설
② 소보로빵 : 단과자빵 배합 반죽에 토핑물로 소보로를 사용한 단과자빵
③ 스위트롤 : 단과자빵 배합 반죽에 계피 설탕을 충전하여 만드는 단과자빵
④ 버터롤 : 단과자빵 배합 반죽을 번데기 모양으로 성형하여 만든 단과자빵

12 빵 도넛 반죽 시 일반 빵보다 반죽 시간을 조금 적게 갖는 이유는?

① 도넛의 모양을 유지하기 위해서
② 반죽 표면의 색을 고르게 하기 위해서
③ 이스트의 양을 많이 넣기 때문에
④ 과일에서 수분이 많이 빠져나오기 때문에

해설
빵 도넛 반죽은 최종 단계 초기로 마무리하는데, 일반 빵보다 반죽 시간을 조금 적게 갖는 이유는 도넛의 모양을 유지하기 위해서이다.

13 스트레이트법을 비상스트레이트법으로 변경할 때의 조치사항을 잘못 설명한 것은?

① 생이스트 사용량 2배 증가
② 설탕 사용량 1% 증가
③ 반죽 시간 20~25% 증가
④ 반죽 온도 30℃

해설
발효 시간의 단축으로 인하여 잔류당이 증가하기 때문에 껍질 색을 조절하기 위하여 설탕 사용량을 1% 줄인다.

14 비상스트레이트법 단팥빵 반죽에 대해 바르게 설명한 것은?

① 일반 단팥빵 반죽보다 20~25% 반죽 시간을 줄인다.
② 최종 단계 초기로 반죽을 마무리한다.
③ 반죽 온도는 27℃ 정도로 맞춘다.
④ 마무리 시 반죽이 곱고 매끄러운 상태인지 확인한다.

비상스트레이트법 단팥빵 반죽은 일반 단팥빵 반죽보다 20~25% 반죽 시간을 늘려 최종 단계 후기로 반죽을 마무리하며, 반죽 온도는 30℃ 정도로 맞춘다.

15 다음 (   )에 들어갈 알맞은 내용은?

> 반죽 온도는 발효 시간에 영향을 미치는데, 반죽 온도 0.5℃ 차이에 따라 발효 시간이 (   )씩 달라진다. 따라서 혼합이 끝난 반죽 온도가 정상보다 0.5℃ 높으면 보통의 조건에서 발효 시간은 (   ) 짧아진다.

① 15분   ② 30분
③ 1시간   ④ 2시간

반죽 온도는 발효 시간에 영향을 미치는데, 반죽 온도 0.5℃ 차이에 따라 발효 시간이 15분씩 달라진다. 따라서 혼합이 끝난 반죽 온도가 정상보다 0.5℃ 높으면 보통의 조건에서 발효 시간은 15분 짧아진다.

16 비상스트레이트법 1차 발효에 대해 잘못 설명한 것은?

① 발효기는 온도 30℃, 상대습도 75%로 조절한다.
② 반죽을 발효기에 넣고 15~30분 발효한다.
③ 발효를 60분 이하로 진행할 경우 펀치를 하여 발효를 촉진시킨다.
④ 손가락에 덧가루를 묻혀 반죽을 찔러보아 손가락 자국이 그대로 남으면 발효를 완료한다.

이스트, 산화제가 많은 배합이나 발효 시간이 60분 이내일 경우 펀치를 하지 않는다.

17 식품위생법상 총리령으로 정하는 식품위생검사기관이 아닌 것은?

① 식품의약품안전평가원
② 지방식품의약품안전청
③ 보건환경연구원
④ 지역 보건소

위생검사 등 요청기관(식품위생법 시행규칙 제9조의2) 총리령으로 정하는 식품위생검사기관이란 식품의약품안전평가원, 지방식품의약품안전청, 보건환경연구원을 말한다.

18 둥글리기 작업 시 주의사항으로 적절하지 않은 것은?

① 둥글리기를 한 반죽 위에는 덧가루를 조금 뿌리고 비닐 등으로 덮는다.
② 덧가루의 사용은 최소한으로 하는 것이 좋다.
❸ 밀가루 이외의 재료가 들어간 반죽은 일반 반죽보다 둥글리기를 세게 작업한다.
④ 건포도가 들어가는 빵의 둥글리기 작업 시 튀어나오는 건포도를 안쪽으로 넣어준다.

밀가루 외의 재료가 들어간 반죽은 일반 반죽보다 반죽의 탄력성이 약해 표피가 찢어지기 쉬우므로 둥글리기를 너무 세게 하지 않도록 주의한다.

19 도넛에 묻힌 설탕이 수분에 녹아 시럽처럼 변하는 현상을 무엇이라고 하는가?

❶ 발한현상
② 메일라드(마이야르) 현상
③ 캐러멜화 현상
④ 단백질 응고현상

도넛에 묻힌 설탕이나 글레이즈가 수분에 녹아 시럽처럼 변하는 현상을 발한현상이라고 한다. 발한현상을 없애기 위하여 도넛을 어느 정도 식힌 뒤 계피 설탕(계피 : 설탕＝1 : 9)에 골고루 묻혀 글레이징을 한다. 너무 식으면 설탕이 묻지 않으므로 주의한다.

20 굽기 조건과 오븐의 온도에 대해 바르게 설명한 것은?

① 고율 배합빵은 높은 온도에서 빠른 시간에 굽는다.
❷ 설탕 함량이 많은 빵은 낮은 온도에서 굽는다.
③ 우유 함량이 많은 빵은 높은 온도에서 굽는다.
④ 반죽의 발효가 과하게 된 경우는 저온에서 굽는다.

② 설탕 함량이 많은 단과자빵은 당에 의한 지나친 캐러멜화와 이때 수반되는 겉껍질이 지나치게 타는 현상을 피하기 위하여 비교적 낮은 온도에서 굽는다.
① 고율 배합빵은 낮은 온도에서 오랫동안 굽고, 저율 배합빵은 높은 온도에서 빠른 시간에 굽는다.
③ 우유 함량이 많은 빵은 낮은 온도에서 굽는다.
④ 반죽의 발효가 과하게 된 경우는 고온에서, 덜 된 경우는 저온에서 굽는 것이 좋다.

21 본반죽이 끝나고 분할하기 전에 발효시키는 공정을 무엇이라고 하는가?

① 패닝(팬닝)
② 밀어 펴기
❸ 플로어 타임
④ 브레이크다운 단계

① 패닝(팬닝) : 성형이 끝난 반죽을 철판에 나열하거나 틀에 채워 넣는 과정
② 밀어 펴기 : 중간발효를 마친 반죽을 밀대나 기계로 밀어 펴서 원하는 크기와 두께로 만드는 공정
④ 브레이크다운 단계 : 글루텐이 더 이상 결합하지 못하고 끊어지는 단계

22 빵 반죽 시 반죽 온도가 높아지는 가장 큰 이유는?

✔ **① 마찰열이 생기기 때문에**

② 원료가 용해되는 관계로

③ 글루텐이 발전하는 관계로

④ 이스트가 번식하기 때문에

> **해설**
> 반죽 온도가 높아지는 두 가지 원인은 반죽하는 동안 마찰에 의해 발생하는 마찰열과 밀가루가 물과 결합할 때 생성되는 수화열 때문이다.

23 반죽의 비중에 대한 설명으로 옳지 않은 것은?

① 비중이 높으면 구울 때 단단해진다.

② 비중이 높으면 구울 때 부피가 작아진다.

✔ **③ 비중이 높으면 기공이 거칠어진다.**

④ 비중이 높으면 무거운 제품이 된다.

> **해설**
> 부피가 같은 제품을 구울 때 비중이 높으면 부피가 작고 단단해지고, 비중이 낮으면 포장의 어려움이나 굽기 후 식히는 과정에서 부피가 줄어들 수 있어 제품을 균일하게 유지하는 데 문제가 될 수 있다. 또한 비중은 외부의 영향뿐만 아니라 내부에도 영향을 준다. 비중이 높으면 기공이 조밀하여 무거운 제품이 되며, 너무 낮으면 거칠고 큰 기포가 형성되어 거친 조직이 된다.

24 초콜릿 템퍼링의 효과가 아닌 것은?

✔ **① 광택이 탁해진다.**

② 결정형이 일정해진다.

③ 내부 조직이 조밀해진다.

④ 입안에서의 용해성이 좋아진다.

> **해설**
> ① 초콜릿을 템퍼링하면 광택이 좋아진다.

25 튀김 기름의 조건으로 옳지 않은 것은?

① 열 안정성이 높을 것

✔ **② 색이 진하고 불투명한 것**

③ 가열했을 때 연기가 나지 않을 것

④ 가열했을 때 거품이 생기지 않을 것

> **해설**
> 튀김유의 조건
> • 색이 연하고 투명하며 광택이 있는 것
> • 냄새가 없고, 기름 특유의 원만한 맛을 가질 것
> • 가열했을 때 냄새가 없고 거품의 생성이나 연기가 나지 않을 것
> • 열 안정성이 높을 것

26 치즈를 만들 때 나오는 유청을 이용하여 만든 이탈리아 치즈로, 비숙성 크림치즈의 일종이며, 부드럽고 단맛이 나는 것이 특징인 치즈는?

① 카망베르 치즈

☑ **리코타 치즈**

③ 모차렐라 치즈

④ 고르곤졸라 치즈

해설

리코타 치즈는 치즈 제조 시 분리되고 남은 유청을 활용하여 만든 이탈리아 치즈로, 부드럽게 풀려 커스터드 크림과 섞어 치즈크림을 만들어 쓰기도 한다.

28 달걀을 서서히 가열하면 반투명하게 되면서 굳게 되는 성질을 무엇이라고 하는가?

① 기포성

② 유화성

③ 저장성

☑ **열응고성**

해설

달걀의 단백질을 서서히 가열하면 반투명해지면서 굳는데 이러한 성질을 열응고성이라고 한다. 알부민, 글로불린 등의 열응고성 단백질은 60~70℃에서 응고가 일어난다. 달걀의 흰자는 60℃ 근처에서 응고를 시작하여 70~80℃에서 완전 응고하며, 그 이상의 온도에서도 경화가 진행된다. 노른자는 65℃ 근처에서 응고를 시작하여 70℃에서 완전 응고한다.

29 원심분리법으로 유지를 우유에서 분리하여 제거한 우유로, 지방이 0.5% 정도 함유되어 있는 가공 우유는?

☑ **탈지유**

② 저지방유

③ 전지분유

④ 유당분해우유

해설

② 저지방유 : 우유의 지방을 부분적으로 탈지하여 지방 함량이 0.5~2%가 되도록 만든 것

③ 전지분유 : 살균 처리한 우유 전체를 진공 상태에서 수분의 2/3를 증발시킨 후 80~130℃로 가열된 열풍 속에서 스프레이 분무하면서 건조시킨 것

④ 유당분해우유 : 원유나 우유 또는 저지방 우유를 유당분해효소로 처리하여 유당을 1% 이하로 분해한 후에 멸균 처리한 것

27 팬 오일(이형유)은 다음 중 무엇이 높은 것을 선택해야 하는가?

① 산 가

② 냉 점

☑ **발연점**

④ 불포화도

해설

팬 오일(이형유)은 발연점이 높은 기름(210℃ 이상)이어야 한다.

30 지름 22cm, 높이 8cm인 원형 팬의 용적 (cm³)은?

① $176\pi\,\text{cm}^3$

② $352\pi\,\text{cm}^3$

③ $968\pi\,\text{cm}^3$ ✓

④ $3,872\pi\,\text{cm}^3$

해설
원형 팬의 용적 = 반지름 × 반지름 × 높이 × π(3.14)
= 11cm × 11cm × 8cm × π(3.14)
= $968\pi\,\text{cm}^3$

31 발효실 온도의 검·교정 기준에 대해 잘못 설명한 것은?

① 기준치 : −1℃ ✓

② 허용치 : ±1℃

③ 방법 : 검·교정된 온도계를 넣어 비교 측정

④ 주기 : 1회/6개월

해설
발효실 온도의 기준치는 35℃이다.

32 '찌기'에서 식품을 가열하기 위해 사용하는 것은?

① 기 름 ② 연 기

③ 수증기 ✓ ④ 직 화

해설
찌기는 수증기를 이용해서 식품을 가열하는 조리이다.

33 빵 반죽을 정형기(Moulder)에 통과시켰을 때 아령 모양으로 되었다면 정형기의 압력상태는?

① 압력이 약하다.

② 압력이 강하다. ✓

③ 압력과는 상관이 없다.

④ 압력이 적당하다.

해설
정형기 압착판의 압력이 강하면 반죽의 모양이 아령 모양이 된다.

34 짤 주머니(Piping Bag) 사용법에 대해 잘못 설명한 것은?

① 큰 모양을 짤 때는 천 소재의 짤 주머니를 사용하는 것이 좋다.

② 딱딱한 반죽을 짤 때는 비닐 재질의 짤 주머니를 사용하는 것이 좋다. ✓

③ 가는 선 작업을 할 때는 종이 재질의 짤 주머니를 사용하는 것이 좋다.

④ 섬세한 작업을 할 때는 종이 재질의 짤 주머니를 사용하는 것이 좋다.

해설
딱딱한 반죽이나 큰 모양을 짤 때는 천 소재의 짤 주머니를 사용하는 것이 좋으며, 가는 선이나 사인(Sign) 같은 섬세한 작업을 할 때는 비닐이나 종이 재질의 짤 주머니를 사용하는 것이 좋다.

35 식품위생법상 위생교육에 관한 설명으로 옳지 않은 것은?

① 식품위생 영업자는 매년 위생교육을 받아야 한다.

② 조리사 면허가 있는 자는 식품접객업을 할 때에 위생교육을 받지 않아도 된다.

③ 위생교육 내용 및 교육비에 관하여 필요한 사항은 대통령령으로 정한다.

④ 부득이한 사유로 미리 식품위생교육을 받을 수 없는 경우 영업을 시작한 후에 위생교육을 받을 수 있다.

> **해설**
> 위생교육의 내용, 교육비 및 교육 실시기관 등에 관하여 필요한 사항은 총리령으로 정한다(식품위생법 제41조 제8항).
> ① 식품위생법 제41조제1항
> ② 식품위생법 제41조제4항
> ④ 식품위생법 제41조제2항

36 다당류에 속하는 탄수화물은?

① 전 분

② 포도당

③ 과 당

④ 갈락토스

> **해설**
> • 단당류 : 포도당, 과당, 갈락토스 등
> • 다당류 : 전분, 글리코겐, 펙틴 등

37 빵의 냉각에 관한 설명으로 적절하지 않은 것은?

① 냉각 동안 평균 8~10%의 무게가 감소한다.

② 냉각실의 이상적인 습도는 75~85% 정도이다.

③ 냉각실은 깨끗하게 유지해야 한다.

④ 빵의 내부 온도가 35~40℃ 정도 냉각되었을 때 포장한다.

> **해설**
> 냉각하는 동안 수분 증발로 무게가 감소하는데 냉각 손실은 평균 2% 정도이다. 여름보다 겨울에 냉각 손실이 크며, 냉각 장소 공기의 습도가 낮으면 냉각 손실이 크다.

38 과일의 조리에서 열의 영향을 가장 많이 받는 수용성 비타민으로, 부족하면 괴혈병을 유발하는 영양소는?

① 비타민 C

② 비타민 A

③ 비타민 B_1

④ 비타민 E

> **해설**
> 비타민 C는 열이나 빛, 물과 산소 등에 쉽게 파괴된다.

39 하루 필요 열량이 2,700kcal일 때 이 중 14%에 해당하는 열량을 지방에서 얻으려 한다. 이때 필요한 지방의 양은?

① 36g

✔ ② 42g

③ 94g

④ 81g

> **해설**
> 2,700kcal의 14%는 378kcal이다. 지방은 1g당 9kcal 를 내므로 378kcal를 내기 위해서는 지방 42g이 필요 하다.

40 스펀지 발효에서 생기는 결함을 없애기 위 하여 만들어진 제조법으로 ADMI법이라고 도 불리는 제빵법은?

✔ ① 액종법

② 비상반죽법

③ 노타임 반죽법

④ 스펀지 도법

> **해설**
> 액종법은 스펀지와 같은 역할을 하는 액체 발효종을 만들어 제빵 공정에 활용하는 것을 말한다. 액종법은 발효 · 숙성 · 팽창을 위한 자가제 발효종의 일종으로, 대기 중이나 곡류, 채소, 과일 등에 분포되어 있는 자연 효모, 세균을 이용하여 빵의 반죽을 발효시키는 것이다.

41 다음에서 설명하는 식품의 보존방법은?

> 자외선이나 방사선을 이용하는 방법으로, 식품 품질에는 영향을 미치지 않으나 식품 내부까지 살균할 수 없다는 단점이 있다.

① 탈수법

② 저온살균법

✔ ③ 조사살균법

④ 냉장 · 냉동법

> **해설**
> ① 탈수법 : 미생물은 수분 15% 이하에서 번식하지 못하는 원리를 이용하여 식품을 보존하는 방법
> ② 저온살균법 : 61~65℃에서 30분간 가열 후 급랭시 키는 방법
> ④ 냉장 · 냉동법 : 미생물의 번식 조건 중 하나인 온도 를 낮춤으로써 번식을 억제하는 방법

42 실온 저장 관리 방법에 대해 잘못 설명한 것은?

① 방충 · 방서시설, 통풍 · 환기시설을 구 비한다.

② 먼저 입고된 것부터 먼저 꺼내어 사용하 도록 한다.

✔ ③ 재료 보관 선반은 바닥과 벽에 붙여 안 전하게 설치한다.

④ 재료 겉면에 수령 일자가 잘 보이도록 표시한다.

> **해설**
> 적절한 식품의 품질을 유지할 수 있도록 보관 선반은 바닥과 벽으로부터 15cm 이상 떨어뜨려 설치하는 것이 좋다.

43 빵류 · 제과류 제품의 1차 포장과 가장 거리가 먼 설명은?

① 제품과 직접 접촉하는 포장이다.

② 수분, 습기, 광열, 충격 등을 방지한다.

③ 주로 플라스틱 포장재를 사용한다.

④ 선물용, 진열 등을 목적으로 사용한다.

해설
2차 포장은 선물용이나 진열, 장식을 목적으로 사용되며, 포장재로 종이를 주로 사용한다.

44 건조된 아몬드 100g에 탄수화물 16g, 단백질 18g, 지방 54g, 무기질 3g, 수분 6g, 기타 성분 등을 함유하고 있다면 이 아몬드 100g의 열량은?

① 약 200kcal

② 약 364kcal

③ 약 622kcal

④ 약 751kcal

해설
1g당 발생하는 열량은 탄수화물 4kcal, 단백질 4kcal, 지방 9kcal이다.
따라서 $(16 \times 4) + (18 \times 4) + (54 \times 9) = 622kcal$

45 식품위생법상 조리사 면허취소 사유에 해당하지 않는 것은?

① 식중독 사고 발생에 직무상의 책임이 있는 경우

② 면허를 타인에게 대여하여 사용하게 한 경우

③ 조리사가 마약에 중독이 된 경우

④ 조리사 면허의 취소처분을 받고 그 취소된 날부터 2년이 지난 경우

해설
면허취소 등(식품위생법 제80조제1항)
식품의약품안전처장 또는 특별자치시장 · 특별자치도지사 · 시장 · 군수 · 구청장은 조리사가 다음의 어느 하나에 해당하면 그 면허를 취소하거나 6개월 이내의 기간을 정하여 업무정지를 명할 수 있다.
• 조리사 결격사유의 어느 하나에 해당하게 되는 경우
• 교육을 받지 아니한 경우
• 식중독이나 그 밖에 위생과 관련한 중대한 사고 발생에 직무상의 책임이 있는 경우
• 면허를 타인에게 대여하여 사용하게 한 경우
• 업무정지기간 중에 조리사의 업무를 하는 경우

46 아밀로스는 아이오딘 용액에 의해 무슨 색으로 변하는가?

① 적자색

② 청 색

③ 황 색

④ 갈 색

해설
아밀로스는 아이오딘 용액에 의해 청색 반응을, 아밀로펙틴은 아이오딘 용액에 의해 적자색 반응을 나타낸다.

47 다음 중 곰팡이에 의해 생성되는 독소가 아닌 것은?

① 아플라톡신
② 파튤린
✅ **히스타민**
④ 오크라톡신

> **해설**
> 곰팡이 독소 : 아플라톡신, 파튤린, 푸모니신, 오크라톡신, 제랄레논

48 식품위생법령상 제과점영업을 하기 위하여 수행하여야 할 사항과 관할 관청으로 적절한 것은?

① 영업허가 – 지방식품의약품안전청
② 영업신고 – 지방식품의약품안전청
③ 영업허가 – 특별자치시・특별자치도, 시・군・구청
✅ **영업신고 – 특별자치시・특별자치도, 시・군・구청**

> **해설**
> 영업신고를 하여야 하는 업종(식품위생법 시행령 제25조제1항)
> 특별자치시장・특별자치도지사 또는 시장・군수・구청장에게 신고를 하여야 하는 영업은 다음과 같다.
> • 즉석판매제조・가공업
> • 식품운반업
> • 식품소분・판매업
> • 식품냉동・냉장업
> • 용기・포장류제조업
> • 휴게음식점영업, 일반음식점영업, 위탁급식영업 및 제과점영업

49 식품 및 축산물 안전관리인증기준을 제・개정하는 자는?

✅ **식품의약품안전처장**
② 시장・군수・구청장
③ 한국식품안전관리인증원장
④ 보건복지부장관

> **해설**
> 식품 및 축산물 안전관리인증기준은 식품의약품안전처장이 제・개정하여 고시한다.

50 HACCP의 7가지 원칙이 아닌 것은?

① 위해요소 분석
② 모니터링 체계 확립
③ 개선조치 방법 수립
✅ **회수명령의 기준 설정**

> **해설**
> 안전관리인증기준(HACCP) 적용 원칙(식품 및 축산물 안전관리인증기준 제6조제1항)
> • 1단계 : 위해요소 분석
> • 2단계 : 중요관리점 결정
> • 3단계 : 한계기준 설정
> • 4단계 : 모니터링 체계 확립
> • 5단계 : 개선조치 방법 수립
> • 6단계 : 검증 절차 및 방법 수립
> • 7단계 : 문서화 및 기록 유지

51 식품첨가물이 갖추어야 할 조건을 가장 바르게 설명한 것은?

① 다량 사용하였을 때 효과가 나타날 것
② 식품에 유해한 변화가 있을 것
③ **식품 제조 및 가공에 꼭 필요할 것**
④ 식품의 외관을 화려하게 할 것

해설
① 소량으로도 충분한 효과를 발휘할 것
② 식품에 유해한 변화가 없을 것
④ 식품의 외관을 좋게 할 것

52 식품의 기준 및 규격상 카카오 씨앗의 껍질을 벗긴 후 압착 또는 용매 추출하여 얻은 지방을 무엇이라 하는가?

① **코코아 버터**
② 코코아 매스
③ 코코아 분말
④ 코코아 페이스트

해설
식품의 기준 및 규격에 따르면 코코아 버터는 카카오 씨앗의 껍질을 벗긴 후 압착 또는 용매 추출하여 얻은 지방을 말한다.

53 소독의 방법에 대해 잘못 설명한 것은?

① 열탕 소독은 100℃에서 5분 이상 가열하는 것이다.
② 건열 소독은 160~180℃에서 30~45분 정도 실시한다.
③ **소독액은 1주일 사용량을 한 번에 제조하여 안전한 곳에 보관한다.**
④ 화학 소독제를 사용할 경우 세제가 잔류하지 않도록 음용수로 깨끗이 씻는다.

해설
소독은 기구, 용기 및 음식 등에 존재하는 미생물을 안전한 수준으로 감소시키는 과정이다. 소독액은 사용 방법을 숙지하여 사용하고, 미리 만들어 놓으면 효과가 떨어지므로 하루에 한 차례 이상 제조한다.

54 식중독 발생 시 대처사항을 잘못 설명한 것은?

① 식중독이 의심되면 즉시 진단을 받는다.
② 의사는 환자의 식중독이 확인되는 대로 행정 기관에 보고한다.
③ **식중독 추정 원인 식품은 발견 즉시 폐기한다.**
④ 역학조사를 실시하여 감염 경로를 파악한다.

해설
식중독 추정 원인 식품은 감염 경로 파악을 위한 중요한 자료이므로 폐기하지 않고 검사 기관에 보낸다.

55 식품의 변화현상에 대한 설명 중 옳지 않은 것은?

① 산패 – 유지 식품의 지방질 산화

✓ **발효 – 화학물질에 의한 유기화합물의 분해**

③ 변질 – 식품의 품질 저하

④ 부패 – 단백질 식품이 미생물에 의해 분해

해설

발효 : 탄수화물이 미생물의 분해작용을 거치면서 유기산, 알코올 등이 생성되어 인체에 이로운 식품이나 물질을 얻는 현상

56 세균으로 인한 식중독 원인 물질에 해당하지 않는 것은?

① 살모넬라균

② 장염 비브리오균

✓ **아플라톡신**

④ 병원성 대장균

해설

아플라톡신은 아스페르길루스 플라부스(*Aspergillus flavus*) 곰팡이가 쌀, 보리 등의 탄수화물이 풍부한 곡류와 땅콩 등의 콩류에 침입하여 아플라톡신 독소를 생성하여 독성을 일으키므로 자연독으로 인한 식중독으로 볼 수 있다.

57 위생관리의무 등을 위반한 공중위생영업자에게 위생지도를 하는 자는?

① 공중위생지도사

✓ **공중위생감시원**

③ 위생관리지도원

④ 공중위생조사원

해설

위생지도 및 개선명령(공중위생관리법 제10조)
시·도지사 또는 시장·군수·구청장은 다음의 어느 하나에 해당하는 자에 대하여 보건복지부령으로 정하는 바에 따라 기간을 정하여 그 개선을 명할 수 있다.
• 공중위생영업의 종류별 시설 및 설비기준을 위반한 공중위생영업자
• 위생관리의무 등을 위반한 공중위생영업자
※ 공중위생관리법 제10조의 규정에 의한 위생지도 및 개선명령 이행 여부의 확인은 공중위생감시원의 업무이다(공중위생관리법 시행령 제9조).

58 비타민과 생체에서의 주요 기능이 잘못된 것은?

① 비타민 B_1 – 당질대사의 보조 효소

② 나이아신 – 항펠라그라(Pellagra) 인자

③ 비타민 K – 항혈액응고 인자

✓ **비타민 A – 항빈혈 인자**

해설

비타민 A는 야맹증 예방, 세포성장 촉진, 점막 보호, 황산화 기능 세포를 보호한다. 항빈혈 인자는 비타민 B_{12}의 기능이다.

59 동물과 사람 간에 서로 전파되는 병원체에 의하여 발생되는 감염병은?

① 기생충감염병
② 생물테러감염병
③ **인수공통감염병**
④ 의료관련감염병

해설
① 기생충감염병 : 기생충에 감염되어 발생하는 감염병 중 질병관리청장이 고시하는 감염병(감염병의 예방 및 관리에 관한 법률 제2조제6호)
② 생물테러감염병 : 고의 또는 테러 등을 목적으로 이용된 병원체에 의하여 발생된 감염병 중 질병관리청장이 고시하는 감염병(감염병의 예방 및 관리에 관한 법률 제2조제9호)
④ 의료관련감염병 : 환자나 임산부 등이 의료행위를 적용받는 과정에서 발생한 감염병으로서 감시활동이 필요하여 질병관리청장이 고시하는 감염병(감염병의 예방 및 관리에 관한 법률 제2조제12호)

60 기생충과 중간숙주의 연결이 틀린 것은?

① **십이지장충 - 모기**
② 유구조충 - 돼지
③ 폐흡충 - 가재, 게
④ 무구조충 - 소

해설
십이지장충(구충)은 중간숙주가 없는 기생충이고, 모기는 사상충의 중간숙주이다.

01 다음 ㉠과 ㉡에 들어갈 알맞은 말은?

> 사워 반죽(Sourdough)은 인공 배양한
> (㉠)을 이용하기 시작한 근대의 발효 반
> 죽법이 확립되기 이전에 공기 중에 자연히
> 존재하는 (㉡)을 이용하여 발효 반죽을
> 만들기 시작한 것이 시초이다.

① ㉠ 유산균, ㉡ 이스트균
② ㉠ 유산균, ㉡ 젖산균
③ **㉠ 이스트균, ㉡ 효모균**
④ ㉠ 효모균, ㉡ 젖산균

해설
사워 반죽(Sourdough)은 인공 배양한 이스트균을 효
모 대신 이용하기 시작한 근대의 발효 반죽법이 확립되
기 이전에 공기 중에 자연히 존재하는 효모균을 이용하
여 발효 반죽을 만들기 시작한 것이 시초이다.

02 건포도식빵 반죽의 최종 단계에 알맞은 반죽 온도는?

① 20℃
② 23℃
③ **27℃**
④ 31℃

해설
건포도식빵 반죽은 최종 단계로 마무리하며, 반죽 온도
는 27℃ 정도로 맞춘다.

03 우유를 먹었을 때 주로 섭취할 수 있는 무기질로만 짝지어진 것은?

① 칼슘, 인, 철분, 아연
② **칼슘, 인, 마그네슘, 칼륨**
③ 칼슘, 인, 나트륨, 구리
④ 칼슘, 인, 황, 구리

해설
우유에는 칼슘, 인, 마그네슘, 칼륨이 있는데, 이는 뼈와
치아를 구성하는 무기질이다.

04 스트레이트법 반죽 시 실내 온도 27℃, 밀가루 온도 24℃, 수돗물 온도 24℃, 결과 반죽 온도 33℃, 희망 반죽 온도 27℃, 물 사용량 1,000mL일 때 얼음 사용량은?

① 145.96g   ② 151.43g
③ 162.72g   ④ **173.08g**

해설
• 마찰계수 = 결과 반죽 온도 × 3 − (실내 온도 + 밀가
  루 온도 + 수돗물 온도)
• 사용수 온도 = 희망 반죽 온도 × 3 − (실내 온도 + 밀
  가루 온도 + 마찰계수)
• 얼음 사용량 = 물 사용량 × (수돗물 온도 − 사용수 온
  도) / (80 + 수돗물 온도)

05 일반적으로 스펀지 반죽을 할 때 발효의 조건을 바르게 나열한 것은?

① 19~24℃, 70~80%, 3~5시간
② 24~29℃, 50~70%, 1~3시간
③ 19~24℃, 50~70%, 1~3시간
④ 24~29℃, 70~80%, 3~5시간

해설
스펀지 반죽의 발효는 24~29℃, 70~80%의 발효실에서 3~5시간 진행한다. 하지만 장시간 발효하는 오버나이트법은 실온에서 진행하기도 한다.

06 스펀지 반죽의 발효에 대해 잘못 설명한 것은?

① 장시간 진행되므로 최대점까지 팽창하였다가 다시 수축하는 현상이 발생한다.
② 팽창하였다가 다시 수축한 반죽은 부드러운 거미줄과 같은 망상 구조를 가진다.
③ 반죽에 새로운 산소를 공급하고 이스트의 활성을 높이기 위해 펀치를 한다.
④ 스펀지 반죽의 발효는 수정이 불가능하기 때문에 신중하게 진행해야 한다.

해설
스펀지 반죽의 발효는 스펀지 반죽법의 전체 발효에서 크게 영향을 미치지 않는다. 이는 스펀지 반죽의 양과 온도, 발효 조건 등에 따른 시간 조절이 가능하고 부족한 부분은 본반죽의 발효에서 교정이 가능하기 때문이다.

07 일반적으로 본반죽이 끝나고 분할하기 전에 발효시키는 플로어 타임(Floor Time)의 적정 시간은?

① 10~40분 정도
② 40~70분 정도
③ 1~2시간 정도
④ 2~3시간 정도

해설
플로어 타임 시간은 보통 10분에서 40분 내외로 비교적 짧지만 반죽의 점착성을 줄이고 숙성 정도를 조절하기 위해 꼭 거쳐야 하는 공정이다.

08 스펀지 반죽을 이용한 본반죽 시 스트레이트법에 비해 반죽 속도를 저속으로 진행하는 이유는?

① 물, 소금, 설탕을 골고루 섞기 위해서
② 스펀지 반죽의 발효 시간을 줄이기 위해서
③ 반죽 온도를 적절하게 유지하기 위해서
④ 부드러워진 글루텐 막이 손상되는 것을 방지하기 위해서

해설
스펀지 반죽을 이용한 본반죽 시 스트레이트법에 비해 반죽 속도를 저속으로 진행한다. 이는 스펀지 반죽 발효 후 부드러워진 글루텐 막이 손상되는 것을 방지하기 위함이다.

09 옥수수식빵 반죽 제조에 대해 잘못 설명한 것은?

① 일반 식빵의 80% 정도까지만 반죽한다.

② 일반 식빵에 비하여 글루텐을 형성하는 단백질이 부족하다.

③ 반죽을 지나치게 하면 반죽이 끈끈해진다.

✔ **반죽을 부족하게 하면 글루텐 막이 쉽게 찢어진다.**

해설
옥수수식빵 반죽은 최종 단계 초기로 일반 식빵의 80% 정도까지 반죽하며, 반죽 온도는 27℃ 정도로 맞춘다. 옥수수식빵 반죽은 옥수숫가루가 포함되어 일반 식빵에 비하여 글루텐을 형성하는 단백질이 부족하다. 옥수수식빵 반죽을 지나치게 하면 반죽이 끈끈해지고 글루텐 막이 쉽게 찢어진다.

10 샌드위치를 만드는 데 많이 사용되며, 뚜껑을 덮어 구워 사각형으로 만드는 식빵은?

① 밤식빵

✔ **풀먼식빵**

③ 건포도식빵

④ 버터톱식빵

해설
① 밤식빵 : 단과자빵 배합 반죽에 당 절임한 밤 다이스를 넣고 성형하여 만든 한 덩어리 식빵
③ 건포도식빵 : 건포도를 첨가하여 만든 식빵
④ 버터톱식빵 : 버터를 많이 사용하여 부드럽게 만든 한 덩어리 식빵

11 더치빵 반죽에 대해 잘못 설명한 것은?

① 발효시킨 쌀가루 반죽을 토핑으로 사용한다.

✔ **반죽은 최종 단계 후기로 마무리한다.**

③ 반죽 온도는 27℃ 정도로 맞춘다.

④ 글루텐 피막이 거칠게 늘어나는 상태에서 반죽을 마무리한다.

해설
더치빵 반죽은 발전 단계 후기로 마무리하며, 반죽 온도는 27℃ 정도로 맞춘다. 반죽이 약간 부족하여 표면이 거친 반죽 상태, 글루텐 피막이 거칠게 늘어난 상태로 반죽을 마무리한다.

12 베이글 반죽에 대해 잘못 설명한 것은?

① 링 모양으로 성형한다.

② 반죽은 발전 단계 후기로 마무리한다.

✔ **반죽 온도는 20℃ 정도로 맞춘다.**

④ 밀가루는 강력분을 사용한다.

해설
베이글 반죽은 링 모양으로 성형하며, 반죽은 발전 단계 후기로 마무리하고, 반죽 온도는 27℃ 정도로 맞춘다.

13 스트레이트법을 비상스트레이트법으로 변경할 때의 조치사항으로 적절한 것은?

① 생이스트 사용량 2배 증가
② 반죽 온도 24℃
③ 설탕 사용량 2% 증가
④ 반죽 시간 20~25% 감소

② 반죽 온도 30℃
③ 설탕 사용량 1% 감소
④ 반죽 시간 20~25% 증가

14 발효에 영향을 주는 요소를 잘못 설명한 것은?

① 이스트는 발효를 촉진시킨다.
② 밀가루 단백질은 발효를 지연시킨다.
③ 분유는 발효를 지연시킨다.
④ 소금은 효소작용을 촉진시킨다.

소금은 맛의 증강뿐만 아니라 반죽의 탄력성을 증가하여 가스 보존력을 좋게 하고, 효소작용을 억제하며 잡균 번식도 방지한다.

15 2차 발효가 지나칠 경우 나타나는 현상이 아닌 것은?

① 산 취
② 조잡한 기공
③ 좋은 저장성
④ 빈약한 조직

2차 발효의 주목적은 이스트에 의한 최적의 가스 발생과 반죽에 최적의 가스가 보유되도록 일치시키는 것이다. 발효가 지나치면 엷은 껍질 색, 조잡한 기공, 빈약한 조직, 산취, 좋지 않은 저장성 등의 문제가 발생한다.

16 모카빵 반죽에 넣는 건포도 처리에 대해 잘못 설명한 것은?

① 짧은 시간에 가볍게 혼합한다.
② 반죽에 넣는 건포도는 밀가루를 가볍게 씌워 사용한다.
③ 반죽에서 건포도가 깨지지 않도록 주의한다.
④ 반죽 초반에 건포도를 혼합한다.

건포도는 반죽 완료 직전에 첨가하고, 짧은 시간에 가볍게 섞어 반죽에서 건포도가 깨지지 않도록 한다.

17 단과자빵을 굽기 전 반죽의 캐러멜화를 돕기 위해 제품 표면에 바르는 것은?

① 우 유
② 버 터
③ 초콜릿
✔ **④ 달걀물**

해설
대부분의 단과자빵 제품에는 반죽의 캐러멜화를 돕고 반죽 표면에 수분을 공급해서 오븐 팽창을 돕도록 제품의 표면에 달걀물을 바르고 굽는다.

18 굽기 단계에 따른 반죽의 변화를 잘못 설명한 것은?

① 굽기 1단계에서 부피는 급격히 커진다.
② 굽기 2단계는 껍질 색이 나기 시작하는 단계이다
✔ **③ 굽기 3단계는 전분의 호화와 단백질의 응고가 시작되는 단계이다.**
④ 굽기 3단계에서는 수분이 일부 증발하면서 제품의 옆면이 단단해진다.

해설
굽기 3단계는 반죽의 중심까지 열이 전달되어 전분의 호화와 단백질의 응고가 끝나며, 수분이 일부 증발하면서 제품의 옆면이 단단해지고 껍질 색도 진해진다.

19 일반적으로 튀김을 위한 적정 온도는?

✔ **① 180~190℃**
② 200~210℃
③ 220~230℃
④ 240~250℃

해설
튀김을 위한 온도는 180~190℃가 가장 일반적이며, 튀기기 전에 튀김 온도를 확인하고 너무 많은 양을 한꺼번에 넣어 온도가 떨어지지 않도록 한다.

20 빵류 제품의 반죽 정형 시 중간발효에 대해 잘못 설명한 것은?

① 온도 27~29℃, 습도 75% 전후에서 진행한다.
② 일반적으로 10~20분 정도 진행한다.
✔ **③ 중간발효는 반죽의 크기와 상관없이 일정한 시간 동안 진행한다.**
④ 만드는 수량이 많으면 성형하는 시간이 오래 걸리므로 중간발효 시간을 짧게 한다.

해설
일반적으로는 중간발효는 반죽의 크기가 중요한 요인으로 작용하기 때문에 똑같은 반죽이라도 큰 반죽일수록 중간발효를 길게 한다.

21 빵류 제품의 충전물에 대해 잘못 설명한 것은?

① 충전물이란 굽기가 끝나고 포장 전에 제품에 첨가되는 식품을 말한다.

② 유크림은 원유나 우유류에서 분리한 것으로 유지방분이 30% 이상인 것을 말한다.

✔ 커스터드 크림 제조 시 설탕을 50% 이상 넣어야 전분의 호화가 잘된다.

④ 버터는 30℃ 전후에서 녹기 시작하므로 관리에 주의해야 한다.

해설

커스터드 크림의 기본 배합은 우유 100%에 대하여 설탕 30~35%, 전분류 6.5~14%, 난황 3.5%를 사용하는데, 설탕을 50% 이상 넣게 되면 전분의 호화가 잘되지 않아 끈적이는 상태가 된다.

22 반죽에 산소를 혼입시켜 이스트 활성을 증가시키고, 반죽 내에 과량의 이산화탄소가 축적되는 것을 방지하는 것은?

✔ 펀 치 ② 발 효
③ 성 형 ④ 패 닝

해설

펀치는 반죽에 산소를 혼입시켜 이스트 활성을 증가시키고, 반죽 상태를 고르게 하여 반죽 온도를 일정하게 유지하여 발효가 균일하게 이루어지도록 한다. 또한 반죽 내에 과량의 이산화탄소가 축적되는 것을 제거하여 발효를 촉진한다.

23 가염 버터와 무염 버터에 대해 바르게 설명한 것은?

① 가염 버터는 무발효 버터이다.

② 가염 버터는 향이 순한 편이다.

③ 무염 버터는 특유의 신맛이 난다.

✔ 무염 버터는 주로 제빵 요리에 사용한다.

해설

가염 버터와 무염 버터

가염 버터	무염 버터
• 소금 첨가 • 빵에 바를 때 사용 • 발효 버터 • 특유의 풍미, 신맛과 감칠맛	• 소금 무첨가 • 제과·제빵 요리에 사용 • 무발효 버터 • 향이 순함

24 일생 동안 계속 투여하여도 독성이 나타나지 않는 무독성이 인정되는 최대의 섭취량으로 동물의 체중 kg당 mg으로 표시하는 것은?

✔ 최대 무작용량(MNEL)

② 사람의 1일 섭취 허용량(ADI)

③ 반수 치사량

④ 치사량

해설

② 사람의 1일 섭취 허용량(ADI) : 일생 동안 섭취하여도 어떠한 건강 장애가 일어나지 않을 것으로 예상되는 물질의 양

③ 반수 치사량 : 실험 대상인 동물 집단의 절반이 죽는 데 필요한 시험 물질의 1회 투여량

④ 치사량 : 생체를 죽음에 이르게 할 정도로 많은 약물의 양

25 튀김 기름의 가열에 의한 변화를 잘못 설명한 것은?

① 거품이 형성된다.

② 열로 인해 산화적 산패가 촉진된다.

③ 이물의 증가로 발연점이 점점 높아진다.

④ 메일라드 반응에 의해 갈색 색소를 형성하여 색이 짙어진다.

해설

튀김 기름의 가열에 의한 변화
- 가수분해적 산패와 산화적 산패가 촉진된다.
- 유리 지방산과 이물의 증가로 발연점이 점점 낮아진다.
- 지방의 중합 현상이 일어나 점도가 증가한다.
- 튀기는 동안 식품에 존재하는 단백질이 열에 의해 분해되어 생긴 아미노산과 당이 메일라드 반응에 의해 갈색 색소를 형성하여 색이 짙어진다.
- 튀김 기름의 경우 거품이 형성되는 현상이 나타나는데, 처음에는 비교적 큰 거품이 생성되며 쉽게 사라지나 여러 번 사용할수록 작은 거품이 생성되며 쉽게 사라지지 않는다.

26 안치수 용적이 다음 그림과 같을 때 식빵 철판 팬의 용적은?

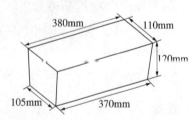

① 4,662cm³　　② 4,837.5cm³

③ 5,018.5cm³　　④ 5,218.5cm³

해설

경사진 옆면을 가진 사각 팬
팬의 용적 = 평균 가로 × 평균 세로 × 높이

27 베이킹파우더를 대량 사용했을 때 제품의 결과로 옳지 않은 것은?

① 산성 물질이므로 붉은 기공을 만든다.

② 세포벽이 열려서 속결이 거칠다.

③ 속색이 어둡고 건조가 빠르다.

④ 오븐 팽창이 커서 찌그러들기 쉽다.

해설

베이킹파우더를 과다 사용하면 제품의 세포벽이 열려서 속결이 거칠어지고, 오븐 팽창이 커서 찌그러들기 쉽다. 또한 속색이 어둡고 건조가 빠르다.

28 비터 초콜릿(Bitter Chocolate) 원액 속에 포함된 카카오 버터의 함량은?

① 3/8

② 4/8

③ 5/8

④ 7/8

해설

초콜릿은 코코아 62.5%, 카카오 버터 37.5%, 유화제 0.2~0.8%로 구성된다.

29 분유에 대한 설명으로 옳지 않은 것은?

① 탈지분유 – 우유에서 지방을 제거하고 수분은 남긴 것이다.

② 전지분유 – 순수하게 우유의 수분을 제거한 것이다.

③ 조제분유 – 여러 가지 영양소를 첨가하여 기능성 분유를 만들기 위한 것이다.

④ 고지방분유 – 지방 함량이 높은 우유의 분말이다.

해설
탈지분유는 우유에서 지방과 수분을 제거한 것이다. 탈지분유는 직접 물에 녹이면 덩어리지기 쉽고, 공기에 노출하면 습기를 빨아들여 변성되기 쉽고 곰팡이가 생기기 쉽다.

30 전분의 호화와 점성에 대한 설명 중 틀린 것은?

① 곡류는 서류보다 호화온도가 높다.

② 수분 함량이 많을수록 빨리 호화된다.

③ 높은 온도는 호화를 촉진시킨다.

④ 산 첨가는 가수분해를 일으켜 호화를 촉진시킨다.

해설
전분의 호화는 수분 함량이 많을수록, 온도가 높을수록, 알칼리성일수록 촉진된다.

31 열량 영양소로만 짝지어진 것은?

① 단백질, 탄수화물

② 비타민, 단백질

③ 비타민, 무기질

④ 무기질, 탄수화물

해설
열량영양소란 체내에서 산화되어 열량을 내는 것으로, 탄수화물, 지방, 단백질을 말한다.

32 밀가루 분류 기준으로 적절한 것은?

① 지방 함량

② 비타민 함량

③ 무기질 함량

④ 단백질 함량

해설
밀가루의 분류

분류	용도	단백질 함량(%)	밀가루 입자
강력분	제빵, 파스타	11~14	거칠다.
중력분	제면, 다목적용	9~10.5	약간 미세하다.
박력분	쿠키, 케이크	6~8.5	아주 미세하다.

33 제빵에서 설탕의 기능이 아닌 것은?

① 제품의 노화(Retrogradation)를 지연시킨다.

② 제품의 조직, 가공, 속결을 부드럽게 향상시킨다.

③ 제품에 풍미 및 감미를 제공한다.

☑ **갈변반응 및 캐러멜화 반응을 지연시킨다.**

④ 설탕은 갈변반응과 캐러멜화 반응에 의해 껍질 색을 형성한다.

34 두넛에서 발한을 제거하는 방법은?

① 도넛에 묻히는 설탕의 양을 감소시킨다.

② 기름을 충분히 예열시킨다.

③ 결착력이 없는 기름을 사용한다.

☑ **튀김 시간을 증가시킨다.**

발한은 반죽 내부의 수분이 밖으로 배어 나오는 현상으로, 튀김 시간을 줄이면 수분이 더 많아진다.

35 다음 중 열에 의해 당류가 갈색을 나타내는 반응은?

① 중화반응

☑ **캐러멜화 반응**

③ 오븐 스프링

④ 단백질 응고반응

당을 고온(설탕의 경우 160℃)으로 가열하면 여러 단계의 화학반응을 거쳐 연한 금갈색에서 진한 갈색으로 변하는 과정을 거치는데, 이러한 반응을 캐러멜화 반응이라고 한다.

36 다음에서 설명하는 오븐의 종류는?

- 선반에서 독립적으로 상하부 온도를 조절하여 제품을 구울 수 있다.
- 온도가 균일하게 형성되지 않는다는 단점이 있다.
- 각각의 선반 출입구를 통해 제품을 손으로 넣고 꺼내기가 편리하다.

☑ **데크 오븐(Deck Oven)**

② 터널 오븐(Tunnel Oven)

③ 컨벡션 오븐(Convection Oven)

④ 로터리 랙 오븐(Rotary Rack Oven)

데크 오븐은 일반적으로 가장 많이 사용하는 오븐으로, 선반에서 독립적으로 상하부 온도를 조절하여 제품을 구울 수 있다. 제품이 구워지는 상태를 눈으로 확인할 수 있어 각각의 팬의 굽는 정도를 조절할 수 있다.

37 쇼케이스 관리 시 적정 온도는?

① 10℃ 이하
② 15℃ 이하
③ 20℃ 이하
④ 25℃ 이하

해설
쇼케이스는 온도가 10℃ 이하를 유지하도록 관리를 하고, 문틈에 쌓인 찌꺼기를 제거하여 청결하게 유지한다.

38 물리적 처리에 의한 식품의 보존방법이 아닌 것은?

① 건조법
② 초절임법
③ 가열살균법
④ 냉장·냉동법

해설
• 물리적 처리에 의한 보존법 : 건조법(탈수법), 냉장·냉동법, 가열살균법, 조사살균법
• 화학적 처리에 의한 보존법 : 염장법, 당장법, 산저장법(초절임법), 화학물질 첨가
• 종합적 처리에 의한 보존법 : 훈연법, 밀봉법, 염건법, 조미법, 세균학적 방법

39 냉장 저장 관리 방법에 대해 잘못 설명한 것은?

① 냉장고 내부에 온도계와 습도계를 부착하고 주기적으로 확인한다.
② 냉장고 용량의 90% 이상으로 식품을 보관한다.
③ 개봉한 후 일부 사용한 제품은 소독된 용기에 옮겨 담아 보관한다.
④ 뚜껑을 덮어 낙하물질로부터 오염을 방지하도록 한다.

해설
냉장고 용량의 70% 이하로 식품을 보관한다.

40 다음 중 소비기한에 영향을 미치는 내부적 요인은?

① 제조 공정
② 포장방법
③ 제품의 배합
④ 소비자 취급

해설
소비기한에 영향을 미치는 요인

내부적 요인	외부적 요인
• 원재료 • 제품의 배합 및 조성 • 수분 함량 및 수분 활성도 • pH 및 산도 • 산소의 이용성 및 산화 환원 전위	• 제조 공정 • 위생 수준 • 포장 재질 및 포장방법 • 저장, 유통, 진열 조건 (온도, 습도, 빛, 취급 등) • 소비자 취급

41 식품위생법상 용어 정의가 잘못된 것은?

① '식품'이란 의약으로 섭취하는 것을 제외한 모든 음식물을 말한다.

② '위해'란 식품, 식품첨가물, 기구 또는 용기·포장에 존재하는 위험요소로서 인체의 건강을 해치거나 해칠 우려가 있는 것을 말한다.

③ 농업과 수산업에 속하는 식품 채취업은 식품위생법상 '영업'에서 제외된다.

④ '집단급식소'라 함은 영리를 목적으로 하면서 특정 다수인에게 계속하여 음식물을 공급하는 시설을 말한다.

해설
④ '집단급식소'란 영리를 목적으로 하지 아니하면서 특정 다수인에게 계속하여 음식물을 공급하는 급식 시설로서 대통령령으로 정하는 시설을 말한다(식품위생법 제2조제12호).
① 식품위생법 제2조제1호
② 식품위생법 제2조제6호
③ 식품위생법 제2조제9호

42 반죽 틀의 부피가 2,000cm³이고, 비용적이 4.0cm³/g일 때 반죽의 적정 분할량은?

① 350g   ② 400g
③ 450g   ④ 500g

해설
반죽의 적정 분할량(g) = 틀의 부피 ÷ 비용적
= 2,000 ÷ 4 = 500g

43 식품위생법령상 조리사를 두어야 하는 영업장은?

① 식품접객영업자 자신이 조리사로서 직접 음식물을 조리하는 경우

② 1회 급식인원 100명 미만의 산업체인 경우

③ 영양사가 조리사의 면허를 받은 경우

④ 복어를 조리·판매하는 영업을 하는 자

해설
조리사(식품위생법 제51조제1항)
집단급식소 운영자와 대통령령으로 정하는 식품접객업자는 조리사를 두어야 한다. 다만, 다음의 어느 하나에 해당하는 경우에는 조리사를 두지 아니하여도 된다.
• 집단급식소 운영자 또는 식품접객영업자 자신이 조리사로서 직접 음식물을 조리하는 경우
• 1회 급식인원 100명 미만의 산업체인 경우
• 영양사가 조리사의 면허를 받은 경우. 다만, 총리령으로 정하는 규모 이하의 집단급식소에 한정한다.
조리사를 두어야 하는 식품접객업자(식품위생법 시행령 제36조)
식품위생법 제51조제1항에서 "대통령령으로 정하는 식품접객업자"란 식품접객업 중 복어독 제거가 필요한 복어를 조리·판매하는 영업을 하는 자를 말한다. 이 경우 해당 식품접객업자는 국가기술자격법에 따른 복어 조리 자격을 취득한 조리사를 두어야 한다.

44 식빵 제조 시 설탕을 과다 사용했을 경우 껍질 색의 변화는?

① 껍질 색이 옅다.

② 껍질 색이 진하다.

③ 껍질 색이 회색을 띤다.

④ 설탕의 양과 무관하다.

해설
많은 양의 설탕을 사용했을 경우 캐러멜화 반응과 메일라드 반응에 의해 껍질 색이 진해진다.

45 반죽의 비중에 대한 설명으로 맞는 것은?

① 같은 무게의 반죽을 구울 때 비중이 높을수록 부피가 증가한다.

② **비중이 너무 낮으면 조직이 거칠고 큰 기포를 형성한다.**

③ 비중의 측정은 비중컵의 중량을 반죽의 중량으로 나눈 값으로 한다.

④ 비중이 높으면 기공이 열리고 가벼운 반죽을 얻을 수 있다.

> **해설**
> 반죽의 비중이란 같은 부피의 물의 무게에 대한 반죽의 무게를 단위 없이 나타낸 값이다. 비중이 높으면 기공이 조밀하여 무거운 제품이 되며, 너무 낮으면 거칠고 큰 기포가 형성되어 거친 조직이 된다.

46 작업자 준수사항으로 잘못된 것은?

① 규정된 세면대에서 손을 세척한다.
② 행주로 땀을 닦지 않는다.
③ 앞치마로 손을 닦지 않는다.
④ **화장실 출입 시 위생복을 착용한다.**

> **해설**
> 화장실 출입 시 위생복을 탈의하고, 화장실 전용 신발을 착용한다. 다시 작업장에 들어갈 때는 소독 발판을 이용하여 살균한다.

47 식품 등의 표시기준에 따른 용어의 정의를 잘못 설명한 것은?

① 원재료 – 식품 또는 식품첨가물의 처리·제조·가공 또는 조리에 사용되는 물질로서 최종 제품 내에 들어 있는 것

② 제조연월일 – 포장을 제외한 더 이상의 제조나 가공이 필요하지 아니한 시점

③ **소비기한 – 제품의 제조일로부터 소비자에게 판매가 가능한 기간**

④ 품질유지기한 – 식품의 특성에 맞는 적절한 보존방법이나 기준에 따라 보관할 경우 해당 식품 고유의 품질이 유지될 수 있는 기한

> **해설**
> 소비기한이라 함은 식품 등에 표시된 보관방법을 준수할 경우 섭취하여도 안전에 이상이 없는 기한을 말한다 (식품 등의 표시기준).
> ※ 2023년부터 '소비기한 표시제'가 적용되어 식품에 '유통기한' 대신 '소비기한'이 표기되고 있다. 다만, 우유류의 경우 시행 시점을 2031년으로 한다.

48 어린 반죽으로 만든 제품에 대한 설명 중 틀린 것은?

① 향이 거의 없다.
② **외형의 경우 모서리가 둥글다.**
③ 껍질 색은 어두운 갈색이다.
④ 슈레드가 생기지 않는다.

> **해설**
> 어린 반죽은 발효가 정상보다 덜 된 상태를 말하며, 외형 균형은 완제품을 들어 밑면을 보면 발효 상태를 알 수 있다. 어린 반죽의 외형은 반죽의 숙성이 덜 되어 모서리가 예리하며 딱딱하다.

49 같은 밀가루로 식빵과 프랑스빵을 만들 경우, 식빵의 가수율이 63%였다면 프랑스빵의 가수율을 얼마나 하는 것이 가장 좋은가?

① 61%
② 63%
③ 65%
④ 67%

해설
프랑스빵은 모양틀을 사용하지 않고 구움대에 바로 굽는 하스브레드로, 표준 식빵에 비해 물을 2% 정도 적게 배합한다.

50 화학적 식중독의 원인이 아닌 것은?

① 설사성 패류 중독
② 환경오염에 기인하는 식품 유독성분 중독
③ 중금속에 의한 중독
④ 유해성 식품첨가물에 의한 중독

해설
①은 자연독 식중독이다.
화학적 식중독은 유독한 화학물질에 의해 오염된 식품을 섭취함으로써 중독증상을 일으키는 것이다. 화학적 식중독의 원인에는 식품에 첨가된 유해 화합물, 잔류농약(DDT, BHC, 유기인제 등), 공장 폐수, 환경오염물질(중금속), 방사선 물질, 항생물질 등이 있다.

51 경구감염병과 세균성 식중독의 주요 차이점에 대한 설명으로 옳은 것은?

① 경구감염병은 다량의 균으로, 세균성 식중독은 소량의 균으로 발병한다.
② 세균성 식중독은 2차 감염이 많고, 경구감염병은 거의 없다.
③ 경구감염병은 면역성이 없고, 세균성 식중독은 있는 경우가 많다.
④ 세균성 식중독은 잠복기가 짧고, 경구감염병은 일반적으로 길다.

해설
세균성 식중독과 경구감염병

구 분	세균성 식중독	경구감염병
발병원인	대량 증식된 균	미량의 병원체
발병경로	식중독균에 오염된 식품 섭취	감염병균에 오염된 물 또는 식품 섭취
2차 감염	거의 없다.	많다.
잠복기	짧다.	비교적 길다.
면 역	안 된다.	된다.

52 황변미 중독을 일으키는 오염 미생물은?

① 곰팡이
② 바이러스
③ 세 균
④ 기생충

해설
황변미(Yellowed Rice) 현상은 쌀에 페니실륨(Penicillium) 곰팡이가 번식하여 낟알이 황색, 황갈색으로 변색되는 현상이다.

53 이타이이타이병과 관계있는 물질은?

① 수은(Hg)

② **카드뮴(Cd)**

③ 크로뮴(Cr)

④ 납(Pb)

해설

이타이이타이병

일본 도야마현의 진즈(神通)강 하류에서 발생한 카드뮴에 의한 공해병으로 '아프다, 아프다(일본어로 이타이, 이타이)'라고 하는 데에서 유래되었다. 카드뮴에 중독되면 신장에 이상이 발생하고 칼슘이 부족하게 되어 뼈가 물러지며 작은 움직임에도 골절이 일어나고 결국 죽음에 이르게 된다.

54 병원체가 생활, 증식, 생존을 계속하여 인간에게 전파될 수 있는 상태로 저장되는 곳은?

① 숙 주

② 질 병

③ 환 경

④ **병원소**

해설

감염원(병원소)

• 종국적인 감염원으로 병원체가 생활 · 증식하면서 다른 숙주에 전파될 수 있는 상태로 저장되는 장소

• 환자, 보균자, 접촉자, 매개동물이나 곤충, 토양, 오염식품, 오염 식기구, 생활용구 등

55 감염병의 예방 및 관리에 관한 법률상 제2급 감염병에 해당하는 것은?

① 페스트

② **A형간염**

③ 디프테리아

④ 신종인플루엔자

해설

①, ③, ④는 제1급 감염병에 속한다.

제2급 감염병(감염병의 예방 및 관리에 관한 법률 제2조 제3호)

결핵, 수두, 홍역, 콜레라, 장티푸스, 파라티푸스, 세균성이질, 장출혈성대장균감염증, A형간염, 백일해, 유행성이하선염, 풍진, 폴리오, 수막구균 감염증, b형헤모필루스인플루엔자, 폐렴구균 감염증, 한센병, 성홍열, 반코마이신내성황색포도알균(VRSA) 감염증, 카바페넴내성장내세균목(CRE) 감염증, E형간염

56 교차오염 관리를 위한 방법으로 적절하지 않은 것은?

① 손 씻기를 철저히 한다.

② 개인위생 관리를 철저히 한다.

③ **조리된 음식은 맨손으로 취급한다.**

④ 화장실의 출입 후 손을 청결히 하도록 한다.

해설

교차오염 관리를 위하여 조리된 음식 취급 시 맨손으로 작업하는 것을 피해야 한다.

57 다음에서 설명하는 식중독 사고 위기 대응 단계는?

> • 여러 시설에서 동시다발적으로 환자가 발생할 우려가 높은 경우
> • 동일 식재료 업체가 납품하는 여러 급식소에서 환자가 동시에 발생하는 경우

① 관심(Blue) 단계
② **주의(Yellow) 단계**
③ 경계(Orange) 단계
④ 심각(Red) 단계

해설

여러 시설에서 동시다발적으로 환자가 발생할 우려가 높거나 발생하는 경우는 주의(Yellow) 단계이다. 주의 단계에서는 위기대책본부 가동, 식중독 주의경보 발령, 급식 위생관리 강화, 의심 식재료 사용 자제 요청, 추적 조사, 조사 진행사항 및 예방수칙 언론 보도 등의 활동을 한다.

58 스트레이트법 반죽을 1차 발효시킬 때 발효실의 적절한 온도와 습도는?

① **27℃, 75~80%**
② 27℃, 45~50%
③ 30℃, 75~80%
④ 30℃, 45~50%

해설

스트레이트법으로 반죽의 탄력성과 신전성을 최적의 상태로 만들고 반죽의 온도는 27℃가 되도록 믹싱하여, 기름 또는 덧가루를 살짝 뿌린 발효 용기에 반죽을 넣어 온도 27℃, 상대습도 75~80%의 발효실에서 1차 발효를 한다.

59 튀김과 발효가 모두 잘된 상태의 도넛의 중간 부분에 흰색 띠무늬가 생기는 것을 무엇이라고 하는가?

① **스컹크 라인**
② 캐러멜화 반응
③ 발한현상
④ 글레이즈

해설

도넛을 튀길 때 30초 정도의 간격으로 여러 번 뒤집어 색이 고르게 되도록 하고 윗면과 아랫면의 색깔이 황금 갈색이 되면 꺼낸다. 튀겨진 도넛의 가운데 부분에 스컹크 라인이 보이면 튀김과 발효가 모두 잘된 상태이다.

60 자외선 소독에 대해 잘못 설명한 것은?

① **자외선등이 상하에만 부착된 것을 선택하는 것이 좋다.**
② 자외선 살균기는 1주일에 1회 이상 청소 및 소독을 실시한다.
③ 2,537Å로 30~60분간 실시한다.
④ 소도구 또는 용기류를 소독할 때 사용한다.

해설

자외선 소독기는 자외선이 닿는 면만 살균되므로 칼의 아랫면, 컵의 겹쳐진 부분과 안쪽은 살균되지 않는다. 따라서 자외선 소독기를 구입할 때에는 자외선등이 상하, 좌우, 뒷면까지 부착되어 기구의 사방에서 자외선을 쪼일 수 있는 모델을 선택한다.

01 팬 오일(이형유)의 조건이 아닌 것은?

① 발연점이 높아야 한다.
② 안정성이 높아야 한다.
③ **고화가 잘되어야 한다.**
④ 제품 맛에 영향이 없어야 한다.

해설

팬 오일(이형유)의 조건
• 발연점이 높은 기름(210℃ 이상)이어야 한다.
• 고온이나 장시간의 산패에 잘 견디는 안정성이 높은 기름이어야 한다.
• 무색, 무미, 무취로 제품의 맛에 영향이 없어야 한다.
• 바르기 쉽고 골고루 잘 발라져야 한다.
• 고화되지 않아야 한다.

02 풀먼식빵의 비용적은?

① $2.40cm^3/g$
② $3.2{\sim}3.4cm^3/g$
③ **$3.8{\sim}4.0cm^3/g$**
④ $5.08cm^3/g$

해설

제품에 따른 비용적

제품 종류	비용적(cm^3/g)
풀먼식빵	3.8~4.0
산형식빵	3.2~3.4
레이어 케이크	2.96
파운드 케이크	2.40
엔젤푸드 케이크	4.71
스펀지 케이크	5.08

03 폰던트(Fondant, 폰당)를 만들 때 끓이는 시럽액 온도로 가장 적합한 것은?

① $72{\sim}78℃$
② $82{\sim}85℃$
③ **$114{\sim}118℃$**
④ $131{\sim}135℃$

해설

폰던트(Fondant)는 설탕 100g에 물 30g을 넣고 설탕 시럽을 115℃까지 끓여서 38~44℃로 식히면서 교반하여 만든다.

04 우유, 달걀, 설탕, 밀가루(전분) 등을 혼합해 끓여서 만든 크림은?

① 생크림
② 버터크림
③ 요거트 생크림
④ **커스터드 크림**

해설

커스터드 크림은 우유, 달걀, 설탕, 밀가루(전분) 등을 혼합해 끓여서 만든 크림으로, 우유 100%에 대하여 설탕 30~35%, 밀가루와 옥수수 전분 6.5~14%, 난황 3.5%를 기본으로 배합하여 만든다.

05 다음의 반죽 작업 공정 단계는?

> • 밀가루의 수화가 끝나고 글루텐이 조금씩 결합하기 시작한다.
> • 흡수율을 높이기 위해 이 시기에 소금을 넣는다.

① 픽업 단계(Pick-up Stage)
☑ **클린업 단계(Clean-up Stage)**
③ 발전 단계(Development Stage)
④ 최종 단계(Final Stage)

클린업 단계(Clean-up Stage)
• 수분이 밀가루에 완전히 흡수되어 한 덩어리의 반죽이 만들어지는 단계로, 이때 밀가루의 수화가 끝나고 글루텐이 조금씩 결합하기 시작한다.
• 글루텐 결합이 작아 반죽을 펼쳐 보면 두꺼운 채로 잘 끊어진다.
• 흡수율을 높이기 위해 이 시기에 소금을 넣는다.

06 이스트 2%를 사용하여 4시간 발효시킨 경우 양질의 빵을 만들었다면 발효 시간을 3시간으로 단축하자면 얼마 정도의 이스트를 사용해야 하는가?

① 약 1.5%   ② 약 2.0%
☑ **약 2.7%**   ④ 약 3.0%

발효 시간 변경 시 이스트 사용량 공식
정상 이스트 양 × 정상 발효 시간 = 변경할 이스트 양 × 변경할 발효 시간
$2\% \times 4$시간 $= x\% \times 3$시간
$\therefore x = 2.67\%$

07 배합된 재료를 한꺼번에 반죽하는 반죽법으로, 소규모 제과점에서 주로 사용하는 반죽법은?

☑ **스트레이트법**
② 스펀지 도법
③ 액종법
④ 사워 도법

스트레이트법 : 배합된 재료를 한꺼번에 반죽하는 1단계 공정으로, 모든 종류의 빵에 사용할 수 있다. 주로 소규모 제과점에서 사용한다.

08 스트레이트법을 비상스트레이트법으로 변경할 때 필수 조치사항이 아닌 것은?

① 반죽 온도를 30℃로 올린다.
② 이스트를 2배 증가하여 사용한다.
③ 설탕량을 1% 감소한다.
☑ **반죽 시간을 20~25% 감소한다.**

④ 반죽 시간을 20~25% 증가시킨다.
비상스트레이트법
• 1차 발효 시간을 15~30분 정도로 단축한다.
• 이스트를 2배로 사용하여 발효 속도를 촉진시킨다.
• 설탕량을 1% 감소시켜 반죽의 색깔과 되기를 조절한다.
• 물의 양을 1% 감소시켜 반죽의 수분을 조절한다.
• 반죽 온도 30℃ 정도로 하여 발효 속도를 촉진시킨다.

09 빵 반죽의 특성 중 일정한 모양을 유지할 수 있는 고체의 성질은?

① 가소성
② 탄력성
③ 유동성
④ 신장성

> **해설**
> 빵 반죽의 물리적 특성
> • 가소성 : 일정한 모양을 유지할 수 있는 고체의 성질
> • 탄력성 : 반죽을 늘리려고 할 때 다시 되돌아가려는 성질
> • 점성(유동성) : 변형된 물체가 그 힘이 없어졌을 때 원래대로 되돌아가려는 성질
> • 신장성 : 반죽이 늘어나는 성질

10 다음 ㉠~㉢에 들어갈 말로 맞는 것은?

> 언더 베이킹은 (㉠)에서 (㉡) 굽는 것으로, 반죽이 (㉢)일 때 사용한다.

① ㉠ 낮은 온도, ㉡ 단시간, ㉢ 고배합
② ㉠ 낮은 온도, ㉡ 장시간, ㉢ 고배합
③ ㉠ 높은 온도, ㉡ 단시간, ㉢ 저배합
④ ㉠ 높은 온도, ㉡ 장시간, ㉢ 저배합

> **해설**
> • 언더 베이킹 : 높은 온도에서 단시간 굽는 것으로, 반죽이 적거나 저배합일 때 사용한다.
> • 오버 베이킹 : 낮은 온도에서 장시간 굽는 것으로, 반죽이 많거나 고배합일 때 사용한다.

11 도넛의 튀김 온도로 가장 적당한 것은?

① 140~156℃
② 160~176℃
③ 180~196℃
④ 220~236℃

> **해설**
> 도넛의 튀김 온도가 너무 높으면 속이 익기도 전에 겉이 타버리기 때문에, 반죽을 넣어 살짝 가라앉았다가 5초 뒤에 떠오를 때가 가장 적당한 온도이다. 보통 튀김 기름의 온도가 180~190℃ 정도가 되면 반죽을 넣는다.

12 좁은 의미의 성형 공정 순서로 옳은 것은?

① 밀기(가스 빼기) → 봉하기 → 말기
② 밀기(가스 빼기) → 말기 → 봉하기
③ 말기 → 밀기(가스 빼기) → 봉하기
④ 말기 → 봉하기 → 밀기(가스 빼기)

> **해설**
> 성형은 중간발효가 끝난 반죽을 밀대를 이용해 가스를 고르게 뺀 후 제품의 특성에 따라 모양을 만드는 공정으로, 좁은 의미의 성형 공정은 밀기(가스 빼기) → 말기 → 봉하기 순이다.

13 수증기가 물로 변할 때에 방출되는 잠열을 이용하여 식품을 가열하는 조리법은?

① 굽 기
② 찌 기
③ 데치기
④ 튀기기

> **해설**
> 수증기가 물로 변할 때 방출되는 잠열(539kcal/g)을 이용하여 식품을 가열하는 조리법은 찌기이다. 찜 케이크, 중화만두, 호빵 등을 만들 때 이용된다.

14 굽기 시 나타나는 변화가 아닌 것은?

   ① 지방의 제거
   ② 전분의 호화
   ③ 글루텐의 응고
   ④ 캐러멜화 반응

해설
지방의 제거는 데치기 시 일어날 수 있는 변화이다.

15 튀김 기름의 가열에 의한 변화로 옳지 않은 것은?

   ① 열로 인해 가수분해적 산패가 일어난다.
   ② 유리지방산과 이물이 증가한다.
   ③ 지방의 중합현상이 일어나 점도가 감소한다.
   ④ 거품이 생기며, 쉽게 사라지지 않는다.

해설
튀김 기름에 지속적으로 열이 가해지면, 지방의 중합현상이 일어나 점도가 증가한다.

16 구워낸 빵이 적정 냉각 온도는?

   ① 0~5℃
   ② 10~15℃
   ③ 25~30℃
   ④ 35~40℃

해설
갓 구워낸 빵 속의 온도는 97~99℃인데, 냉각은 이것을 35~40℃ 정도로 낮추는 것이다.

17 빵 반죽의 손 분할이나 기계 분할은 가능한 몇 분 이내로 완료하는 것이 좋은가?

   ① 15~20분
   ② 25~30분
   ③ 35~40분
   ④ 45~50분

해설
분할은 빠른 시간 내에 하는 것이 좋은데, 일반적으로 식빵은 15~20분, 당 함량이 많은 과자류는 30분 이내 분할한다.

18 2차 발효 중 발효 온도가 저온일 때 발생하는 현상은?

   ① 발효 속도가 빨라진다.
   ② 세균 번식이 쉬워진다.
   ③ 속과 껍질이 분리된다.
   ④ 풍미가 충분히 생성되지 않는다.

해설
①, ②, ③은 2차 발효 온도가 고온일 때 발생한다.
2차 발효 온도가 낮을 때 발생하는 현상
• 발효 시간이 길어진다.
• 제품의 겉면이 거칠다.
• 기공벽이 두껍고 조직이 조밀해진다.
• 풍미가 충분히 생성되지 않는다.

19 다음에서 설명하는 우유의 살균방법은?

> 130~150℃에서 2~5초간 가열 처리하는
> 방법

① 저온살균법
② 초저온 살균법
③ 고온 단시간 살균법
④ **초고온 순간 살균법**

> 해설
>
> 우유의 가열살균법
> • 저온살균법 : 60~65℃에서 30분간 가열 처리하는
>   방법
> • 고온 단시간 살균법 : 약 75℃에서 15초간 가열 처리하
>   는 방법
> • 초고온 순간 살균법 : 130~150℃에서 2~5초간 가열
>   처리하는 방법

20 시간이 지남에 따라 달걀에서 나타나는 변화가 아닌 것은?

① 껍질이 반질반질해진다.
② 흰자에서는 황화수소가 검출된다.
③ **흰자의 점성이 커져 끈적끈적해진다.**
④ 주위의 냄새를 흡수한다.

> 해설
>
> 신선도가 떨어지면 흰자의 점성이 감소한다.

21 냉동반죽법에서 1차 발효 시간이 길어질 경우 일어나는 현상은?

① **냉동 저장성이 짧아진다.**
② 반죽 온도가 낮아진다.
③ 이스트의 손상이 작아진다.
④ 제품의 부피가 커진다.

> 해설
>
> 냉동반죽법에서 1차 발효 시간은 0~15분 정도로 짧게
> 하며, 1차 발효 시간이 길어질 경우 냉동 저장성이 짧아
> 진다.

22 제빵용 밀가루의 단백질 함량으로 적합한 것은?

① **11~14%**
② 9~10.5%
③ 6~8.5%
④ 12~15%

> 해설
>
> 밀가루는 단백질 함량에 따라 강력분, 중력분, 박력분
> 으로 구분한다.

구 분	단백질 함량(%)	용 도
강력분	11~14	제빵용
중력분	9~10.5	우동, 면류
박력분	6~8.5	제과용
듀럼분	11~12	스파게티, 마카로니

23 이스트의 기능으로 옳지 않은 것은?

① 반죽을 팽창시킨다.
② 독특한 풍미를 갖게 한다.
③ 양질의 식감을 갖게 한다.
✔ **에틸알코올, 열, 염기 등을 생성한다.**

> **해설**
> 이스트는 반죽 내에서 발효 가능한 당(자당, 포도당, 과당, 맥아당 등)을 이용하여 에틸알코올, 탄산가스, 열, 산 등을 생성한다.

24 자유수에 대한 설명으로 옳지 않은 것은?

① 반죽에서 용매 역할을 한다.
② 반죽 내에서 쉽게 이동이 가능하다.
③ 0℃ 이하에서 동결, 100℃에서 증발한다.
✔ **고분자 물질과 강하게 결합되어 존재한다.**

> **해설**
> 고분자 물질과 강하게 결합되어 존재하는 것은 결합수이다.

25 달걀 전란의 수분 함량은?

① 50.5% ② 65%
✔ **75%** ④ 88%

> **해설**
> 달걀의 수분 및 고형질 함량
> • 전란 : 수분 75%, 고형질 25%
> • 노른자 : 수분 50%, 고형질 50%
> • 흰자 : 수분 88%, 고형질 12%

26 제빵에 쓰이는 당의 역할이 아닌 것은?

✔ **밀가루 단백질을 강화시킨다.**
② 노화를 지연하고 신선도를 오래 유지한다.
③ 이스트가 이용할 수 있는 먹이를 제공한다.
④ 갈변반응과 캐러멜화 반응으로 껍질 색을 낸다.

> **해설**
> 당은 밀가루 단백질을 연화시켜 제품의 조직을 부드럽게 한다(연화작용).

27 식염이 빵 반죽의 물성 및 발효에 있어 미치는 영향으로 적절한 것은?

① 껍질 색을 변하지 않도록 한다.
✔ **글루텐을 강화시켜 반죽을 견고하고 탄력있게 만든다.**
③ 글루텐 막을 두껍게 하여 빵 내부의 기공을 좋게 한다.
④ 반죽의 물 흡수율을 증가시킨다.

> **해설**
> ① 껍질 색을 조절하여 외피 색이 갈색이 되게 한다.
> ③ 글루텐 막을 얇게 형성하여 외피를 바삭하게 한다.
> ④ 식염은 반죽의 물 흡수율을 감소시키므로, 클린업 단계 이후 투입하여야 한다.

28 다음 중 이당류에 속하는 것은?

① 설탕(Sucrose)
② 전분(Starch)
③ 과당(Fructose)
④ 갈락토스(Galactose)

해설
탄수화물의 분류
• 단당류 : 포도당, 과당, 갈락토스
• 이당류 : 맥아당(엿당), 설탕(자당), 유당(젖당)
• 다당류 : 전분(녹말), 글리코겐, 섬유소, 펙틴

29 밀가루의 단백질 중 글루텐을 형성하는 단백질로만 묶은 것은?

① 글루테닌, 알부민
② 글루테닌, 글로불린
③ 글리아딘, 글로불린
④ 글리아딘, 글루테닌

해설
밀가루의 글리아딘과 글루테닌이 물과 결합하여 글루텐을 만든다.

30 다음 각 영양소와 그 소화효소의 연결이 옳지 않은 것은?

① 녹말 – 아밀레이스
② 지방 – 라이페이스
③ 단백질 – 펩신
④ 젖당 – 프티알린

해설
침 속에 있는 효소인 프티알린은 전분을 덱스트린과 맥아당으로 분해한다.

31 우유에 첨가 시 응고현상을 나타낼 수 있는 것은?

① 소금, 레닌(Lennin)
② 레닌(Lennin), 설탕
③ 식초, 레닌(Lennin)
④ 설탕, 카세인(Casein)

해설
우유 단백질인 카세인(Casein)은 열에 의해서는 잘 응고하지 않으나 산과 레닌에 의하여 응고하는데, 이 원리를 이용하여 치즈를 만든다.

32 가공치즈(Processed Cheese)의 설명으로 틀린 것은?

✓① 자연치즈를 원료로 사용하지 않는다.

② 일반적으로 자연치즈보다 저장성이 크다.

③ 약 85℃에서 살균하여 Pasteurized Cheese라고도 한다.

④ 자연치즈에 식품 또는 식품첨가물 등을 더한다.

> 해설
> 가공치즈는 자연치즈를 분쇄하고 가열 용해하여 유화한 제품으로 숙성에 따른 깊은 맛은 없지만, 품질과 영양 면에서 모두 안정적이다.

33 빵의 제조과정에서 빵 반죽을 분할기에서 분할할 때 달라붙지 않게 하는 첨가물은?

① 호 료

② 피막제

③ 용 제

✓④ 이형제

> 해설
> 이형제 : 빵 반죽을 분할기에서 분할할 때나 구울 때 달라붙지 않게 하며, 형틀에서 제품의 분리를 돕고, 모양을 그대로 유지시켜 준다.

34 도넛의 글레이즈 온도로 적합한 것은?

① 30~40℃

✓② 45~50℃

③ 50~60℃

④ 60~70℃

> 해설
> 도넛의 글레이즈 온도는 45~50℃가 적합하다.

35 모양 깍지 중 장미꽃을 만들 때 가장 적합한 것은?

①   ②

③  ④

> 해설
> ③ 장미 모양 깍지
> ① 별 모양 깍지
> ② 나뭇잎 모양 깍지
> ④ 원형 깍지

36 조리된 상태의 냉동식품을 해동하는 가장 좋은 방법은?

① 공기해동

② **가열해동**

③ 저온해동

④ 청수해동

조리된 상태의 냉동식품의 경우 전자레인지로 가열해동하는 것이 올바른 식중독 예방법이다. 상온에서 해동할 경우 식품의 온도가 천천히 상승하면서 상온에 도달하기 때문에 식중독균의 증식 가능 온도인 50~60℃에서 장시간 노출된다.

37 제빵 시 정량보다 많은 분유를 사용했을 때의 결과로 잘못된 것은?

① **양 옆면과 바닥이 움푹 들어가는 현상이 나타난다.**

② 껍질 색은 캐러멜화 반응에 의하여 검게 된다.

③ 모서리가 예리하고 터지거나 슈레드가 적다.

④ 세포벽이 두꺼우므로 황갈색을 나타낸다.

제빵 시 정량보다 많은 분유를 사용하면 양 옆면과 바닥이 튀어나온다.

38 소비기한 표시에 관한 설명 중 옳지 않은 것은?

① 소비기한의 표시는 사용 또는 보존에 특별한 조건이 필요한 경우 이를 함께 표시하여야 한다.

② 냉동 또는 냉장 보관하여 유통하는 제품은 '냉동 보관' 또는 '냉장 보관'을 표시한다.

③ 제조일을 사용하여 소비기한을 표시하는 경우에는 '제조일로부터 ○○일까지'로 표시할 수 있다.

④ **소비기한이 서로 다른 여러 제품을 함께 포장할 경우 가장 긴 소비기한을 표시한다.**

소비기한 표시(식품 등의 표시기준 별지 1)
소비기한이 서로 다른 각각의 여러 가지 제품을 함께 포장하였을 경우에는 그중 가장 짧은 소비기한을 표시하여야 한다. 다만 소비기한이 표시된 개별 제품을 함께 포장한 경우에는 가장 짧은 소비기한만을 표시할 수 있다.

39 다음 중 식물성 유지가 아닌 것은?

① **버터**

② 면실유

③ 피마자유

④ 올리브유

버터는 우유의 유지방으로 제조하며, 융점이 낮고 크림성이 부족하다.

40 다음 식품첨가물에 대한 설명으로 잘못된 것은?

① 식품 본래의 성분 이외의 것을 말한다.

② 식품의 조리, 가공 시 첨가하는 물질을 말한다.

③ 천연물질과 화학적 합성품을 포함한다.

④ 우발적으로 혼입되는 비의도적 식품첨 가물도 포함한다.

해설

식품첨가물이란 식품을 제조·가공·조리 또는 보존하는 과정에서 감미, 착색, 표백 또는 산화방지 등을 목적으로 식품에 사용되는 물질을 말한다. 이 경우 기구·용기·포장을 살균·소독하는 데에 사용되어 간접적으로 식품으로 옮아갈 수 있는 물질을 포함한다(식품위생법 제2조제2호).

41 식품의 보존료가 아닌 것은?

① 소브산(Sorbic Acid)

② 아스파탐(Aspartame)

③ 안식향산(Benzoic Acid)

④ 데하이드로초산(Dehydroacetic Acid)

해설

아스파탐은 식품첨가물로, 설탕보다 180~200배 정도의 단맛을 내는 감미료이다.

보존료(방부제)

• 데하이드로초산나트륨 : 치즈류, 버터류, 마가린
• 소브산 : 치즈류, 식육가공품, 젓갈류, 절임식품, 탄산음료, 잼류 등
• 안식향산 : 과일·채소류 음료, 탄산음료, 간장, 잼류 등
• 프로피온산 : 빵류, 치즈류, 잼류

42 다음 중 영업허가를 받아야 하는 업종은?

① 식품운반업

② 유흥주점영업

③ 식품제조·가공업

④ 식품소분·판매업

해설

허가를 받아야 하는 영업 및 허가관청(식품위생법 시행령 제23조)

• 식품조사처리업 : 식품의약품안전처장
• 단란주점영업과 유흥주점영업 : 특별자치시장·특별자치도지사 또는 시장·군수·구청장

43 식품 등을 제조·가공하는 영업을 하는 자가 제조·가공하는 식품 등이 식품위생법에 의한 기준·규격에 적합한지 여부를 검사한 기록서를 보관해야 하는 기간은?

① 6개월

② 1년

③ 2년

④ 3년

해설

자가품질검사에 관한 기록서는 2년간 보관하여야 한다(식품위생법 시행규칙 제31조제4항).

44 식품제조 · 가공업을 하고자 하는 경우 몇 시간의 위생교육을 받아야 하는가?

① 2시간　　② 4시간
③ 6시간　　✔④ 8시간

해설
교육시간(식품위생법 시행규칙 제52조제2항)
• 식품제조 · 가공업, 식품첨가물제조업 및 공유주방 운영업을 하려는 자 : 8시간
• 식품운반업, 식품소분 · 판매업, 식품보존업, 용기 · 포장류제조업을 하려는 자 : 4시간
• 즉석판매제조 · 가공업 및 식품접객업을 하려는 자 : 6시간
• 집단급식소를 설치 · 운영하려는 자 : 6시간

45 튀김 기름에 스테아린(Stearin)을 첨가하는 이유에 대한 설명으로 틀린 것은?

① 기름의 침출을 막아 도넛 설탕이 젖는 것을 방지한다.
② 융점을 높인다.
✔③ 도넛에 설탕 붙는 점착성을 높인다.
④ 경화제(Hardener)로 튀김 기름의 3~6%를 사용한다.

해설
튀김 기름에 경화제인 스테아린(Stearin)을 3~6% 정도 첨가하면 설탕의 녹는점을 높여 기름의 침투를 막는다.

46 조리사 면허의 취소처분을 받은 때 면허증 반납은 누구에게 하는가?

① 보건소장
② 보건복지부장관
③ 식품의약품안전처장
✔④ 특별자치시장 · 특별자치도지사 · 시장 · 군수 · 구청장

해설
조리사 면허증의 반납(식품위생법 시행규칙 제82조)
조리사가 그 면허의 취소처분을 받은 경우에는 지체 없이 면허증을 특별자치시장 · 특별자치도지사 · 시장 · 군수 · 구청장에게 반납하여야 한다.

47 베이킹파우더의 산-반응물질이 아닌 것은?

① 주석산과 주석산염
② 인산과 인산염
③ 알루미늄 물질
✔④ 중탄산과 중탄산염

해설
베이킹파우더의 산-반응물질
• 탄산수소나트륨을 중화시키는 물질로, 가스 발생 속도를 조절할 수 있다.
• 가스 발생 속도 : 주석산과 주석산염 > 인산과 인산염 > 알루미늄 물질

48 식품 또는 식품첨가물을 채취·제조·가공·조리·저장·운반 또는 판매하는 데 직접 종사하는 사람이 매년 1회 건강진단을 받아야 하는 검사 항목이 아닌 것은?

① 폐결핵
② 장티푸스
③ **B형간염**
④ 파라티푸스

해설
건강진단 항목 등(식품위생 분야 종사자의 건강진단 규칙 제2조)
• 장티푸스
• 파라티푸스
• 폐결핵

49 동물성 식품에서 유래하는 식중독 유발 유독성분은?

① 솔라닌(Solanine)
② **베네루핀(Venerupin)**
③ 시큐톡신(Cicutoxin)
④ 아마니타톡신(Amanitatoxin)

해설
② 베네루핀 : 조개류
① 솔라닌 : 감자
③ 시큐톡신 : 독미나리
④ 아마니타톡신 : 독버섯

50 다음 세균성 식중독 중 독소형은?

① 병원성 대장균 식중독
② 장염 비브리오 식중독
③ 살모넬라 식중독
④ **클로스트리듐 보툴리눔균 식중독**

해설
세균성 식중독
• 감염형 식중독 : 살모넬라, 장염 비브리오, 병원성 대장균
• 독소형 식중독 : 포도상구균, 클로스트리듐 보툴리눔균 식중독

51 아플라톡신(Aflatoxin)에 대한 설명으로 틀린 것은?

① 곰팡이 독으로서 간암을 유발한다.
② 탄수화물이 풍부한 곡물에서 많이 발생한다.
③ **열에 비교적 약하여 100℃에서 쉽게 불활성화된다.**
④ 강산이나 강알칼리에서 쉽게 분해되어 불활성화된다.

해설
아플라톡신은 열에 안정하기 때문에 가열조리를 한 후에도 그대로 남아 있을 수 있다. 수분 16% 이상, 상대습도 80~85% 이상, 온도 25~30℃인 환경에서 잘 생성된다.

52 감염병의 병원체를 내포하고 있어 감수성 숙주에게 병원체를 전파시킬 수 있는 근원이 되는 모든 것을 의미하는 용어는?

① 감염경로
② 병원소
③ **감염원**
④ 미생물

해설
감염원
• 종국적인 감염원으로 병원체가 생활·증식하면서 다른 숙주에 전파될 수 있는 상태로 저장되는 장소
• 환자, 보균자, 접촉자, 매개동물이나 곤충, 토양, 오염 식품, 오염 식기구, 생활용구 등

53 바이러스성 경구감염병에 해당하는 것은?

① 디프테리아
② 장티푸스
③ 콜레라
④ **유행성 간염**

해설
• 바이러스성 경구감염병 : 감염성 설사증, 유행성 간염, 급성 회백수염(소아마비, 폴리오), 홍역 등
• 세균성 경구감염병 : 장티푸스, 세균성 이질, 콜레라, 파라티푸스, 디프테리아, 성홍열 등

54 제빵기능사의 장신구 착용에 대한 설명으로 옳지 않은 것은?

① 매니큐어를 제거한다.
② 손톱은 위생에 지장이 없도록 짧게 자른다.
③ 몸에 부착된 모든 종류의 장신구를 제거해야 한다.
④ **장신구 중 반지는 제거하고 시계와 팔찌는 착용해도 된다.**

해설
시계나 팔찌를 착용할 경우 밀가루나 유지 등의 재료가 묻어 곰팡이나 세균이 증식하여 식품이 오염될 가능성이 있고, 안전사고를 유발할 수도 있으므로 제거해야 한다.

55 제빵 작업장의 환경에 대한 설명 중 옳지 않은 것은?

① **창문은 나무 재질을 사용하는 것이 좋다.**
② 보호장구가 설치된 조명기구를 사용해야 한다.
③ 바닥은 방수성과 방습성, 내약품성 및 내열성이 있는 재질이 좋다.
④ 창문과 창틀 사이에 실리콘 패드, 눈썹 고무몰딩 등을 부착하여 밀폐 상태를 유지한다.

해설
창문은 내수 처리하여 물청소가 용이하고 물 등으로부터 변형되지 않는 재질을 사용하고, 나무 재질은 지양한다. 또한 물 등에 의해 부식되지 않는 내부식성 재료를 사용하며, 유리 파손에 의한 혼입을 방지하기 위해 반드시 필름 코팅이나 강화유리 등을 사용한다.

56 손, 피부 등에 주로 사용되며, 금속 부식성이 강하여 관리가 요망되는 소독약은?

✔️ ① 승 홍　　　　② 석탄산
③ 크레졸　　　　④ 포르말린

해설
승홍은 금속 부식성이 강하여 비금속기구 소독에 이용하며, 온도 상승에 따라 살균력도 비례하여 증가한다. 승홍수는 0.1%의 수용액을 사용한다.

57 다음 중 곰팡이 독소가 아닌 것은?

① 파툴린(Patulin)
② 시트리닌(Citrinin)
✔️ ③ 삭시톡신(Saxitoxin)
④ 스테리그마토시스틴(Sterigmatocy-stin)

해설
삭시톡신은 조개류의 독성분이다.

58 캐러멜 커스터드 푸딩의 굽기 온도는?

① 130~140℃
✔️ ② 160~170℃
③ 190~200℃
④ 210~220℃

해설
커스터드 푸딩 틀에 80% 채운 반죽을 컵이 거의 잠길 만큼 팬에 더운 물을 붓고, 160~170℃로 예열한 오븐에서 30~35분간 또는 중심부에 젓가락을 꽂아서 아무것도 묻지 않을 때까지 중탕으로 굽는다.

59 식품 조리 및 취급과정 중 교차오염이 발생하는 경우와 가장 거리가 먼 것은?

① 반죽 후 손을 씻지 않고 샌드위치 만들기
✔️ ② 반죽 위에 생고구마를 얹고 쿠키 굽기
③ 생새우를 손질한 도마에 샐러드 채소를 손질하기
④ 반죽을 자른 칼로 구운 식빵 자르기

해설
교차오염 방지
• 개인위생 관리를 철저히 한다.
• 손 씻기를 철저히 한다.
• 조리된 음식 취급 시 맨손으로 작업하는 것을 피한다.
• 화장실의 출입 후 손을 청결히 하도록 한다.

60 소규모 주방 설비 중 작업의 효율성을 높이기 위한 작업 테이블의 위치로 가장 적당한 것은?

① 오븐 옆에 설치한다.
② 냉장고 옆에 설치한다.
③ 발효실 옆에 설치한다.
✔️ ④ 주방의 중앙부에 설치한다.

해설
작업 테이블은 주방의 중앙부에 설치하여 작업의 효율성을 높여야 한다.

01 발효 시간을 주지 않거나 현저하게 줄이는 반죽법으로, 베이스 믹스를 첨가제로 넣어 사용하는 반죽법은?

① 노타임법
② 연속식 제빵법
③ 스트레이트법
④ 오버나이트 스펀지법

【해설】
발효 시간을 주지 않거나 현저하게 줄여 주는 반죽법은 노타임법이다. 노타임법에서 글루텐 형성은 환원제와 산화제의 도움을 받아 기계적 혼합에 의해서 이루어 진다.

02 비중컵의 무게가 40g, 물을 담은 비중컵의 무게가 260g, 반죽을 담은 비중컵의 무게가 200g일 때 반죽의 비중은?

① 0.48
② 0.55
③ 0.66
④ 0.72

【해설】
비중 = 같은 부피의 반죽의 무게/같은 부피의 물의 무게
= (200 − 40)/(260 − 40) = 0.72

03 굽기에서의 변화 중 가장 높은 온도에서 발생하는 것은?

① 이스트 사멸
② 전분의 호화
③ 단백질 변성
④ 설탕 캐러멜화

【해설】
④ 설탕 캐러멜화 : 150℃
① 이스트 사멸 : 60℃
② 전분의 호화 : 50~65℃ 전후
③ 단백질 변성 : 60~70℃

04 중간발효의 목적이 아닌 것은?

① 가스 발생력을 키워 반죽을 크게 부풀리기 위해
② 가스 발생으로 반죽의 유연성을 회복시키기 위해
③ 반죽 표면에 얇은 막을 만들어 성형할 때 끈적거리지 않도록 하기 위해
④ 분할, 둥글리기를 거치면서 손상된 글루텐 구조를 재정돈하기 위해

【해설】
중간발효
• 분할, 둥글리기를 거치면서 손상된 글루텐 구조를 재정돈하고 굳은 반죽을 유연하게 만들기 위함이다.
• 27~29℃의 온도와 습도 75% 전후의 조건에서 보통 10~20분간 실시되며, 반죽은 잃어버린 가스를 다시 포집하여 탄력 있고 유연성 있는 성질을 얻는다.
• 성형할 때 끈적거리지 않게 반죽 표면에 얇은 막을 형성한다.

05 스펀지 도법으로 반죽을 만들 때 스펀지 발효에 대한 설명으로 틀린 것은?

① 발효 시간은 1~2시간이다.
② 발효실의 온도는 평균 27℃ 정도이다.
③ 상대습도는 75~80% 정도이다.
④ 반죽체적이 최대가 되었다가 약간 줄어드는 현상이 생길 때가 발효 완료 시기이다.

해설
스펀지 도법에서 스펀지의 발효 시간은 3~5시간 정도이다. 보통 75% 스펀지의 경우 약 3시간, 50% 스펀지의 경우 약 5시간 정도 소요된다.

07 2차 발효 시 가장 낮은 온도에서 발효시키는 제품은?

① 식빵류
② 도넛류
③ 과자빵류
④ 데니시 페이스트리류

해설
데니시 페이스트리류는 식빵류, 과자빵류(40℃) 등에 비해 낮은 온도인 28~33℃에서 2차 발효시킨다.

06 정형 과정의 5가지 공정 순서가 바르게 연결된 것은?

① 반죽 → 중간발효 → 분할 → 둥글리기 → 성형
② 분할 → 둥글리기 → 중간발효 → 성형 → 패닝
③ 중간발효 → 성형 → 패닝 → 2차 발효 → 굽기
④ 둥글리기 → 중간발효 → 성형 → 패닝 → 2차 발효

해설
정형 과정은 분할 → 둥글리기 → 중간발효 → 성형 → 패닝의 5가지 공정 순서로 이루어진다.

08 다음 설명에 해당하는 제빵기기는?

- 냉장, 냉동, 해동, 2차 발효를 프로그래밍에 의해 자동적으로 조절하는 기계이다.
- 계획 생산을 할 수 있고, 연장근무를 하지 않아도 필요한 시간에 빵을 구워낼 수 있다.

① 라운더(Rounder)
② 정형기(Moulder)
③ 도 컨디셔너(Dough Conditioner)
④ 르방 프로세서(Levain Processor)

09 다음의 반죽작업 공정단계는?

> • 글루텐을 결합함과 동시에 다른 한쪽에서 끊기는 단계이다.
> • 반죽이 탄력성을 잃고 신장성이 커져 고무줄처럼 늘어지며, 점성이 많아지는 과반죽 단계이다.

① 발전 단계(Development Stage)
② 최종 단계(Final Stage)
③ 렛다운 단계(Let Down Stage)
④ 브레이크다운 단계(Break Down Stage)

해설
글루텐을 결합함과 동시에 다른 한쪽에서 끊기는 단계는 렛다운 단계(Let Down Stage)로 오버 믹싱, 과반죽 단계라고 한다.

10 초콜릿 템퍼링 시 중탕과 냉각에 적당한 온도로 알맞게 짝지어진 것은?

① 중탕 40~45℃, 냉각 10~15℃
② 중탕 45~50℃, 냉각 20~25℃
③ 중탕 50~55℃, 냉각 26~27℃
④ 중탕 55~60℃, 냉각 30~35℃

해설
초콜릿 템퍼링 시 초콜릿은 스테인리스 그릇에 담고 불 위에서 중탕으로 녹인다. 이때 온도는 초콜릿의 모든 성분이 녹을 수 있도록 50~55℃로 한다. 중탕한 초콜릿은 대리석법, 접종법, 수랭법 등을 이용하여 26~27℃로 온도를 내린다.

11 쇼트닝을 실온에서 보관할 경우, 보관 기간으로 옳은 것은?

① 2~4개월
② 6~24개월
③ 1년
④ 2~3년

해설
실온 저장 재료별 보관 기준에 따른 쇼트닝의 보관 기간은 2~4개월이다.

12 쇼트닝에 대한 설명으로 옳지 않은 것은?

① 동·식물성 유지를 정제 가공한 유제품이다.
② 지방 함량이 100%이다.
③ 쇼트닝성(바삭바삭한 정도)과 크림성(공기 혼입)이 우수하다.
④ 동·식물성 유지에 물을 혼합해 만든다.

해설
쇼트닝은 동·식물성 유지를 정제 가공한 것으로, 마가린과 달리 수분을 함유하지 않는다.

13 튀김 단계의 순서로 알맞은 것은?

① 식품 내부의 수분이 표면으로 이동 →
식품 내부 익음 → 메일라드 반응
② 식품 내부 익음 → 식품 내부의 수분이
표면으로 이동 → 메일라드 반응
③ 메일라드 반응 → 식품 내부 익음 →
식품 내부의 수분이 표면으로 이동
④ **식품 내부의 수분이 표면으로 이동 →
메일라드 반응 → 식품 내부 익음**

> **해설**
> 튀김의 3단계

1단계	식품이 뜨거운 기름에 들어가면 식품 표면의 수분이 수증기로 달아나며, 이로 인해 식품 내부의 수분이 식품 표면으로 이동하게 된다.
2단계	튀김 열에 의해 메일라드 반응이 일어나 식품의 표면이 갈색이 되며, 수분이 달아나 기공이 커지고 많아진다.
3단계	식품의 내부가 익는다. 이것은 직접적인 기름의 접촉보다 내부로 열이 전달되기 때문이다.

14 튀김유로 저합하지 않은 것은?

① 대두유
② **올리브유**
③ 옥수수유
④ 면실유

> **해설**
> 올리브유는 발연점(180℃)이 낮아 튀김유로 적합하지 않다.

15 쿠키의 퍼짐이 크게 되는 경우에 대한 설명으로 옳은 것은?

① **반죽이 알칼리성 쪽에 있다.**
② 믹싱 시간이 길어서 설탕이 완전히 용해되었다.
③ 전체의 설탕을 일시에 넣고 크림화를 충분히 시켰다.
④ 반죽이 된 상태로 되었다.

> **해설**
> 설탕의 사용량이 많거나, 반죽이 질거나, 알칼리성 반죽이거나 또는 오븐 온도가 낮으면 쿠키의 퍼짐이 크게 된다.

16 반죽이 들어가는 입구와 제품이 나오는 출구가 서로 다른 오븐으로, 다양한 제품을 대량 생산할 수 있는 오븐은?

① 로터리 랙 오븐(Rotary Rack Oven)
② 데크 오븐(Deck Oven)
③ 컨벡션 오븐(Convection Oven)
④ **터널 오븐(Tunnel Oven)**

> **해설**
> 터널 오븐은 반죽이 들어가는 입구와 제품이 나오는 출구가 서로 다른 오븐으로, 다양한 제품을 대량 생산할 수 있다. 다른 기계들과 연속 작업을 통해 제과·제빵의 전 과정을 자동화할 수 있어 대규모 공장에서 주로 사용한다.

17 잎을 건조시켜 만든 향신료는?

① 계 피
② 넛 메그
③ 메이스
④ **오레가노**

오레가노는 꽃이 피는 시기에 수확하여 건조시켜 보존하고 말린 잎을 향신료로 쓴다. 보통 피자파이용 소스에 피자파이의 독특한 향이 나도록 사용한다.

18 노화를 억제하기 위한 방법이 아닌 것은?

① 급속 냉동한다.
② 설탕을 첨가한다.
③ 유화제를 첨가한다.
④ **온도를 0~4℃로 조절한다.**

노화는 수분 함량 30~60%, 저장 온도 −7~10℃에서 잘 일어난다.

19 발효에 영향을 주는 요인이 아닌 것은?

① 온 도
② 습 도
③ pH
④ **반죽의 무게**

발효에는 반죽 온도, 습도, 반죽의 되기, 반죽의 pH, 시간 등이 영향을 미친다.

20 달걀의 기능으로 옳지 않은 것은?

① 밀가루와 결합작용을 한다.
② 제품에 수분을 공급한다.
③ 노른자의 레시틴이 유화작용을 한다.
④ **믹싱 중 거품을 제거하는 소포제 역할을 한다.**

달걀은 기포성이 있으며, 믹싱 중 공기를 혼합하므로 팽창작용을 한다.

21 빵 240g에 함유되어 있는 탄수화물 6%의 열량을 계산하여 나온 값은 약 얼마인가?

① 약 56kcal   ② **약 58kcal**
③ 약 60kcal   ④ 약 62kcal

(240g × 0.06) × 4kcal/g = 57.6kcal

22 스트레이트 반죽법의 반죽 온도 계산 시 밀가루 온도 24℃, 실내 온도 25℃, 사용수 온도 18℃, 결과 온도 30℃, 희망 온도 27℃일 때 마찰계수는?

① 3   ② 13
③ **23**   ④ 33

마찰계수 = 반죽 결과 온도 × 3 − (실내 온도 + 밀가루 온도 + 사용수 온도)
= 30 × 3 − (25 + 24 + 18)
= 23

23 패리노그래프(Farinograph)에 관한 설명 중 틀린 것은?

① 흡수율 측정
② 믹싱 시간 측정
③ 믹싱 내구성 측정
④ 전분의 점도 측정

> **해설**
> ④ 전분의 점도는 아밀로그래프(Amylograph)로 측정한다.
> 패리노그래프(Farinograph)는 제빵 시 흡수율, 믹싱 내구성, 믹싱 시간, 믹싱의 최적 시기를 판단하는 유용한 기계이다.

24 이스트에 대한 설명으로 옳지 않은 것은?

① 출아법으로 증식한다.
② 빵의 팽창제로 사용된다.
③ 최적 온도는 24~27℃이고, pH는 6.5~ 7.0이다.
④ 유백색에서 엷은 황갈색을 띠는 것이 좋다.

> **해설**
> 이스트의 최적 온도는 28~32℃이고, pH는 4.5~5.0 이다.

25 빵에서 탈지분유의 역할이 아닌 것은?

① 흡수율 감소
② 조직 개선
③ 완충제 역할
④ 껍질 색 개선

> **해설**
> 탈지분유는 지방을 제거하고 건조시킨 가루로 반죽의 물리적 성질을 변화시켜 품질을 향상시킨다. 흡수율, 발효 속도, 굽는 온도 등에 영향을 주며 촉감이 부드러워지고 저장성이 높아지고 외피의 색깔이 좋아진다. 또한 빵의 맛과 향도 좋아진다.

26 냉동반죽법의 장점으로 틀린 것은?

① 소품종 대량 생산이 가능하다.
② 계획 생산이 가능하다.
③ 생산성이 향상되고 재고관리가 용이하다.
④ 시설 투자비가 감소한다.

> **해설**
> 냉동반죽법의 장점
> • 다품종 소량 생산이 가능하다.
> • 계획 생산이 가능하다.
> • 제품의 노화를 지연한다.
> • 발효 시간이 줄어 제조 시간을 단축할 수 있다.
> • 빵의 부피가 크고 빵의 향기가 좋다.
> • 운송 및 배달이 용이하다.

27 다음 중 재료를 나누어 두 번 믹싱하고, 두 번 발효를 하는 반죽법은?

① 스트레이트법

② 스펀지법

③ 비상스트레이트법

④ 액체발효법

② 스펀지법 : 반죽을 두 번 행하는 것으로, 먼저 밀가루, 이스트와 물을 섞어 반죽한 스펀지를 3~5시간 발효시킨 후 나머지 밀가루와 부재료를 물과 함께 섞어 반죽한다.
① 스트레이트법 : 제빵법 중에서 가장 기본이 되는 방법으로, 모든 재료를 한꺼번에 섞어 반죽하여 직접법이라고도 한다.
③ 비상스트레이트법 : 기계 고장과 같은 비상상황 시 작업에 차질이 생겼을 때 제조 시간을 단축시키기 위해 사용하는 반죽법이다.
④ 액체발효법 : 스펀지 대신 액종을 만들어 사용하는 방법으로, 한 번에 많은 양의 발효가 가능한 장점이 있다.

28 탄수화물의 구성 원소가 아닌 것은?

① 탄 소

② 질 소

③ 산 소

④ 수 소

탄수화물과 지방은 탄소, 산소, 수소로 구성되며, 단백질은 탄소, 수소, 산소 이외에 질소를 구성 원소로 가지고 있다.

29 전란의 고형질은 일반적으로 몇 %인가?

① 12%

② 88%

③ 75%

④ 25%

전란은 수분 75%, 고형질 25%이고, 달걀은 껍질 10%, 노른자 30%, 흰자 60%로 구성되어 있다.

30 빵의 재료 중 소금의 역할로 옳은 것은?

① 반죽의 글루텐 생성을 억제한다.

② 수분 보유력을 가지고 있어 노화를 지연시킨다.

③ 이스트가 이용할 수 있는 먹이를 제공한다.

④ 잡균들의 번식을 억제하고 반죽의 물성을 좋게 한다.

① 소금은 반죽의 글루텐 형성을 촉진한다.
② 수분 보유력을 가지고 있어 노화를 지연시키는 것은 설탕이다.
③ 이스트가 이용할 수 있는 먹이를 제공하는 것은 설탕과 같은 당이다.

31 결합수의 특성이 아닌 것은?

① 보통의 물보다 밀도가 크다.
② 압력을 가해도 제거하기 어렵다.
③ 0℃에서 매우 잘 언다.
④ 용질에 대해서 용매로서 작용하지 않는다.

> **해설**
> 결합수의 특징
> • 용질에 대하여 용매로서 작용하지 않는다.
> • 100℃ 이상 가열하여도 제거되지 않는다.
> • 0℃ 이하의 저온에서도 잘 얼지 않는다.
> • 보통의 물보다 밀도가 크다.
> • 식품 조직을 압착하여도 제거되지 않는다.
> • 미생물의 번식에 이용되지 못한다.

32 박력분에 대한 설명 중 옳은 것은?

① 우동 제조에 쓰인다.
② 마카로니 제조에 쓰인다.
③ 단백질 함량이 10% 이하이다.
④ 글루텐의 탄력성과 점성이 강하다.

> **해설**
> 박력분은 단백질 함량이 6~8.5% 정도이며, 강력분에 비해 글루텐의 함량이 낮아 탄력성 및 점성이 약하다. 박력분은 주로 제과용으로 쓰인다.

33 필수 아미노산에 해당하지 않는 것은?

① 글리신　　② 트립토판
③ 메티오닌　　④ 페닐알라닌

> **해설**
> 필수 아미노산의 종류
> • 성인(9가지) : 페닐알라닌, 트립토판, 발린, 류신, 아이소류신, 메티오닌, 트레오닌, 라이신, 히스티딘
> ※ 8가지로 보는 경우 히스티딘은 제외된다.
> • 영아(10가지) : 성인 9가지 + 아르기닌

34 반죽을 구울 때 팬에 달라붙지 않게 바르는 것은?

① 쇼트닝　　② 밀가루
③ 왁 스　　④ 글리세린

> **해설**
> 팬 오일의 종류로는 유동 파라핀(백색광유), 정제 라드(쇼트닝), 식물유(면실유, 대두유, 땅콩기름), 혼합유 등이 있다.

35 젤리화에 필요한 요소의 함량을 바르게 나타낸 것은?

① 당분 50~60%, 펙틴 0.5~0.8%, pH 2.0
② 당분 60~65%, 펙틴 1.0~1.5%, pH 3.2
③ 당분 60~65%, 펙틴 1.2~1.8%, pH 3.5
③ 당분 65~70%, 펙틴 1.5~2.0%, pH 4.8

> **해설**
> 당분 60~65%, 펙틴 1.0~1.5%, pH 3.2의 산이 존재할 때 젤리 형태로 굳는다.

36 구워낸 빵의 냉각 목적이 아닌 것은?

① 빵의 저장성 증대
② 빵의 절단 및 포장 용이
③ 곰팡이, 세균 등의 피해 방지
✔ **전분의 호화 증대**

해설
전분의 호화 증대는 굽기 등 반죽을 익히는 과정에서 일어난다.

37 인체의 수분 소요량과 관련이 없는 것은?

① 활동력
② 염분의 섭취량
✔ **신장의 기능**
④ 기 온

해설
인체의 수분 소요량에 영향을 주는 요인 : 기온, 활동력, 염분의 섭취량, 영양소의 종류와 기능 등

38 빵 포장 시 유의사항이 아닌 것은?

① 냉각이 충분히 이루어져야 한다.
② 제품이 변형되지 않도록 한다.
✔ **구입 충동을 느낄 수 있도록 광고를 필수로 넣는다.**
④ 차광성, 방습성, 방수성 등이 우수한 포장재를 사용한다.

해설
포장은 광고 효과를 얻을 수 있는 기능이 있으면 좋지만, 광고가 필수로 들어가야 하는 것은 아니다.

39 천연 산화방지제가 아닌 것은?

① 고시폴(Gossypol)
✔ **티아민(Thiamin)**
③ 토코페롤(Tocopherol)
④ 비타민 C(아스코브산)

해설
천연 산화방지제(항산화제)로 비타민 E(토코페롤), 세사몰, 비타민 C(아스코브산), 케르세틴, 고시폴 등이 있다.

40 전분의 호화 상태를 유지하는 가장 효율적인 방법은?

① 염장법   ② 일광건조법
✔ **급속냉동법**   ④ 산저장법

해설
급속냉동하면 전분의 노화를 억제할 수 있다.

41 식빵 600g짜리 10개를 제조할 때 발효 및 굽기, 냉각, 손실 등을 합한 총 손실이 20%이고 배합률의 합계가 150%라면 사용해야 할 밀가루의 무게는?

① 3kg   ✔ **5kg**
③ 6kg   ④ 8kg

해설
반죽의 무게 = 완제품 무게 ÷ (1 − 손실률)
          = (600 × 10) ÷ (1 − 0.2) = 7,500g
밀가루 무게 = 밀가루 비율 × 총 반죽 무게 ÷ 총 배합률
          = (100 × 7,500) ÷ 150 = 5,000g = 5kg

42 발효 중 펀치의 효과로 거리가 먼 것은?

① 반죽의 온도를 균일하게 한다.
② 이스트의 활성을 돕는다.
③ 반죽에 산소 공급으로 산화, 숙성을 진전시킨다.
④ 성형을 용이하게 한다.

해설

펀치는 반죽 온도를 균일하게 해 주며, 이산화탄소를 방출하고 산소 공급으로 산화와 숙성 및 이스트 활동에 활력을 준다.

43 식품 등을 제조 · 가공하는 영업자가 식품 등이 기준과 규격에 맞는지 자체적으로 검사하는 것을 일컫는 식품위생법상 용어는?

① 제품검사
② 정밀검사
③ 수거검사
④ 자가품질검사

해설

자가품질검사 의무(식품위생법 제31조제1항)
식품 등을 제조 · 가공하는 영업자는 총리령으로 정하는 바에 따라 제조 · 가공하는 식품 등이 규정에 따른 기준과 규격에 맞는지를 검사하여야 한다.

44 빵 제품 냉각에 대한 설명으로 틀린 것은?

① 빵의 수분은 내부에서 외부로 이동하여 평형을 이루지 못한다.
② 냉각된 제품의 수분 함량은 38%를 초과하지 않는다.
③ 냉각된 빵의 내부 온도는 32~35℃에 도달하였을 때 절단, 포장한다.
④ 일반적인 제품에서 냉각 중에 수분 손실이 12% 정도가 된다.

해설

냉각 손실은 2% 정도이며 빵 속의 온도가 35~40℃, 수분은 38%가 될 때까지 식힌다.

45 식품위생법상 식품위생의 대상은?

① 식품, 약품, 기구, 용기, 포장
② 조리법, 조리시설, 기구, 용기, 포장
③ 조리법, 단체급식, 기구, 용기, 포장
④ 식품, 식품첨가물, 기구, 용기, 포장

해설

식품위생이란 식품, 식품첨가물, 기구 또는 용기 · 포장을 대상으로 하는 음식에 관한 위생을 말한다(식품위생법 제2조제11호).

46 식품접객업소 중 모범업소를 지정할 수 있는 권한을 가진 사람은?

① **관할 시장**

② 관할 소방서장

③ 관할 보건소장

④ 관할 세무서장

해설
모범업소의 지정 등(식품위생법 제47조제1항)
특별자치시장·특별자치도지사·시장·군수·구청장은 총리령으로 정하는 위생등급기준에 따라 위생관리 상태 등이 우수한 식품접객업소(공유주방에서 조리·판매하는 업소를 포함) 또는 집단급식소를 모범업소로 지정할 수 있다.

47 세계보건기구(WHO)가 정의한 건강의 내용이 아닌 것은?

① 육체적으로 완전한 상태

② 정신적으로 완전한 상태

③ **영양적으로 완전한 상태**

④ 사회적 안녕의 완전한 상태

해설
WHO가 정의한 건강이란 육체적, 정신적, 사회적으로 모두 완전한 상태를 말한다.

48 미생물 종류 중 크기가 가장 큰 것은?

① 효모(Yeast)

② 세균(Bacteria)

③ 바이러스(Virus)

④ **곰팡이(Mold)**

해설
미생물의 크기 : 곰팡이 > 효모 > 스피로헤타 > 세균 > 리케차 > 바이러스

49 대장균에 대한 설명으로 틀린 것은?

① 유당을 분해한다.

② **Gram 양성이다.**

③ 호기성 또는 통성 혐기성이다.

④ 무아포 간균이다.

해설
대장균은 그람(Gram)염색에서 음성을 나타내는 간균으로, 포자를 형성하지 않는다. 호기성 또는 통성 혐기성이며, 유당 및 포도당을 분해하여 산과 가스를 생성시킨다.

50 세균의 장독소(Enterotoxin)에 의해 유발되는 식중독은?

① **황색포도상구균 식중독**

② 살모넬라 식중독

③ 복어 식중독

④ 장염 비브리오 식중독

해설
②, ④ 세균성 감염형 식중독
③ 동물성 식중독

51 알레르기성 식중독에 관계되는 원인 물질과 균은?

① 아세토인(Acetoin), 살모넬라균
② 지방(Fat), 장염 비브리오균
③ 엔테로톡신(Enterotoxin), 포도상구균
④ 히스타민(Histamine), 모르가니균

> **해설**
> 사람이나 동물의 장내에 상주하는 모르가니균은 알레르기를 일으키는 히스타민을 만든다.

52 집단감염이 잘되며, 항문 주위나 회음부에 소양증이 생기는 기생충은?

① 흡 충   ② 편 충
③ 요 충   ④ 십이지장충

> **해설**
> 요충은 집단감염, 항문소양증을 유발한다.

53 다음 중 인수공통감염병은?

① 탄저병   ② 장티푸스
③ 콜레라   ④ 세균성 이질

> **해설**
> 인수공통감염병의 종류
> 장출혈성대장균감염증, 일본뇌염, 브루셀라증, 탄저, 공수병, 동물인플루엔자인체감염증, 중증급성호흡기증후군(SARS), 변종크로이츠펠트-야콥병(vCJD), 큐열, 결핵, 중증열성혈소판감소증후군(SFTS) 등

54 다음 영문명 및 약자의 예시 중 가장 거리가 먼 것은?

① EXP
② Use by date
③ Expiration date
④ Best before date

> **해설**
> ④는 품질유지기한이다.
> 소비기한이라 함은 식품 등에 표시된 보관방법을 준수할 경우 섭취하여도 안전에 이상이 없는 기한을 말한다 (소비기한 영문명 및 약자 예시 : Use by date, Expiration date, EXP, E).

55 다음 중 바이러스에 의한 경구감염병이 아닌 것은?

① 폴리오
② 유행성 간염
③ 감염성 설사
④ 성홍열

> **해설**
> 경구감염병의 분류
> • 바이러스에 의한 것 : 감염성 설사증, 유행성 간염, 폴리오, 천열, 홍역
> • 세균에 의한 것 : 세균성 이질, 장티푸스, 파라티푸스, 콜레라, 성홍열, 디프테리아
> • 원생동물에 의한 것 : 아메바성 이질

56 자외선을 이용하여 살균할 때 가장 유효한 파장은?

① **260~280nm**　② 350~360nm

③ 450~460nm　④ 550~560nm

해설

자외선의 살균효과는 260~280nm의 범위 내의 파장에서 가장 크다.

57 소독제의 살균력을 비교하기 위해서 이용되는 소독약은?

① 알코올

② **석탄산**

③ 과산화수소

④ 차아염소산나트륨

해설

석탄산 : 3% 수용액으로 의류, 용기, 실험대, 배설물 등의 소독에 이용되며, 안정성이 높고 유기물의 영향을 크게 받지 않으므로 각종 소독약의 살균력을 나타내는 기준이 된다.

58 식품첨가물의 사용량 결정에 고려해야 하는 "ADI"란?

① 반수 치사량　② **1일 섭취허용량**

③ 최대 무작용량　④ 안전계수

해설

1일 섭취허용량(ADI ; Acceptable Daily Intake) 식품첨가물, 잔류농약 등 의도적으로 사용하는 화학물질에 대해 평생 섭취하여도 유해영향이 나타나지 않는 1인당 1일 최대섭취허용량을 말하며, 사람의 체중 kg당 일일섭취허용량을 mg으로 나타낸 것이다.

59 작업장의 부적당한 조명으로 인해 발생하는 질병과 가장 관계가 적은 것은?

① 가성근시

② **열사병**

③ 안정피로

④ 안구진탕증

해설

열중증(열경련, 열허탈증, 열사병, 열쇠약증)은 고온 환경에서 장시간 작업할 때 발생하는 직업병이다.

60 주방 위생을 위협하는 위해요소 관리에 대한 설명으로 옳지 않은 것은?

① 허가된 지정약품만 사용하고 일정 기간이 지나면 약품을 교체한다.

② 조리기구의 식품 접촉 표면은 염소계 소독제 200ppm을 사용하여 살균한다.

③ 의류용 세제에는 형광염료가 포함되어 있으므로 식품에 행주 사용을 금지한다.

④ **장비, 용기 및 도구는 내부를 보기 어려운 복잡한 디자인일수록 위해요소로부터 안전하다.**

해설

장비, 용기 및 도구는 청소하기 쉽게 디자인되어야 한다. 재질은 표면이 비독성이고 청소 세제와 소독약품에 잘 견뎌야 하고, 녹슬지 않아야 한다.

01 생크림의 적정 보관 온도는?

① −18℃　　　✓② 3℃
③ 13℃　　　④ −2℃

해설

생크림은 천연 우유 속에 들어 있는 비중이 작은 지방만을 원심 분리한 후에 살균, 냉각, 숙성시킨 것이다. 3~7℃의 온도에 냉장 보관하는 것이 원칙이다.

02 땅콩의 성분 중 가장 많은 것은?

✓① 지 방　　　② 수 분
③ 섬유질　　　④ 단백질

해설

땅콩에 함유된 지방의 대부분은 올레산(Oleic Acid), 리놀레산(Linoleic Acid) 등으로 혈관 건강에 이로운 불포화지방산이다.

03 우유에 대한 설명으로 틀린 것은?

① 주단백질은 카세인이다.
② 연유나 생크림은 농축우유의 일종이다.
✓③ 전지분유는 우유 중의 수분을 증발시키고 고형질 함량을 높인 것이다.
④ 우유 교반 시 비중의 차이로 지방입자가 뭉쳐 크림이 된다.

해설

전지분유 : 순수하게 우유를 건조한 것으로 12%의 수용액을 만들면 우유가 된다. 지방질이 탈지분유에 비해 높아 보존성이 짧으며, 보존 기간은 약 6개월 정도이다.

04 이스트 푸드의 성분이 아닌 것은?

✓① 벤 젠　　　② 인산염
③ 칼슘염　　　④ 암모늄염

해설

벤젠은 무색의 액체이며, 가솔린의 한 성분으로 유독성 물질이다.
이스트 푸드 : 이스트 조절제(영양원), 물 조절제, 반죽 조절제로 구성되어 있다. 이스트 조절제인 영양원은 암모늄염이나 인산염의 질소나 인 성분으로 이스트 발효에 필요한 영양소를 공급한다.

05 슈거 블룸(Sugar Bloom)의 원인이 아닌 것은?

① 상대습도가 높은 곳에 보관하였다.
② 템퍼링 시 물이 들어갔다.
③ 낮은 온도에 보관하다 온도가 높은 곳에 보관하였다.
✓④ 습도가 낮고 건조한 곳에 보관하였다.

해설

슈거 블룸(Sugar Bloom)
• 초콜릿의 표면에 작은 흰색 설탕 반점이 생기는 현상이다.
• 초콜릿을 상대습도가 높은 곳이나 15℃ 이하의 낮은 온도에 보관하다 온도가 높은 곳에 보관하면 표면에 작은 물방울이 응축되어 초콜릿의 설탕이 용해하고, 다시 수분이 증발하여 설탕이 표면에 재결정하여 반점으로 나타난다. → 습도가 낮고 온도가 일정한 건조한 곳에 보관한다.

06 건포도식빵 제조 시 건포도를 혼합하는 시기는?

① 클린업 단계
② 발전 단계
③ **최종 단계**
④ 렛다운 단계

해설
건포도를 반죽에 투입한 후 너무 오래 반죽하면 건포도가 으깨져 건포도가 가지고 있는 당 성분이 반죽으로 나와 발효가 늦어지고, 빵 내부의 색이 불균일하게 나므로 반죽의 최종 단계에서 혼합하고 느린 속도로 가볍게 섞는다.

07 중간발효에 대한 설명으로 틀린 것은?

① 글루텐 구조를 재정리한다.
② 가스 발생으로 반죽의 유연성을 회복시킨다.
③ 오버 헤드 프루프(Over Head Proof)라고 한다.
④ **탄력과 신장성에 나쁜 영향을 미친다.**

해설
중간발효의 목적
• 손상된 글루텐의 배열을 정돈한다.
• 가스 발생으로 유연성을 회복시켜 성형 과정에서 작업성을 좋게 한다.
• 분할, 둥글리기 공정에서 단단해진 반죽에 탄력성과 신장성을 준다.

08 다음 무게에 관한 내용 중 옳은 것은?

① 1kg은 10g이다.
② 1kg은 100g이다.
③ **1kg은 1,000g이다.**
④ 1kg은 10,000g이다.

해설
1kg = 1,000g

09 질병에 대한 저항력을 지닌 항체를 만드는 데 꼭 필요한 영양소는?

① 탄수화물   ② 지 방
③ 칼 슘   ④ **단백질**

해설
항체는 체내 단백질에 의해 만들어진다.

10 소장에 대한 설명으로 틀린 것은?

① **소장에서는 호르몬이 분비되지 않는다.**
② 영양소가 체내로 흡수된다.
③ 길이는 약 6m이며, 대장보다 많은 일을 한다.
④ 췌장과 담낭이 연결되어 있어 소화액이 유입된다.

해설
소장은 위와 대장 사이에 있는 길이 6~7m에 이르는 소화관으로, 소화운동을 하면서 영양분을 소화, 흡수한다. 위에 음식물이 들어오면 가스트린이라는 호르몬이 분비되어 소화기능을 활성화한다.

11 초콜릿 제품을 만들 때 사용하는 것은?

① 오븐(Oven)

② 워터 스프레이(Water Spray)

③ 디핑 포크(Dipping Fork)

④ 파이롤러(Pie Roller)

해설
디핑 포크(Dipping Fork)는 초콜릿 제품 중 디핑 초콜릿을 만들 때 사용하는 도구로, 삼지창, 달팽이, 포크 모양 등이 있다. 디핑 포크는 가나슈 내용물의 형태에 맞는 것을 사용한다.

12 HACCP에서 정의하는 위해요소로 가장 적절한 것은?

① 인체의 건강을 해할 우려가 있는 미생물학적, 물리적 인자

② 인체의 건강을 해할 우려가 있는 화학적, 환경적 인자

③ 인체의 건강을 해할 우려가 있는 생물학적, 화학적 또는 물리적 인자

④ 인체의 건강을 해할 우려가 있는 생물학적, 환경적 또는 물리적 인자

해설
위해요소(Hazard) : 인체의 건강을 해할 우려가 있는 생물학적, 화학적 또는 물리적 인자나 조건을 말한다.

13 일반적인 식품의 최대빙결정생성대 온도 범위는?

① -1~-5℃   ② -40~-10℃

③ 2~10℃   ④ -15~-10℃

해설
최대빙결정생성대 : 냉동 저장 중 빙결정(얼음결정)이 가장 크고 많이 생성되는 온도 구간(-1~-5℃)

14 연수를 사용한 반죽에 관한 설명으로 옳은 것은?

① 반죽이 연하고 가스보유력이 강하다.

② 반죽이 단단하고 가스보유력이 강하다.

③ 반죽이 연하고 가스보유력이 약하다.

④ 반죽이 단단하고 가스보유력이 약하다.

해설
반죽 시 연수를 사용하면 글루텐을 약화시켜 반죽이 연하고 끈적거리나 발효 속도는 빠르다. 또한 가스 보유력이 떨어진다.

15 1단계법의 특징으로 옳지 않은 것은?

① 재료 전부를 한 번에 넣어 투입 믹싱하는 방법이다.

② 노동력과 시간이 절약된다.

③ 액당을 사용하는 믹싱법이다.

④ 마들렌, 피낭시에 등 구움 과자 반죽 제조에 사용된다.

해설
③은 설탕/물법에 대한 설명이다.

16 빵 표피의 갈변반응을 설명한 것으로 가장 적절한 것은?

① 이스트가 사멸하여 생긴다.

② 마가린으로부터 생긴다.

③ **아미노산과 당으로부터 생긴다.**

④ 굽기 온도 때문에 지방이 산패되어 생긴다.

식품에 함유된 단백질(아미노산이 많이 결합한 것)이나 아미노산과 환원당을 약 160℃ 이상의 고온으로 가열하면 갈색으로 색을 입히는 물질과 고소한 향이 되는 물질을 생성한다.

17 원가 절감 방안이 아닌 것은?

① **재고 보관 창고의 규모를 늘린다.**

② 불량률을 줄인다.

③ 출고된 재료의 양을 조절, 관리한다.

④ 폐기에 의한 재료 손실을 최소화한다.

재고의 저장관리는 입고된 재료 및 제품을 품목별, 규격별, 품질 특성별로 분류한 후에 적합한 저장방법으로 저장고에 위생적인 상태로 보관하는 것을 가리킨다. 저장과정에서 발생할 수 있는 도난, 폐기, 발효에 의한 손실을 최소화하여 생산에 차질이 발생하지 않도록 하는 데 목적이 있다.
① 보관 창고의 규모를 늘리는 것은 원가 절감 방안과는 관련이 없다.

18 식품접객업에 해당하지 않는 것은?

① **식품소분업**

② 유흥주점

③ 제과점

④ 휴게음식점

식품접객업의 종류(식품위생법 시행령 제21조)
휴게음식점영업, 일반음식점영업, 단란주점영업, 유흥주점영업, 위탁급식영업, 제과점영업

19 빵 제조 시 밀가루를 체로 치는 이유가 아닌 것은?

① 공기의 혼입

② 입자의 균질

③ **제품의 착색**

④ 불순물의 제거

밀가루를 체로 치는 이유는 공기 혼입, 불순물 제거, 입자를 균일하게 하여 혼합을 돕기 위함이다.

20 아이싱에 사용되는 재료 중 조성이 나머지 세 가지와 다른 하나는?

① 스위스 머랭

② **버터크림**

③ 로열 아이싱

④ 이탈리안 머랭

해설

①, ③, ④는 달걀흰자를 이용하여 제조한다.

22 도넛 튀김기에 붓는 기름의 평균 깊이로 적당한 것은?

① 4~5cm

② 10~12cm

③ **12~15cm**

④ 16~18cm

해설

튀김기에 붓는 기름의 평균 깊이는 12~15cm가 적당하다.

21 제빵용 이스트의 학명은?

① *Saccharomyces cerevisiae*

② *Saccharomyces ellipsoideus*

③ *Aspergillus niger*

④ *Bacillus subtilis*

해설

이스트는 발효식품에 널리 이용되어 왔다. 1857년 파스퇴르는 식물로서의 이스트가 발효원이라는 것을 발견하였다. 지금까지 알려진 350여 종의 이스트는 모두 당을 발효시켜 알코올과 가스를 발생시킨다. 이스트의 학명은 *Saccharomyces cerevisiae*이다.

23 커스터드 크림 제조 시 결합제 역할을 하는 것은?

① 소 금

② 설 탕

③ **달 걀**

④ 밀가루

해설

커스터드 크림은 우유, 설탕, 유지, 달걀, 전분 등을 넣어 가열, 호화시켜 페이스트 상태로 만든 것이다. 커스터드 크림에서 달걀은 주로 결합제, 팽창제, 유화제의 역할을 한다.

24 다음 중 빵 및 케이크류에 사용이 허가된 보존료는?

✔ **① 프로피온산**
② 탄산암모늄
③ 탄산수소나트륨
④ 폼알데하이드

해설
프로피온산은 빵 및 케이크류에 사용할 수 있도록 허가되어 있다. 부패의 원인이 되는 곰팡이나 부패균에 유효하며, 발효에 필요한 효모에는 작용하지 않는다.

25 손상된 전분 1% 증가 시 흡수율의 변화는?

① 1% 감소
② 1% 증가
③ 2% 감소
✔ **④ 2% 증가**

해설
손상된 전분이 1% 증가하면 흡수율은 2% 증가한다.

26 파이 반죽을 휴지시키는 이유는?

① 유지를 부드럽게 하기 위해
② 촉촉하고 끈적거리는 반죽을 만들기 위해
✔ **③ 밀가루의 수분 흡수를 돕기 위해**
④ 제품의 분명한 결 형성을 방지하기 위해

해설
반죽을 휴지시키는 것은 밀가루에 수분을 고르게 흡수시키고, 유지도 적당히 굳혀지며 퍼짐을 좋게 하기 위함이다.

27 베이커스 퍼센트(Baker's Percent)에 대한 설명으로 옳은 것은?

① 물의 양을 100%로 하는 것이다.
② 전체의 양을 100%로 하는 것이다.
✔ **③ 밀가루의 양을 100%로 하는 것이다.**
④ 물과 밀가루의 양을 100%로 하는 것이다.

해설
베이커스 퍼센트(Baker's Percent)는 밀가루 100%를 기준으로 한다.

28 열원으로 수증기를 이용하여 찐빵을 만들었을 때 주된 열전달 방식은?

✔ **① 대 류**　② 전 도
③ 초음파　④ 복 사

해설
대류는 액체나 기체의 한 부분의 온도가 높아지면 그 부분의 부피가 증가하여 위로 올라가고, 차가운 액체나 기체가 아래로 내려오면서 열이 전달되는 방법이다. 대류현상이 일어나면 액체나 기체에 의한 부분만 가열해도 가열하지 않은 부분까지 열이 이동하게 된다.

29 제품 회전율 공식은?

☑ 순매출액/(기초제품 + 기말제품) ÷ 2

② 총이익/매출액×100

③ 순매출액/(기초원재료 + 기말원재료) ÷ 2

④ 고정비/(단위당 판매가격 ÷ 변동비)

해설

• 제품 회전율 = $\dfrac{\text{순매출액}}{\text{평균 재고액}}$

• 평균 재고액 = $\dfrac{\text{기초제품 + 기말제품}}{2}$

30 초콜릿 보관 시 적정 온도, 습도는?

☑ 14~16℃, 50~60%

② 14~16℃, 75~85%

③ 20~23℃, 50~60%

④ 20~23℃, 75~85%

해설

초콜릿은 온도와 습기에 매우 민감하기 때문에 저장 조건을 잘 맞추어야 한다. 이상적인 온도는 14~16℃이고 상대습도는 50~60%이다.

31 스펀지 케이크 제조 시 녹인 버터를 넣는 시기는?

① 처음 재료를 섞을 때

☑ 반죽을 섞을 때

③ 오븐에 넣기 전

④ 패닝 직전

해설

스펀지 케이크 제조 시 녹인 버터를 반죽 일부에 섞은 다음 반죽 전체에 골고루 섞어 준다.

32 일반법 머랭 제조에 대한 설명으로 옳은 것은?

① 흰자 100에 대하여 설탕 200의 비율로 흰자와 설탕을 섞고 43℃로 중탕 후 거품을 돌려 제조한다.

☑ 흰자 100에 대하여 설탕 200의 비율로 흰자의 온도 24℃인 상태에서 거품을 돌리면서 설탕을 넣어 제조한다.

③ 흰자 100에 대하여 설탕 350의 비율로 거품을 돌리면서 120℃로 끓인 설탕시럽을 천천히 넣어 제조한다.

④ 흰자 100에 대하여 설탕 340의 비율로 흰자의 온도 43℃로 중탕 후 설탕을 넣으면서 거품을 돌려 제조한다.

해설

머랭은 일반적으로 달걀흰자에 설탕을 넣어 믹싱한 것이다. 24℃에서 흰자에 대한 설탕의 사용 비율은 200%가 적당하다. 제조 시 기름기나 노른자가 없어야 튼튼한 거품이 나온다.

33 A제빵점의 밀가루 입고 기준은 수분 함량 14%이다. 20kg짜리 1,000포대가 입고되었는데, 수분 함량이 15%였다. 이 밀가루를 얼마나 더 받아야 A제빵점에서 손해를 보지 않는가?

① 187kg

② **236kg**

③ 293kg

④ 307kg

해설

$(1,000포 \times 0.85 \times 20) + (x포 \times 0.85 \times 20) = 1,000$
$포 \times 0.86 \times 20$

$17,000 + 17x = 17,200$

$x ≒ 11.76471$

∴ $11.76 \times 20 = 235.2(kg)$

34 다음 중 회분 함량이 가장 낮은 밀가루로 만들어야 하는 제품은?

① 쿠 키

② 크래커

③ **스펀지 케이크**

④ 파 이

해설

일반적인 케이크는 단백질 함량이 7~9%, 회분 함량이 0.4% 이하인 박력분을 사용하며, 유지 함량이 많은 쿠키는 중력분, 파이는 중력분 또는 강력분을 각각 섞어서 사용한다.

35 철분대사에 관한 설명으로 옳은 것은?

① 철분은 Fe^{2+}보다 Fe^{3+}이 흡수가 잘 된다.

② 수용성이기 때문에 체내에 저장되지 않는다.

③ 흡수된 철분은 간에서 헤모글로빈을 만든다.

④ **체내에서 사용된 철은 되풀이하여 사용된다.**

해설

철분은 체내에 산소를 공급해 주는 헤모글로빈의 구성 성분이다. 철은 한번 체내로 흡수되면 극히 일부만 배설되고 재사용된다.

36 식빵 배합률 합계가 180%, 밀가루 총 사용량이 3kg일 때 총 반죽의 무게는?(단, 기타 손실은 없음)

① 1,620g

② 3,780g

③ **5,400g**

④ 5,800g

해설

총 반죽 무게 = (밀가루 무게 × 총 배합률) ÷ 밀가루 비율
= (3,000 × 180) ÷ 100 = 5,400g

37 데니시 페이스트리 제조 시 충전용 유지가 갖추어야 할 가장 중요한 요건은?

① **가소성**

② 유화성

③ 경화성

④ 산화안전성

해설

데니시 페이스트리나 퍼프 페이스트리 등의 제품 제조 시 유지의 가소성이 가장 중요하다.

38 빵의 포장 및 냉각에 대한 설명으로 옳지 않은 것은?

① 포장재는 유해, 유독성분이 없고 무미, 무취하여야 한다.

② 차광성, 방습성, 방수성, 보향성이 우수한 포장재를 사용하여야 한다.

③ 빵 내부의 적정 냉각 온도는 20℃이다.

④ 냉각 중 습도가 낮으면 껍질이 갈라지기 쉽다.

해설

빵은 자연 상태로 3~4시간 동안 35~40℃로 냉각시켜 포장한다.

39 제과에 많이 쓰이는 럼주는 무엇을 원료로 하여 만든 술인가?

① 당 밀

② 포도당

③ 타피오카

④ 옥수수 전분

해설

럼(Rum)은 원래는 서인도 제도의 설탕 당밀을 발효시켜 증류해서 만드는 화주이다. 본래 무색이나 태운 설탕(Caramel)을 넣어 숙성되는 동안 연한 갈색으로 변색된다.

40 다음 중 효소에 대한 설명으로 틀린 것은?

① 효소는 특정 기질에 선택적으로 작용하는 기질 특이성이 있다.

② 효소반응은 온도, pH, 기질농도 등에 의하여 기능이 크게 영향을 받는다.

③ β-아밀레이스를 액화효소, α-아밀레이스를 당화효소라 한다.

④ 생체 내의 화학반응을 촉진시키는 생체 촉매이다.

해설

β-아밀레이스를 당화효소, α-아밀레이스를 액화효소라 한다.

41 반죽과 소금의 관계로 적절한 것은?(단, 후염법은 제외한다)

① 반죽에 소금을 첨가하면 흡수율이 높아지고 발효 시간이 지연된다.

② 반죽에 소금을 첨가하면 흡수율이 낮아지고 발효 시간이 지연된다.

③ 반죽에 소금을 첨가하면 흡수율이 높아지고 발효 시간이 빨라진다.

④ 반죽에 소금을 첨가하면 흡수율이 낮아지고 발효 시간이 빨라진다.

해설

제과·제빵에서 소금은 맛과 풍미를 향상시키고 이스트의 활성을 조절한다. 소금을 반죽에 첨가하게 되면 삼투압에 의해 흡수율이 감소하고 반죽의 저항성이 증가되는 특성이 있어 가장 중요한 원재료 중의 하나이다.

42 빵과 같은 곡류 식품의 변질에 관여하는 주오염균은?

① 살모넬라균   ❷ 곰팡이

③ 대장균   ④ 비브리오

해설

누룩곰팡이 등의 곰팡이가 곡류의 변질에 주요 원인이 된다.

43 제빵 시 제품의 수분 보습성을 좋게 하는 재료는?

① 설 탕   ② 포도당

③ 분 당   ❹ 물 엿

해설

물엿은 설탕에 비해 감미도는 낮지만 점성, 보습성이 뛰어나 제품의 조직을 부드럽게 한다.

44 향신료에 대한 설명으로 옳지 않은 것은?

❶ 향신료는 주로 전분질 식품의 맛을 내는 데 사용된다.

② 향신료는 고대 이집트, 중동 등에서 방부제, 의약품의 목적으로 사용되던 것이 식품으로 이용된 것이다.

③ 스파이스는 주로 열대 지방에서 생산되는 향신료로 뿌리, 열매, 꽃, 나무껍질 등 다양한 부위가 이용된다.

④ 허브는 주로 온대 지방의 향신료로 식물의 잎이나 줄기가 주로 이용된다.

해설

향신료는 식품의 풍미를 향상시키고 제품의 보존성을 높여 주며, 다양한 식품에 사용되어 식욕을 증진시킨다.

45 세계보건기구(WHO)는 성인의 하루 섭취 열량 중 트랜스지방의 섭취를 몇 % 이하로 권고하고 있는가?

① 0.5%   ❷ 1%

③ 2%   ④ 3%

해설

세계보건기구(WHO)는 트랜스지방산의 1일 섭취량을 총열량의 1% 이내로 제한하고 있다.

46 일반적으로 신선한 우유의 pH는?

① 4.0~4.5

② 3.0~4.0

③ 5.5~6.0

❹ 6.5~6.7

해설

신선한 우유의 pH는 약 6.6 정도로 우유를 저장하는 과정에서 공기와의 접촉이 일어나면 우유 속의 이산화 탄소가 배기되면서 pH가 높아진다. 산도의 증가는 유산의 양에 따라 좌우되며 우유의 보존 온도에 영향을 받는다.

47 버섯중독의 원인 독소가 아닌 것은?

① 무스카린(Muscarine)

② 콜린(Choline)

③ 팔린(Phaline)

❹ 시큐톡신(Cicutoxin)

해설

시큐톡신(Cicutoxin)은 독미나리의 독성분이다.

48 다음 지단백질(Lipoprotein) 중 나쁜 콜레스테롤 함량이 가장 많은 것은?

① 초저밀도 지단백질(VLDL)
② 고밀도 지단백질(HDL)
③ 저밀도 지단백질(LDL)
④ 카일로마이크론(Chylomicron)

해설
저밀도 지단백질(LDL ; Low Density Lipoprotein)은 '나쁜 콜레스테롤'이라고 불리기도 하며, 지단백질 중에서 콜레스테롤 함량이 가장 높다.

49 [H₃O⁺]의 농도가 다음과 같을 때 가장 강산인 것은?

① 10^{-2}mol/L
② 10^{-3}mol/L
③ 10^{-4}mol/L
④ 10^{-5}mol/L

해설
$H_3O^+ \rightarrow H_2O + H^+$, $[H_3O^+] = [H^+]$
$pH = -\log[H^+]$, pH가 작을수록 수소이온농도가 높으므로 강산이다.
① $pH = -\log10^{-2} = 2$
② $pH = -\log10^{-3} = 3$
③ $pH = -\log10^{-4} = 4$
④ $pH = -\log10^{-5} = 5$

50 HACCP 적용업소인 제빵 작업장의 채광 및 조명 기준으로 틀린 것은?

① 창문 유리는 강화 유리, 강화 플라스틱을 사용한다.
② 조명시설의 세척 시 소독된 면걸레로 먼지, 검은 때 등을 제거한다.
③ 자연 채광이 충분히 들어와야 하므로 채광시설에 보호장비를 따로 설치하지는 않는다.
④ 직접 눈으로 확인해야 하는 공정에서는 정확성을 위하여 조도 기준을 540lx 이상으로 한다.

해설
조명장치 관리
• 조명은 의도하는 생산이나 검사 활동이 효과적으로 수행될 수 있어야 하고, 조명이 식품의 색상을 변경시키지 않으며, 규격 기준을 충족시켜야 한다.
• 식품이나 포장재가 노출되는 구역 내에 설치된 전구나 조명장치는 안전한 형태의 것이거나 파손이나 이물 낙하 등에 의한 식품의 오염이 방지될 수 있도록 보호장치나 보호커버가 설치되어 있어야 한다.

51 다음 중 수분 함량이 가장 낮은 것은?

① 슈크림빵 커스터드 크림
② 일반 데커레이션 케이크용 버터크림
③ 시폰 케이크용 머랭크림
④ 유지방 35%의 순수 생크림

해설
버터크림(Butter Cream)은 버터, 달걀, 물엿, 설탕 등을 넣어서 만든 크림이다.

52 빵류 제품에 사용하는 분유의 기능으로 옳지 않은 것은?

① 글루텐 강화
② 갈변반응 방지
③ 맛과 향 개선
④ 영양 강화

해설
빵류 제품에서 분유의 기능
• 밀가루의 흡수율 증가
• 발효의 내구성 증가
• 글루텐 강화로 반죽 내구성 증가
• 배합이 지나쳐도 회복 가능(완충작용)

53 다음 중 하스브레드에 속하지 않는 것은?

① 베이글
② 프랑스빵
③ 포카치아
④ 곡류빵

해설
하스(Hearth)브레드
반죽을 오븐의 하스에 직접 얹어 구운 빵이다. 철판이나 틀을 사용하지 않고 구운 것으로 프랑스빵(바게트), 포카치아, 곡류빵(호밀빵) 등이 속한다.

54 프랑스빵과 같이 된 반죽을 할 경우 적합한 믹서기는?

① 에어 믹서(Air Mixer)
② 수직형 믹서(Vertical Mixer)
③ 수평형 믹서(Horizontal Mixer)
④ 스파이럴 믹서(Spiral Mixer)

해설
스파이럴 믹서(Spiral Mixer)는 수직 믹서의 일종으로 반죽 날개의 형태가 나선형으로 되어 있고, 반죽통 바닥이 평평하고 반죽통이 돌아간다. 프랑스빵과 같이 된 반죽이나 글루텐 형성능력이 다소 작은 밀가루로 빵을 만들 경우에 적당하다.

55 다음 제품 중 반죽이 가장 진 것은?

① 식 빵
② 과자빵
③ 잉글리시 머핀
④ 프랑스빵

해설
탄력성이 감소하면서 신장성이 크고, 반죽이 질고 점성이 많은 단계를 과반죽 단계라고 하며, 이 단계에 해당되는 제품에는 잉글리시 머핀, 햄버거빵 등이 있다.

56 위생관리를 위해 작업자가 점검해야 하는 것으로 적당하지 않은 것은?

① 믹서기구의 청결 상태
② 빵 팬의 내부 확인
③ **작업장 바닥의 수평 유지 확인**
④ 오븐 내의 이물질 유무 확인

[해설]
③ 작업장 바닥은 파여 있거나 갈라진 틈이 없는지 등을 확인한다.

57 배합의 합계는 170%이고, 쇼트닝은 4%, 소맥분의 중량은 5kg이다. 이때 쇼트닝의 중량은?

① 850g   ② 680g
③ **200g**   ④ 800g

[해설]
쇼트닝 중량은 5,000g × 4% = 200g이다.

58 위생관리에 대한 설명으로 적절하지 않은 것은?

① **앞치마에 물기 닦기**
② 작업복을 입고 작업장을 나가지 않기
③ 일회용 머리망은 사용 후 폐기하기
④ 작업 시 위생모를 착용하기

[해설]
손 세척 후 손의 물기를 앞치마나 위생복에 문질러 닦지 말아야 한다.

59 손 씻기 방법으로 가장 적당한 것은?

① 흐르는 우물물에 씻는다.
② 고여 있는 수돗물에 씻는다.
③ **흐르는 물에 비누로 씻는다.**
④ 흐르는 수돗물에 씻는다.

[해설]
손에 물을 묻히고 비누로 거품을 충분히 낸 후 흐르는 물로 깨끗하게 헹군다.

60 심한 운동으로 열량이 크게 필요할 때 지방은 여러 유리한 점을 가지고 있는데, 그 중 잘못된 것은?

① 위 내에 체재시간이 길어 만복감을 준다.
② 단위 중량당 열량이 높다.
③ **비타민 B_{12}의 절약작용을 한다.**
④ 총열량의 30% 이상을 지방으로 충당할 수 있다.

[해설]
지방은 1g당 9kcal의 에너지를 발생시키며, 지용성 비타민 A, D, E, K의 흡수, 운반을 돕는다.

01 다음 프랑스빵 배합표에서 ㉠, ㉡에 들어갈 수치로 옳은 것은?

재료명	배합 비율(%)	사용량(g)
강력분	100	1,200
물	64	(㉠)
이스트	2	(㉡)
소 금	2	24
달 걀	2	1개
합 계	170	2,040

① ㉠ 640, ㉡ 20　② ㉠ 640, ㉡ 24
③ ㉠ 768, ㉡ 20　④ **㉠ 768, ㉡ 24**

> 해설
> 사용량은 배합 비율에 12를 곱한 값이므로 물은 64에 12를 곱하면 768이 되고, 이스트는 2에 12를 곱하면 24이다.

02 재료 계량 시 옳지 않은 것은?

① 계량할 재료를 올려놓고 원하는 무게만큼 계량한다.
② 모든 재료는 각각의 용기에 따로따로 계량한다.
③ **쇼트닝, 버터 및 마가린이 녹지 않도록 계량하기 직전에 냉장고에서 꺼낸다.**
④ 액체류는 투명한 계량컵을 이용하며 눈높이에서 맞추어 읽는다.

> 해설
> 냉장 보관 상태의 쇼트닝, 버터, 마가린 등은 계량 전 실온에 미리 꺼내 놓으면 손실을 줄일 수 있다.

03 식중독 발생의 주요 경로인 배설물−구강−오염경로(Fecal−Oral Route)를 차단하기 위한 방법으로 가장 적합한 것은?

① **손 씻기 등 개인위생 지키기**
② 음식물 철저히 가열하기
③ 조리 후 빨리 섭취하기
④ 남은 음식물 냉장 보관하기

> 해설
> '배설물−구강−오염경로'는 사람의 대변에 있는 병원체가 다른 사람의 입으로 들어가 병을 옮기는 경로로, 주된 원인은 야외 배변과 개인위생 소홀이다. 흙이나 물이 대변에 오염되면 수인성 질병이나 토양 매개 질병을 옮길 수 있다. 화장실에 다녀온 후나 아기 기저귀를 갈고 나서 손 씻기를 제대로 하면 식중독을 예방할 수 있다.

04 연수에 대한 설명으로 옳지 않은 것은?

① 경도 60ppm 이하의 단물이다.
② 반죽 사용 시 발효 속도가 빠르다.
③ 반죽 사용 시 가수량이 감소한다.
④ **반죽이 되고 가스 보유력이 강하다.**

> 해설
> 반죽 시 연수를 사용하면 글루텐을 약화시켜 반죽이 연하고 끈적거리나 발효 속도는 빠르다. 또한 가스 보유력이 떨어진다.

05 우유를 가열할 때 용기 바닥이나 옆에 눌어붙은 것은 주로 어떤 성분인가?

① 카세인   ② 유 청

③ 레시틴   ④ 유 당

해설
우유를 가열할 때 용기 바닥에 눌어붙는 이유는 유청 때문이다.

06 밀가루 제품의 가공 특성에 가장 큰 영향을 미치는 것은?

① 라이신   ② 글로불린

③ 트립토판   ④ 글루텐

해설
밀가루에 들어 있는 글루텐은 불용성 단백질로 글루텐 함량에 따라 박력분, 중력분, 강력분으로 나뉜다.

07 초콜릿 함량이 32%일 때, 코코아의 함량으로 적절한 것은?

① 10%   ② 15%

③ 20%   ④ 25%

해설
초콜릿은 코코아 버터 3/8과 코코아 5/8의 비율로 되어 있다.
코코아 함량 $= 32 \times 5/8 = 20\%$

08 옥수수 단백질 제인(Zein)에서 부족하기 쉬운 아미노산은?

① 트립토판   ② 메티오닌

③ 류 신   ④ 트레오닌

해설
옥수수 단백질 제인(Zein)은 불완전 단백질로, 라이신과 트립토판이 결핍되어 있지만 비교적 트레오닌과 메티오닌 함량이 높다.

09 다음 중 황 함유 아미노산은?

① 메티오닌   ② 프롤린

③ 글리신   ④ 트레오닌

해설
메티오닌(Methionine)은 황을 함유하는 α-아미노산의 일종으로 필수 아미노산 중 하나이다.

10 다음 중 물에 녹는 비타민은?

① 레티놀(Retinol)

② 토코페롤(Tocopherol)

③ 티아민(Thiamine)

④ 칼시페롤(Calciferol)

해설
수용성 비타민 : 비타민 B_1(티아민), 비타민 B_2(리보플라빈), 비타민 B_6(피리독신), 비타민 C(아스코브산)

11 pH 4 이하 산성식품에서 생육하기 어려운 것은?

   ☑ 대장균   ② 효 모
   ③ 곰팡이   ④ 젖산균

> **해설**
> 곰팡이와 효모는 pH 4~6의 약산성 상태에서 가장 잘 발육하며, 젖산균은 pH 3.5 정도에서도 생육 가능하다.

13 스트레이트법에서 변형된 방법으로, 이스트의 사용량을 늘려 발효 시간을 단축시키는 방법은?

   ① 액종법
   ② 스펀지 도(Sponge Dough)법
   ③ 사워 도(Sourdough)법
   ☑ 비상스트레이트법

> **해설**
> ① 액종법 : 사용하는 가루의 일부, 물, 이스트를 반죽하여 발효, 숙성시킨 발효종을 만들고 여기에 나머지 가루와 재료를 더해 본반죽을 완성시키는 반죽법이다.
> ② 스펀지 도법 : 재료의 일부를 사용하여 스펀지 반죽을 만들어 발효를 거친 다음, 나머지 재료를 혼합하는 본반죽을 하고 본반죽을 발효시키는 플로어 타임으로 구성되어 있는 반죽법이다.
> ③ 사워 도법 : 산미를 띤 발효 반죽으로 '신 반죽'이라고도 하며, 독특한 풍미가 있어 유럽빵, 특히 호밀을 이용한 빵을 만들 때 사용한다.

12 스트레이트법으로 반죽 시 각 빵의 특징으로 옳지 않은 것은?

   ① 건포도식빵 반죽은 최종 단계로 마무리하며, 건포도는 최종 단계에서 혼합한다.
   ② 우유식빵은 설탕 함량이 10% 이하의 저율 배합이며, 물 대신 우유를 사용한다.
   ③ 옥수수식빵 반죽은 최종 단계 초기로 일반 식빵의 80% 정도까지 반죽한다.
   ☑ 쌀식빵 반죽은 최종 단계로 마무리하며, 반죽 온도는 27℃ 정도로 맞춘다.

> **해설**
> 쌀식빵 반죽은 쌀가루가 포함되어 일반 식빵에 비하여 글루텐을 형성하는 단백질이 부족하다. 쌀식빵 반죽을 지나치게 하면 반죽이 끈끈해지고 글루텐 막이 쉽게 찢어지게 된다. 쌀식빵 반죽은 발전 단계 후기로 일반 식빵의 80% 정도까지 반죽하며, 반죽 온도는 27℃ 정도로 맞춘다.

14 수돗물 온도 26℃, 사용할 물의 온도 21℃, 사용할 물의 양이 5.3kg일 때, 얼음 사용량은?

   ① 200g   ☑ 250g
   ③ 300g   ④ 350g

> **해설**
> $$얼음\ 사용량 = \frac{물\ 사용량 \times (수돗물\ 온도 - 사용수\ 온도)}{80 + 수돗물\ 온도}$$
> $$= 5,300 \times \frac{26 - 21}{80 + 26} = 250(g)$$

15 스펀지 도법 중 생산력이 부족하거나 협소한 공간에서 여러 가지 작업을 진행할 경우 사용되는 방법은?

① 표준 스펀지법
② 단시간 스펀지법
③ 장시간 스펀지법
④ **오버나이트 스펀지법**

일반적으로는 4시간 표준 스펀지법을 많이 사용하지만, 생산력이 부족하거나 협소한 공간에서 여러 가지 작업을 진행할 경우 오버나이트 스펀지법이 효과적이다.

16 다음 중 액종법 반죽에 주로 사용되는 발효종이 아닌 것은?

① **호두종**
② 사과종
③ 건포도종
④ 요거트종

액종법은 과일이나 기타 과당이 많이 함유된 과일을 주로 사용하며, 건포도종, 사과종 또는 유산균이 함유된 요거트종 등이 있다.

17 다음 중 반죽 온도가 낮을 경우 발생하는 현상이 아닌 것은?

① 기공이 조밀해서 부피가 작아져 식감이 나빠진다.
② 굽기 중 오븐 온도에 의한 증기압을 형성하는 데 많은 시간이 필요하다.
③ 증기압에 의한 팽창작용으로 표면이 터지고 거칠어질 수 있다.
④ **기공이 열리고 큰 구멍이 생겨 조직이 거칠게 되어 노화가 빨라진다.**

기공이 열리고 큰 구멍이 생겨 조직이 거칠게 되어 노화가 빨라지는 것은 반죽 온도가 높을 경우 발생하는 현상이다.

18 냉동반죽법에 대한 설명으로 옳은 것은?

① 1차 발효를 끝낸 반죽을 −40℃에 냉동 저장하는 방법이다.
② 보통 반죽보다 이스트의 사용량을 1/2배로 감소시켜야 한다.
③ **분할, 성형하여 필요할 때마다 쓸 수 있어 편리하다.**
④ 1차 발효 시간을 늘려 냉동 저장성을 길게 할 수 있다.

① 1차 발효를 끝낸 반죽을 −40℃로 급속 냉동시킨 후 −23~−18℃에 냉동 저장하는 방법이다.
② 보통 반죽보다 이스트의 사용량을 2배 정도로 증가시켜야 한다.
④ 1차 발효 시간이 길어지면 냉동 저장성이 짧아지는 현상이 나타날 수 있으므로 주의해야 한다.

19 다음 중 전처리 방법으로 옳지 않은 것은?

① 견과류는 조리 전에 살짝 구워 준다.

② **드라이 이스트는 밀가루에 잘게 부수어 넣고 혼합하여 사용하거나 물에 녹여 사용한다.**

③ 건포도가 잠길 만큼 물을 부어 10분 정도 담가뒀다 체에 받쳐서 사용한다.

④ 유지는 냉장고나 냉동고에서 미리 꺼내어 실온에서 부드러운 상태로 만든 후 사용하는 것이 좋다.

해설
• 생이스트는 밀가루에 잘게 부수어 넣고 혼합하여 사용하거나 물에 녹여 사용한다.
• 드라이 이스트는 중량의 5배 정도의 미지근한 물 (35~40℃)에 풀어서 사용한다.

20 초콜릿 장식물 제조 시 유의사항으로 옳지 않은 것은?

① **초콜릿을 작업할 때는 작업실의 온도가 20~24℃가 되도록 한다.**

② 템퍼링할 초콜릿이 1kg 이하인 경우 수랭법으로 템퍼링을 한다.

③ 초콜릿을 중탕하기 쉽도록 작게 자른다.

④ 템퍼링이 잘되었는지 종이에 찍어서 확인한다.

해설
초콜릿을 작업할 때는 작업실의 온도가 18~20℃가 되도록 한다.

21 발효에 영향을 주는 요소가 아닌 것은?

① 재 료

② 반죽 온도

③ 반죽의 산도

④ **손실 비율**

해설
발효에 영향을 주는 요소
• 재료 : 이스트, 발효성 당, 소금, 분유, 밀가루, 이스트 푸드
• 반죽 온도 : 35℃까지는 온도를 높이면 발효가 빨라진다.
• 반죽의 산도 : 발효에 최적 pH는 4.5~5.8이며 pH 2.0 이하나 8.5 이상에서는 활성이 떨어진다.

22 2차 발효 조건으로 옳지 않은 것은?

① 2차 발효에 가장 중요한 요소는 온도이다.

② 2차 발효 온도는 최소한 반죽 온도와 같거나 높게 유지해야 한다.

③ **최적의 발효를 위한 상대습도는 50~60%의 범위이다.**

④ 2차 발효 시간은 40~70분이 대부분이며 보통 60분을 기준으로 하고 있다.

해설
최적의 발효를 위한 상대습도는 80~90%이다. 빵의 종류에 따라서도 상대습도를 달리 조절해야 한다.

23 2차 발효 시 상대습도가 낮을 때 생기는 현상은?

① 껍질이 거칠고 질겨진다.

✓ ② 부피가 크지 않고 표면이 갈라진다.

③ 반점이나 줄무늬, 기포가 나타난다.

④ 빵의 윗면이 납작해진다.

> **해설**
> ①, ③, ④는 2차 발효 시 상대습도가 높을 때 생기는 현상이다.
> 2차 발효 시 상대습도가 낮을 때
> • 부피가 크지 않고 표면이 갈라진다.
> • 빵의 윗면이 솟아오른다.
> • 껍질 색이 고르지 않다.

24 케이크 도넛을 튀길 때 도넛의 흡유량에 관한 설명으로 옳은 것은?

① 반죽의 수분이 많을 경우 흡유량은 적어진다.

✓ ② 설탕의 양이 많을 경우 흡유량은 많아진다.

③ 팽창제의 양이 많을 경우 흡유량은 적어진다.

④ 글루텐의 양이 많을 경우 흡유량은 많아진다.

> **해설**
> ① 반죽의 수분이 많을 경우 흡유량은 많아진다.
> ③ 팽창제의 양이 많을 경우 흡유량은 많아진다.
> ④ 글루텐의 양이 적을 경우 흡유량은 많아진다.

25 둥글리기 작업 시 작업장의 적절한 온도와 습도는?

① 20℃, 50%

② 25℃, 40%

③ 20℃, 70%

✓ ④ 25℃, 60%

> **해설**
> 둥글리기(Rounding)
> • 분할할 때 생기는 반죽의 잘려진 면을 정리하기 위하여 반죽을 공 모양이나 타원형 등으로 만드는 작업을 말한다.
> • 둥글리기 작업 시 작업장의 온도는 25℃ 내외, 습도는 60%가 좋다.

26 중간발효에 대한 설명으로 적절하지 않은 것은?

① 둥글리기가 끝난 반죽을 성형하기 쉽도록 짧게 발효시키는 작업이다.

✓ ② 반죽 표면에 두꺼운 막을 만들어 단단한 반죽을 만드는 데 그 목적이 있다.

③ 27~29℃의 온도, 상대습도 75% 환경에서 중간발효한다.

④ 반죽의 부피가 1.7~2배 정도로 팽창되도록 10~20분간 진행한다.

> **해설**
> 중간발효의 목적
> • 손상된 글루텐의 배열을 정돈한다.
> • 가스의 발생으로 유연성을 회복시켜 성형 과정에서 작업성을 좋게 한다.
> • 분할, 둥글리기 공정에서 단단해진 반죽에 탄력성과 신장성을 준다.

27 말기로 성형이 완료되는 제품은?

① 피 자　　　　② ✔ 바게트

③ 앙금빵　　　　④ 소보로빵

해설

성형방법

• 밀어 펴기 : 햄버거빵, 잉글리시 머핀, 피자 등
• 말기 : 꽈배기, 크림빵류, 호밀빵, 바게트, 더치빵, 모카빵, 베이글류의 빵 등
• 봉하기 : 식빵, 앙금빵, 햄버거, 소보로빵 등

28 다음 중 팬 오일의 종류가 아닌 것은?

① ✔ 왁 스　　　　② 쇼트닝

③ 대두유　　　　④ 땅콩기름

해설

팬 오일의 종류로는 유동파라핀(백색광유), 정제 라드(쇼트닝), 식물유(면실유, 대두유, 땅콩기름), 혼합유 등이 있다.

29 가로가 20cm, 세로가 8cm이며 높이가 10cm인 사각 팬에 비용적 4.0cm³/g인 풀먼식빵의 분할 무게는?

① 300g　　　　② ✔ 400g

③ 500g　　　　④ 600g

해설

• 틀의 부피 = 20(cm) × 8(cm) × 10(cm) = 1,600(cm³)
• 반죽의 적정 분할량 = 틀의 부피 ÷ 비용적
　= 1,600(cm³) ÷ 4.0(cm³/g)
　= 400g

30 튀김 시 기름 흡유량이 증가하는 경우가 아닌 것은?

① 재료에 달걀을 넣는다.

② 튀김 시간을 길게 한다.

③ 튀기는 식품의 표면적을 크게 한다.

④ ✔ 박력분 대신 강력분을 사용한다.

해설

글루텐이 많은 경우에는 흡유량이 감소된다. 즉, 강력분을 사용하는 경우에는 박력분을 사용하는 경우보다 흡유량이 감소한다.

31 굽기 시 반죽의 변화가 아닌 것은?

① 오븐 팽창

② 전분의 호화

③ ✔ 알칼리성화

④ 메일라드 반응

해설

굽기 시 오븐 팽창, 전분의 호화, 글루텐의 응고, 효소작용, 향의 생성, 캐러멜화 반응, 메일라드 반응 등이 나타난다.

32 하스브레드의 굽기 손실률은?

① 7~9%　　　　② 11~12%

③ 15~18%　　　　④ ✔ 20~25%

해설

굽기 손실은 굽기의 공정을 거친 후 빵의 무게가 줄어드는 현상이다.

종류별 굽기 손실률

• 풀먼식빵 : 7~9%
• 식빵류 : 11~12%
• 하스브레드 : 20~25%

33 설탕에 대한 설명으로 잘못된 것은?

① 폰던트(폰당)는 설탕의 결정성을 이용한 것이다.
② 수분 보유제의 역할을 한다.
③ 설탕은 과당보다 용해성이 크다.
④ 제빵 시 설탕량이 과다할 경우 이스트 양을 늘린다.

해설
설탕은 과당보다 용해성이 작다.

35 다음 중 안정제를 사용하는 목적과 거리가 먼 것은?

① 아이싱 제조 시 끈적거림을 방지한다.
② 젤리나 잼 제조에 사용한다.
③ 케이크나 빵에서 흡수율을 감소시킨다.
④ 크림 토핑물 제조 시 부드러움을 제공한다.

해설
안정제의 기능
• 아이싱의 끈적거림 방지
• 아이싱의 부서짐 방지
• 머랭의 수분 배출 억제
• 크림 토핑의 거품 안정
• 흡수제로 노화 지연

34 어느 크림빵 공장에서 1시간에 300개를 생산한다고 하자. 2,500개의 크림빵을 생산하고자 한다면 몇 분이 걸리겠는가?

① 280분
② 340분
③ 420분
④ 500분

해설
60(분) : 300(개) = x(분) : 2,500(개)
$x = 60 \times 2,500 \div 300 = 500$(분)

36 크림을 거품 낸 것을 말하며, 가장 많이 쓰이는 아이싱의 종류는?

① 폰 당
② 초콜릿
③ 생크림
④ 버터크림

해설
생크림은 유지방 함량이 18% 이상인 크림으로, 휘핑에 사용되는 크림은 30% 이상의 유지방이 함유되어 있어 거품이 잘 생긴다.

37 케이크 도넛 제조 시 프리믹스 제품을 사용할 때 믹싱법은?

① 단단계법

② 크림법

③ 블렌딩법

④ 복합법

> 해설
> 프리믹스 제품이란 가정에서 손쉽게 요리할 수 있도록 밀가루 따위에 설탕, 버터 등을 배합한 분말 제품으로 단단계법(1단계법)으로 믹싱한다. 단단계법이란 모든 재료를 한 번에 투입한 후 믹싱하는 방법이다.

38 달걀 40%를 사용하여 제조한 커스터드 크림과 비슷한 되기를 만들기 위하여 달걀 전량을 옥수수 전분으로 대치한다면 얼마 정도가 적당한가?

① 10%

② 20%

③ 30%

④ 40%

> 해설
> 달걀은 수분 75%, 고형분 25%로 이루어져 있다.
> • 달걀의 수분 : 40 × 0.75 = 30
> • 고형분 : 40 × 0.25 = 10
> ∴ 옥수수 전분 10%, 물 30%

39 신선한 달걀에 대한 설명으로 옳은 것은?

① 깨뜨려 보았을 때 난황계수가 작은 것

② 흔들어 보았을 때 진동소리가 나는 것

③ 표면이 까칠까칠하고 광택이 없는 것

④ 수양난백의 비율이 높은 것

> 해설
> 신선한 달걀은 난황이 봉긋하게 솟아 있고 난백의 높이가 높으며 흰자가 노른자 주위에 분명하게 확인되는 것이다. 흔들어 보았을 때 진동소리가 나지 않아야 하고, 난황계수가 크며, 수양난백의 비율이 낮은 것이 좋다.

40 식중독균 사멸 조건으로 옳은 것은?

① 보툴리누스균 – 60℃에서 10분 가열 시 사멸

② 살모넬라균 – 60℃에서 30분 가열 시 사멸

③ 장염 비브리오균 – 40℃에서 5분 가열 시 사멸

④ 황색포도상구균 – 60℃에서 20분 가열 시 사멸

> 해설
> ② 살모넬라균은 60℃에서 30분 동안 가열하면 사멸한다.
> ① 보툴리누스균은 80℃에서 20분 또는 100℃에서 1∼2분 가열하면 사멸한다.
> ③ 장염 비브리오균은 60℃에서 5분 또는 55℃에서 10분 가열하면 사멸한다.
> ④ 황색포도상구균은 78℃에서 1분 혹은 64℃에서 10분의 가열로 균은 거의 사멸되나 식중독 원인 물질인 장독소는 내열성이 강하여 100℃에서 60분간 가열해야 사멸한다.

41 냉장 유통 제품의 적정 온도는?

① -18℃ 이하

☑ 0~10℃

③ 1~35℃

④ 15~25℃

해설
제품 유통 시 적정 온도
• 실온 유통 제품 : 1~35℃
• 상온 유통 제품 : 15~25℃
• 냉장 유통 제품 : 0~10℃
• 냉동 유통 제품 : -18℃ 이하

42 빵을 구웠을 때 갈변이 되는 것은 어느 반응에 의한 것인가?

① 비타민 C의 산화에 의하여

② 클로로필(Chlorophyll) 반응에 의하여

③ 효모에 의한 갈색(Brown)반응에 의하여

☑ 메일라드(Maillard) 반응과 캐러멜화 반응이 동시에 일어나서

해설
굽기 공정에서 껍질의 갈색화는 메일라드(Maillard, 마이야르) 반응과 캐러멜화 반응에 의한다. 메일라드 반응은 100℃ 정도의 온도부터 반죽 내의 아미노산, 펩타이드, 유리 아미노산 등이 발효를 통해 분해된 환원당과 결합하여 갈색 물질인 멜라노이딘(Melanoidine) 색소를 형성하면서 빵의 맛과 껍질 색 및 풍미 물질에 관여한다. 캐러멜화 반응은 150℃ 이상으로 당류를 가열할 때 형성된 가열 분해물이나 가열 산화물에 의한 갈색화 반응이다.

43 다음 재료의 계량 오차량이 같다고 가정할 때, 제품에 가장 영향을 크게 미치는 것은?

① 설 탕

③ 밀가루

③ 달 걀

☑ 베이킹파우더

해설
화학적 팽창제의 계량 오차는 제품에 큰 영향을 미친다.

44 식품위생법에 따른 식품위생감시원의 직무가 아닌 것은?

① 시설기준의 적합 여부의 확인 · 검사

② 식품 등의 위생적인 취급에 관한 기준의 이행 지도

☑ 영업의 건전한 발전과 공동의 이익을 도모하는 조치

④ 영업자 및 종업원의 건강진단 및 위생교육의 이행 여부의 확인 · 지도

해설
식품위생감시원의 직무(식품위생법 시행령 제17조)
• 식품 등의 위생적인 취급에 관한 기준의 이행 지도
• 수입 · 판매 또는 사용 등이 금지된 식품 등의 취급 여부에 관한 단속
• 식품 등의 표시 · 광고에 관한 법률 규정에 따른 표시 또는 광고기준의 위반 여부에 관한 단속
• 출입 · 검사 및 검사에 필요한 식품 등의 수거
• 시설기준의 적합 여부의 확인 · 검사
• 영업자 및 종업원의 건강진단 및 위생교육의 이행 여부의 확인 · 지도
• 조리사 및 영양사의 법령 준수사항 이행 여부의 확인 · 지도
• 행정처분의 이행 여부 확인
• 식품 등의 압류 · 폐기 등
• 영업소의 폐쇄를 위한 간판 제거 등의 조치
• 그 밖에 영업자의 법령 이행 여부에 관한 확인 · 지도

45 HACCP의 의무적용 대상 식품에 해당하지 않는 것은?

☑ 껌 류

② 초콜릿류

③ 레토르트식품

④ 과자·캔디류·빵류·떡류

해설

식품안전관리인증기준 대상 식품(식품위생법 시행규칙 제62조제1항)

• 수산가공식품류의 어육가공품류 중 어묵·어육소시지

• 기타수산물가공품 중 냉동 어류·연체류·조미가공품

• 냉동식품 중 피자류·만두류·면류

• 과자류, 빵류 또는 떡류 중 과자·캔디류·빵류·떡류

• 빙과류 중 빙과

• 음료류(다류 및 커피류는 제외)

• 레토르트식품

• 절임류 또는 조림류의 김치류 중 김치(배추를 주원료로 하여 절임, 양념혼합과정 등을 거쳐 이를 발효시킨 것이거나 발효시키지 아니한 것 또는 이를 가공한 것에 한함)

• 코코아가공품 또는 초콜릿류 중 초콜릿류

• 면류 중 유탕면 또는 곡분, 전분, 전분질원료 등을 주원료로 반죽하여 손이나 기계 따위로 면을 뽑아내거나 자른 국수로서 생면·숙면·건면

• 특수용도식품

• 즉석섭취·편의식품류 중 즉석섭취식품

• 즉석섭취·편의식품류의 즉석조리식품 중 순대

• 식품제조·가공업의 영업소 중 전년도 총매출액이 100억원 이상인 영업소에서 제조·가공하는 식품

46 일반적인 버터의 수분 함량은?

☑ 18% 이하　② 25% 이하

③ 30% 이하　④ 45% 이하

해설

일반적으로 버터는 17~18%의 수분을 함유하고 있다.

47 분변오염의 지표균은?

☑ *Escherichia coli*

② *Vibrio parahaemolyticus*

③ *Bacillus cereus*

④ *Salmonella* spp.

해설

대장균(*Escherichia coli*)은 수질의 분변오염의 지표균으로, 대장균 검출로 다른 미생물이나 분변오염을 추측할 수 있고 검출방법이 간편하고 정확하다.

48 식품첨가물 중 보존료의 목적을 가장 잘 표현한 것은?

① 산도 조절

☑ 미생물에 의한 부패 방지

③ 산화에 의한 변패 방지

④ 가공과정에서 파괴되는 영양소 보충

해설

보존료는 세균이나 곰팡이 등 미생물에 의한 부패를 방지하기 위해 사용되는 방부제로서, 살균작용보다는 부패 미생물에 대하여 정균작용 및 효소의 발효억제 작용을 한다.

49 식품 취급자의 화농성 질환에 의해 감염되는 식중독은?

① 살모넬라 식중독

☑ 황색포도상구균 식중독

③ 장염 비브리오 식중독

④ 병원성 대장균 식중독

해설

황색포도상구균은 인체에서 화농성 질환을 일으키는 균이기 때문에 피부에 외상을 입거나 각종 장기 등에 고름이 생기는 경우 식품을 다뤄서는 안 된다.

50 경구감염병과 비교하여 세균성 식중독이 가지는 일반적인 특성은?

☑ 잠복기가 짧다.

② 2차 발병률이 매우 높다.

③ 소량의 균으로도 발병한다.

④ 면역성이 있다.

해설

세균성 식중독은 미생물, 유독물질, 유해 화학물질 등이 음식물에 첨가되거나 오염되어 발생하는 것으로 잠복기가 짧아 급성위장염 등의 생리적 이상을 초래한다.

51 물 4L에 락스를 넣어 200ppm의 소독액을 만들려면 락스가 얼마나 필요한가?(단, 락스의 유효 잔류 염소 농도는 4%이고, 1% = 10,000ppm이다)

☑ 20mL   ② 30mL

③ 40mL   ④ 50mL

해설

$$희석\ 농도(ppm) = \frac{소독액의\ 양(mL)}{물의\ 양(mL)} \times 유효\ 잔류\ 염소\ 농도(\%)$$

$$200(ppm) = \frac{x(mL)}{4,000(mL)} \times 4 \times 10,000$$

따라서 필요한 락스는 20mL이다.

52 위생복 관리 및 착용으로 옳지 않은 것은?

① 위생복은 더러움을 쉽게 확인할 수 있도록 흰색이나 옅은 색상이 좋다.

☑ 도난을 방지하기 위하여 몸에 부착된 시계, 반지, 팔찌 등의 장신구는 착용하도록 한다.

③ 작업장 입구에 설치된 에어 샤워 룸에서 위생복에 묻어 있는 이물질이나 미생물을 최종적으로 제거한다.

④ 위생복과 외출복은 구분된 옷장에 보관하여 교차오염을 방지하도록 한다.

해설

식품 취급자는 위생복을 착용하기 전에 시계, 반지, 팔찌, 목걸이, 귀고리 등과 같은 모든 장신구를 제거한다. 장신구를 착용할 경우 재료나 이물질이 끼어 세균 증식의 요인이 될 뿐만 아니라, 작업에 지장을 초래하고 기구나 기계류 취급 시 안전사고의 위험 요인이 될 수 있다.

53 식품의 살균 목적으로 사용되는 것은?

① 초산비닐수지(Polyvinyl Acetate)

② 이산화염소(Chlorine Dioxide)

③ 규소수지(Silicone Resin)

④ 차아염소산나트륨(Sodium Hypochlo-rite)

해설

차아염소산나트륨은 살균제로서 식기, 음료수 등에 사용되며 탈취제나 표백제로도 쓰인다.

54 제과·제빵에서 달걀의 역할은?

① 영양가치 증가, 유화 역할, pH 강화

② 영양가치 증가, 유화 역할, 조직 강화

③ 영양가치 증가, 조직 강화, 방부효과

④ 유화 역할, 조직 강화, 발효 시간 단축

해설

제과·제빵에서 달걀흰자는 단백질의 피막을 형성하여 부풀리는 팽창제의 역할을 하며, 노른자의 레시틴은 유화제 역할을 한다.

55 전분의 호화에 필요한 요소만으로 나열된 것은?

① 물, 열

② 물, 기름

③ 기름, 설탕

④ 열, 설탕

해설

전분의 가열온도가 높을수록, 전분입자의 크기가 작을수록, 가열 시 첨가하는 물의 양이 많을수록, 가열하기 전 수침(물에 담그는)시간이 길수록 호화되기 쉽다.

56 개인위생 관리 내용으로 적절한 것은?

① 시간을 확인할 수 있도록 손목시계를 착용한다.

② 위생복 착용지침서에 따라 위생복을 착용한다.

③ 제조과정 중 메모할 수 있도록 작업대에 메모지와 펜을 준비한다.

④ 품질이 좋은 1회용 장갑은 여러 번 써도 된다.

해설

작업자는 시계, 반지 등 장신구를 착용하지 말아야 하며, 1회용 장갑은 작업이 바뀔 때마다, 손을 씻을 때마다 교체해야 한다. 작업대 위에는 교차오염을 방지하기 위해서 메모지와 펜을 놓지 않는다.

57 다음 당류 중 일반적인 제빵용 이스트에 의하여 분해되지 않는 것은?

① 설 탕
② 맥아당
③ 과 당
④ 유 당 ✓

해설
이스트가 분해하는 당류 : 포도당, 과당, 맥아당, 설탕

58 작업장 바닥에 대한 설명으로 옳지 않은 것은?

① 바닥에 미끄러지거나 넘어지지 않도록 액체가 스며들도록 한다. ✓
② 바닥의 배수로나 배수구는 쉽게 배출되도록 한다.
③ 쉽게 균열이 가지 않고 미끄럽지 않은 재질로 선택한다.
④ 물 세척이나 소독이 가능한 방수성과 방습성, 내약품성 및 내열성이 좋은 것으로 한다.

해설
바닥에 액체가 스며들면 쉽게 손상되고, 미생물을 제거하기가 어려워진다. 특히 기름기가 많은 구역에서는 미끄러지거나 넘어지는 사고 발생의 원인이 되기도 한다.

59 기기 안전관리 방법으로 옳지 않은 것은?

① 튀김기 세척 시 약산성 세제를 풀어 부드러운 브러시로 문지른다.
② 팬은 세척 시 철 솔이나 철 스크레이퍼를 사용하여 찌꺼기를 깨끗이 제거한다. ✓
③ 제품을 집는 집게는 교차오염을 일으킬 수 있어 수시로 소독수로 세척해야 한다.
④ 칼, 스패출러는 사용 후 잘 세척하여 칼꽂이에 보관하거나 살균기에 넣어 보관한다.

해설
비점착성 코팅 팬은 세척 시 철 솔이나 철 스크레이퍼를 사용하면 코팅이 벗겨져 제품에 묻거나 구울 때 빵이나 과자류가 붙을 수 있으므로 주의한다.

60 나선형 훅이 내장되어 있어 프랑스빵과 같이 된 반죽을 할 경우 적합한 믹서기는?

① 에어 믹서
② 수직형 믹서
③ 수평형 믹서
④ 스파이럴 믹서 ✓

해설
① 에어 믹서 : 제과 전용 믹서이다.
② 수직형 믹서 : 반죽 날개가 수직으로 설치되어 있고, 소규모 제과점에서 케이크 반죽에 주로 사용한다.
③ 수평형 믹서 : 반죽 날개가 수평으로 설치되어 있고, 주로 대형 매장이나 공장형 제조업에서 사용한다.

제 7 회 | 기출복원문제

01 스펀지법과 비교한 스트레이트법의 장점으로 적절한 것은?

① 노화가 느리다.
② 발효에 대한 내구성이 좋다.
③ **노동력이 감소된다.**
④ 기계에 대한 내구성이 증가한다.

해설
스트레이트법의 장점
• 제조 공정이 단순하며, 장비가 간단하다.
• 노동력 및 시간을 절감할 수 있다.
• 발효 손실을 줄일 수 있다.

02 빵류 제품에 가장 적합한 물은?

① 경 수
② **아경수**
③ 아연수
④ 연 수

해설
경도 120~180ppm의 아경수는 반죽의 글루텐을 경화시키며, 이스트에 영양물질을 제공하여 빵류 제품에 가장 적합한 물이다.

03 베이킹파우더를 많이 사용한 제품의 결과와 거리가 먼 것은?

① **밀도가 크고 부피가 작다.**
② 속결이 거칠다.
③ 오븐스프링이 커서 찌그러들기 쉽다.
④ 속색이 어둡다.

해설
베이킹파우더는 이산화탄소 가스의 발생과 속도를 조절하는 팽창제로, 과다 사용 시 속결이 거칠어지고, 오븐 팽창이 커서 찌그러들기 쉽다. 또한 속색이 어둡고 건조가 빠르게 된다.

04 냉동반죽의 특성에 대한 설명으로 틀린 것은?

① 냉동반죽에는 이스트 사용량을 늘린다.
② 냉동반죽에는 당, 유지 등을 첨가하는 것이 좋다.
③ **냉동 중 수분의 손실을 고려하여 될 수 있는 대로 진 반죽이 좋다.**
④ 냉동반죽은 분할량을 적게 하는 것이 좋다.

해설
냉동반죽 내의 수분은 냉동하는 동안 빙결점을 형성하므로 이를 방지하기 위하여 수분이 적을수록 좋고, 결합수 비율이 많아지도록 조건을 만드는 것이 필요하다.

05 아미노산에 대한 설명으로 틀린 것은?

① 식품단백질을 구성하는 아미노산은 20종류가 있다.

② 아미노기($-NH_2$)는 산성을, 카복실기($-COOH$)는 염기성을 나타낸다.

③ 단백질을 구성하는 아미노산은 대부분 L-형이다.

④ 아미노산은 물에 녹아 중성을 띤다.

해설
아미노기는 염기성을, 카복실기는 산성을 나타낸다.

06 템퍼링 작업을 마친 초콜릿의 장점이 아닌 것은?

① 입안에서 용해성이 좋다.

② 광택이 좋다.

③ 성형 작업에 좋다.

④ 내부 조직이 크다.

해설
템퍼링 작업을 마친 초콜릿은 안정한 결정이 많고, 결정형이 일정하며 내부 조직이 조밀하다.

07 피자에 대한 설명으로 옳지 않은 것은?

① 일반적으로 성형 시 말기로 완료된다.

② 주재료에 무엇이 들어가는지에 따라 피자의 명칭이 달라진다.

③ 피자파이용 소스에 들어가는 향신료로 오레가노가 있다.

④ 피자 도(Dough)가 두꺼우면 팬피자, 얇으면 씬피자이다.

해설
밀어 펴기로 성형이 완료되는 제품으로 햄버거, 잉글리시 머핀, 피자 등이 있다.

08 어떤 단백질의 질소 함량이 18%라면 이 단백질의 질소계수는 약 얼마인가?

① 5.56

② 6.22

③ 6.88

④ 7.14

해설
질소계수 = 100/질소 함량 = 100/18 ≒ 5.56

09 식빵 제조에 있어서 소맥분의 4%에 해당하는 탈지분유를 사용할 때 제품에 나타나는 영향으로 틀린 것은?

① 빵 표피 색이 연해진다.
② 영양 가치를 높인다.
③ 맛이 좋아진다.
④ 제품 내상이 좋아진다.

해설
탈지분유에 함유된 유당이 캐러멜화 반응을 일으켜 껍질 색을 진하게 한다.

10 알칼리성 식품에 속하는 것은?

① 곡 류
② 어패류
③ 육 류
④ 채소류

해설
채소 및 과일류는 수분을 80~90% 정도 함유하고 비타민과 나트륨(Na), 칼슘(Ca), 칼륨(K), 마그네슘(Mg) 등의 무기질을 많이 함유하여 알칼리성 식품에 속한다.

11 다음 당류 중에 가장 단맛이 강한 것은?

① 과 당   ② 유 당
③ 설 탕   ④ 맥아당

해설
당질의 감미도 : 과당 > 전화당 > 설탕 > 포도당 > 맥아당 > 유당

12 우유 1컵(200mL)에 지방이 6g이라면 지방으로부터 얻을 수 있는 열량은?

① 6kcal
② 24kcal
③ 54kcal
④ 120kcal

해설
1g당 지방으로 얻을 수 있는 열량은 9kcal이다.
∴ 6g × 9kcal/g = 54kcal

13 식자재의 교차오염을 예방하기 위한 보관 방법으로 잘못된 것은?

① 뚜껑이 있는 청결한 용기에 덮개를 덮어서 보관
② 바닥과 벽으로부터 일정 거리를 띄워 보관
③ 원재료와 완성품을 구분하여 보관
④ 식자재와 비식자재를 함께 식품창고에 보관

해설
식자재의 교차오염을 예방하기 위해서는 식자재와 비식자재를 분리하여 보관한다.

14 반죽 작업 공정의 단계 중 클린업 단계에 대한 설명으로 옳지 않은 것은?

① 반죽기의 속도를 저속에서 중속으로 바꾼다.

② 이 단계에서 유지를 넣으면 믹싱 시간이 단축된다.

③ 밀가루의 수화가 끝나고 글루텐이 조금씩 결합하기 시작한다.

☑ **글루텐을 결합하는 마지막 단계로 신장성이 최대가 된다.**

해설
클린업 단계(Clean-up Stage)
• 반죽기의 속도를 저속에서 중속으로 바꾼다.
• 수분이 밀가루에 완전히 흡수되어 한 덩어리의 반죽이 만들어지는 단계로, 이때 밀가루의 수화가 끝나고 글루텐이 조금씩 결합하기 시작한다.
• 글루텐 결합이 작아 반죽을 펼쳐 보면 두꺼운 채로 잘 끊어진다.
• 이 단계에서 유지를 넣으면 믹싱 시간이 단축된다.
• 대체적으로 냉장 발효 빵 반죽은 이 단계에서 반죽을 마친다.

15 반죽을 발전 단계 초기에 마무리하여야 하는 제품은?

① 빵 도넛   ② 베이글

☑ **그리시니**   ④ 소보로빵

해설
그리시니를 최종 단계까지 반죽하면 탄력성이 생기므로 밀어 펴기 어려워져 막대 모양으로 성형하기 어렵다.
① 빵 도넛 : 최종 단계 초기
② 베이글 : 발전 단계 후기
④ 소보로빵 : 최종 단계

16 비상스트레이트법의 장점이 아닌 것은?

① 발효 시간을 단축시킨다.

☑ **반죽 시간을 단축시킨다.**

③ 계획된 생산량 이외의 제품을 생산할 때 좋다.

④ 짧은 시간에 제품을 만들어 낼 수 있다.

해설
비상스트레이트법은 반죽 시간을 증가시켜서 반죽의 생화학적 발전을 기계적인 발전으로 대치하고, 반죽의 온도를 높여 발효 속도를 빠르게 할 수 있다.

17 일반적으로 양질의 빵 속을 만들기 위한 아밀로그래프의 범위는?

① 0~150BU

② 200~300BU

☑ **400~600BU**

④ 800~1,000BU

해설
녹말의 물에 의한 팽윤, 가열에 의한 호화, 파괴되는 상태, 점도의 차이 및 노화 등 현탁액의 특성 변화를 아밀로그래프라는 계측 장치로 측정하여 아밀레이스의 활성을 알 수 있다. 일반적으로 양질의 빵 속을 만들기 위한 아밀로그래프 수치의 범위는 400~600BU가 적당하다.
※ BU : Brabender Units(B.U.)

18 굽기를 할 때 일어나는 반죽의 변화가 아닌 것은?

① 오븐 팽창

② 전분의 노화

③ 전분의 호화

④ 단백질 열변성

> **해설**
> 굽기에서의 변화 : 오븐 팽창, 전분의 호화, 글루텐의 응고, 효소작용, 향의 생성, 캐러멜화 반응, 메일라드 반응

19 건포도식빵을 구울 때 건포도에 함유된 당의 영향을 고려하여 주의해야 할 점은?

① 윗불을 약간 약하게 한다.

② 굽는 시간을 늘린다.

③ 굽는 시간을 줄인다.

④ 오븐 온도를 높게 한다.

> **해설**
> 건포도에는 천연 과당이 많이 분포되어 있기 때문에 구웠을 때 빠르게 껍질 색이 진해진다. 따라서 윗불은 약간 약하게 하여야 한다.

20 둥글리기를 마친 반죽을 휴식시키고 약간의 발효과정을 거쳐 다음 단계에서 반죽이 손상되는 일이 없도록 하는 작업은?

① 중간발효   ② 2차 발효

③ 성 형   ④ 패 닝

> **해설**
> 중간발효
> • 온도 : 27~29℃의 온도 유지
> • 상대습도 : 75% 전후
> • 시간 : 10~20분
> • 반죽의 부피 팽창 정도 : 1.7~2배 정도

21 패닝(팬닝) 시 팬 오일에 대한 설명으로 옳은 것은?

① 실리콘으로 코팅된 팬은 이형유(팬 오일)를 반드시 사용하여야 한다.

② 실리콘으로 코팅이 안 된 팬의 이형유는 발연점이 낮아야 한다.

③ 과도한 오일의 사용 시 굽기 중 옆면이 튀겨지는 현상이 나타나 제품의 옆면이 약해져서 찌그러지게 된다.

④ 보통의 환경에서는 반죽 무게의 1~2% 정도의 오일을 사용하는 것이 좋다.

> **해설**
> ① 실리콘으로 코팅된 팬은 따로 이형유(팬 오일)를 사용하지 않아 사용이 간편하다.
> ② 실리콘으로 코팅이 안 된 팬의 이형유는 발연점이 높아야 한다.
> ④ 보통의 환경에서는 반죽 무게의 0.1~0.2% 정도의 오일을 사용하는 것이 좋다.

22 튀김 기름의 적정 온도 유지를 위한 방법으로 옳지 않은 것은?

① 튀김 재료의 10배 이상의 충분한 양의 기름을 준비한다.
② 한 번에 넣고 튀기는 재료와 양은 일반적으로 튀김 냄비 기름 표면적의 1/3~1/2 이내여야 한다.
③ 수분 함량이 많은 식품은 기름 온도를 저하시키므로 미리 어느 정도 수분을 제거시킨다.
④ 튀김할 때 두꺼운 금속 용기로 직경이 넓은 팬을 사용한다.

해설
튀김할 때 두꺼운 금속 용기로 직경이 작은 팬을 사용하면 많은 양의 기름을 넣어 튀길 때 기름 온도의 변화가 적다.

23 프랑스빵, 하드 롤, 호밀빵 등의 하스브레드(Hearth Bread)를 구울 때 스팀을 사용하는 목적으로 적절하지 않은 것은?

① 표면이 마르는 시간을 늦춰 준다.
② 오븐 스프링을 유도한다.
③ 빵의 표면에 껍질이 두꺼워진다.
④ 윤기가 나는 빵이 만들어진다.

해설
스팀 사용 목적 : 반죽을 오븐에 넣고 난 직후에 수분을 공급하여 표면이 마르는 시간을 늦춰 오븐 스프링을 유도하는 기능을 수행한다. 이를 통해 빵의 볼륨이 커지고 빵의 표면에 껍질이 얇아지면서 윤기가 나는 빵이 만들어진다.

24 도(Dough) 컨디셔너에 대한 설명으로 옳지 않은 것은?

① 냉장, 냉동, 해동, 2차 발효를 프로그래밍에 의해 자동적으로 조절하는 기계이다.
② 계획 생산을 할 수 있다.
③ 연장근무를 하지 않아도 필요한 시간에 빵을 구워낼 수 있다.
④ 정밀 온도 시스템으로 효모균의 배양과 휴식을 세심하게 관리할 수 있다.

해설
정밀 온도 시스템으로 효모균의 배양과 휴식을 세심하게 관리할 수 있는 것은 르방 프로세서(Levain Processor)이다.

25 식빵의 껍질 색이 연할 때의 원인이 아닌 것은?

① 굽는 시간이 부족했다.
② 설탕 사용량이 부족했다.
③ 1차 발효 시간이 짧았다.
④ 효소제를 과다하게 사용하였다.

해설
식빵의 껍질 색이 연할 때의 원인
• 1차 발효 시간 초과
• 2차 발효실의 낮은 습도
• 연수 사용
• 설탕 사용량 부족
• 굽는 시간 부족
• 오븐 속의 낮은 습도 및 온도
• 효소제의 과다 사용

26 튀김 기름을 여러 번 사용하였을 때 일어나는 현상이 아닌 것은?

① 산화가 많이 일어난다.
② 점도가 증가한다.
③ 흡유량이 작아진다.
④ 튀김 시 거품이 생긴다.

해설

튀김 기름의 점도가 높을수록, 즉 여러 번 사용한 기름일수록 기름의 흡수가 많아진다.

27 식품 향료에 대한 설명 중 틀린 것은?

① 자연향료는 자연에서 채취한 후 추출, 정제, 농축, 분리과정을 거쳐 얻을 수 있다.
② 합성향료는 석유 및 석탄류에 포함된 방향성 유기물질로부터 합성하여 만든다.
③ 조합향료는 천연향료와 합성향료를 조합해 양자 간 문제점을 보완한 것이다.
④ 식품에 사용하는 향료는 첨가물이지만 품질, 규격 및 사용법을 준수하지 않아도 된다.

해설

향료는 식품에 착향의 목적으로 사용할 수 있는 물질로서, 식품첨가물의 기준 및 규격에 따라 사용하여야 한다.

28 포장 종이의 특징이 아닌 것은?

① 위생적이고 편리하다.
② 가볍고 가격이 저렴하여 경제적이다.
③ 내수성, 내습성, 방습성이 강하다.
④ 자외선 차단이나 산화 방지의 보호성이 있다.

해설

종이는 내수성, 내습성, 방습성이 약하여 액체나 기체의 차단성이 약하다. 이를 보완하기 위하여 다른 재료를 코팅하거나 접합하여 사용하기도 한다.

29 우유의 가공에 관한 설명으로 틀린 것은?

① 크림의 주성분은 우유의 지방성분이다.
② 분유는 전유, 탈지유, 반탈지유 등을 건조시켜 분말화한 것이다.
③ 초고온 순간 살균법은 130~150℃에서 2초간 살균하는 것이다.
④ 무당연유는 살균과정을 거치지 않고, 유당연유만 살균과정을 거친다.

해설

연 유

• 유당연유 : 우유를 3분의 1로 농축한 후 설탕 또는 포도당을 40~45% 첨가한 유제품으로 설탕의 방부력을 이용해 따로 살균하지 않고 저장할 수 있다.
• 무당연유 : 전유 중의 수분 60%를 제거하고 농축한 것이다. 방부력이 없으므로 통조림하여 살균하여야 하고, 뚜껑을 열었을 때는 신속히 사용하거나 냉장을 해야 한다.

30 젤리나 잼의 가공원리는?

① 산저장법
② **당장법**
③ 염장법
④ 냉동법

• 당장법 : 미생물의 증식을 방지하여 보존성을 높이는 것으로, 설탕 농도가 50% 이상일 때 방부효과가 있다 (젤리, 잼 등).
• 산저장법 : 미생물 생육에 필요한 pH 범위를 벗어나게 하는 것으로 초산, 젖산, 구연산 등을 이용한다.
• 염장법 : 재료에 소금을 사용하여 가공하는 방법으로, 진한 소금물에 재료를 담그는 물간법, 재료에 직접 소금을 뿌리는 마른간법 등이 있다.

31 상온 저장 재료의 적당한 온도와 습도는?

① 5~15℃, 30~40%
② 5~15℃, 50~60%
③ 15~25℃, 30~40%
④ **15~25℃, 50~60%**

해설
건조창고의 온도는 15~25℃, 상대습도 50~60%를 유지하며, 채광과 통풍이 잘되어야 한다.

32 유지의 산패에 영향을 미치는 인자에 대한 설명으로 옳은 것은?

① 유지의 불포화도가 낮을수록 산패가 활발하게 일어난다.
② 광선 중 자외선은 산패에 영향을 미치지 않는다.
③ **구리, 납, 알루미늄 등 금속은 유지 및 지방산의 자동 산화를 촉진시킨다.**
④ 저장 온도가 0℃ 이하가 되면 산패가 방지된다.

해설
① 유지의 불포화도가 높을수록 산패가 활발하게 일어난다.
② 광선 및 자외선에 가까운 파장의 광선은 유지의 산패를 강하게 촉진시킨다.
④ 저장 온도를 아무리 낮추어도 산패를 완전히 차단할 수는 없다.

33 모닝빵을 1시간에 300개 성형하는 기계를 사용할 때, 모닝빵 500개를 만드는 데 소요되는 시간은?

① 85분   ② 90분
③ 95분   ④ **100분**

해설
$60 : 300 = x : 500$
$x = 100분$

34 영양소의 흡수에 대한 설명으로 옳지 않은 것은?

① 위 - 영양소 흡수가 활발하다.
② 구강 - 영양소 흡수는 일어나지 않는다.
③ 소장 - 단당류가 흡수된다.
④ 대장 - 수분이 흡수된다.

해설
① 위에서는 영양소의 흡수가 거의 일어나지 않는다.

35 HACCP에 대한 설명으로 틀린 것은?

① "식품안전관리인증기준"이라고 한다.
② 제품의 생산과정에서 미리 관리함으로써 위해의 원인을 적극적으로 배제한다.
③ 위해를 예측할 수 있으나 제어할 수 없는 항목도 원칙적으로 HACCP의 대상이 된다.
④ 미국 항공우주국(NASA)에서 우주식의 안전성 확보를 위해 개발되기 시작한 위생관리 기법이다.

해설
HACCP의 위해요소 분석단계에서는 위해요소의 유입경로와 이들을 제어할 수 있는 수단(예방수단)을 파악하여 기술하며, 이러한 유입경로와 제어수단을 고려하여 위해요소의 발생 가능성과 발생 시 그 결과의 심각성을 감안하여 평가한다.

36 식품위생법상 영양사의 직무가 아닌 것은?

① 식단 작성
② 검식 및 배식관리
③ 식품 등의 수거 지원
④ 구매식품의 검수

해설
영양사의 직무(식품위생법 제52조제2항)
• 집단급식소에서의 식단 작성, 검식 및 배식관리
• 구매식품의 검수 및 관리
• 급식시설의 위생적 관리
• 집단급식소의 운영일지 작성
• 종업원에 대한 영양 지도 및 식품위생교육

37 호밀의 구성 물질이 아닌 것은?

① 단백질
② 펜토산
③ 지 방
④ 전 분

해설
호밀은 단백질 14%, 펜토산 8%, 나머지는 전분으로 구성되어 있다.

38 파운드 케이크를 만들려고 한다. 이때 다음의 용적을 가진 팬을 이용하려고 할 때, 팬 용적은 얼마인가?

구 분	윗면 지름	아랫면 지름	높 이
외부 팬	18cm	20cm	10cm
내부 팬	4cm	6cm	10cm

① 785.6cm³
② 2,110.0cm³
✓ **2,637.6cm³**
④ 10,550.4cm³

해설
• 외부 팬 용적 : 평균 반지름 × 평균 반지름 × 3.14 × 높이
  → 9.5 × 9.5 × 3.14 × 10 = 2,833.85cm³
• 내부 팬 용적 : 평균 반지름 × 평균 반지름 × 3.14 × 높이
  → 2.5 × 2.5 × 3.14 × 10 = 196.25cm³
• 실제 팬 용적 : 외부 팬 용적 − 내부 팬 용적
  → 2,833.85 − 196.25 = 2,637.6cm³

39 맥각 중독을 일으키는 원인 물질은?

① 파툴린
② 루브라톡신
③ 오크라톡신
✓ 에르고톡신

해설
맥각 중독을 일으키는 것은 보리, 밀, 호밀에 기생하는 독소로 에르고톡신, 에르고타민 등이다.

40 식품의 제조 공정 중에 발생하는 거품을 제거하기 위해 사용되는 첨가물은?

① 살균제
✓ **소포제**
③ 표백제
④ 발색제

해설
① 살균제 : 식품의 부패 원인균 또는 감염병 등의 병원균을 사멸시키기 위하여 사용되는 첨가물
③ 표백제 : 식품의 본래의 색을 없애거나 퇴색을 방지하기 위하여 사용하는 첨가물
④ 발색제 : 식품의 색을 고정하거나 선명하게 하기 위한 첨가물

41 다음 중 유해성 식품첨가물이 아닌 것은?

✓ **소브산(Sorbic Acid)**
② 아우라민(Auramine)
③ 둘신(Dulcin)
④ 론갈리트(Rongalite)

해설
① 소브산은 허용된 보존료이다.
아우라민은 유해성 착색료, 둘신은 유해성 감미료, 론갈리트는 유해성 표백제에 해당한다.

42 발효 전 무게는 1,600g, 발효 후 무게가 1,578g일 때 발효 손실은?

① 0.98%

② 1.375%

③ 1.98%

④ 2.375%

해설

발효 손실 $= \dfrac{\text{처음 반죽 무게} - \text{발효 후 무게}}{\text{처음 반죽 무게}} \times 100$

$\qquad\quad = \dfrac{1{,}600 - 1{,}578}{1{,}600} \times 100$

$\qquad\quad = 1.375\%$

43 데커레이션 케이크 제조 시 1명이 아이싱 작업 100개를 하는 데 5시간이 걸린다. 이때 아이싱 1,400개를 7시간 안에 하려면 필요한 인원은?(단, 작업자의 아이싱 시간은 모두 같다)

① 10명

② 12명

③ 15명

④ 14명

해설

1명이 100개 아이싱하는 데 5시간이 걸리므로, 1명당 1시간에 20개 작업할 수 있다. 1,400개를 7시간 안에 하려면 1시간당 200개가 작업되어야 한다. 따라서 필요한 인원은 10명이다.

44 냉동제법에서 혼합(Mixing) 다음 단계의 공정은?

① 해 동

② 분 할

③ 1차 발효

④ 2차 발효

해설

냉동반죽법은 1차 발효 또는 성형을 끝낸 반죽을 냉동 저장하는 방법으로, 분할·성형하여 필요할 때마다 쓸 수 있다는 장점이 있다.

45 수인성 감염병의 특징이 아닌 것은?

① 모든 계층과 연령에서 발생한다.

② 2차 감염률, 치명률, 발병률이 높다.

③ 환자가 폭발적으로 발생한다.

④ 동일 음료수 사용을 금지 또는 개선함으로써 피해를 줄일 수 있다.

해설

수인성 감염병의 특징
• 유행 지역과 음료수 사용 지역이 일치한다.
• 환자가 폭발적으로 발생한다.
• 치명률, 발병률이 낮다.
• 2차 감염률이 낮다.
• 모든 계층과 연령에서 발생한다.
• 동일 음료수 사용을 금지 또는 개선함으로써 피해를 줄일 수 있다.

46 식중독 발생 시 즉시 취해야 할 행정적 조치는?

① 역학조사
② 연막소독
③ **식중독 발생신고**
④ 원인 식품의 폐기처분

해설
식중독에 관한 조사 보고(식품위생법 제86조제1항)
다음의 어느 하나에 해당하는 자는 지체 없이 관할 특별
자치시장・시장・군수・구청장에게 보고하여야 한다.
이 경우 의사나 한의사는 대통령령으로 정하는 바에
따라 식중독 환자나 식중독이 의심되는 자의 혈액 또는
배설물을 보관하는 데에 필요한 조치를 하여야 한다.
• 식중독 환자나 식중독이 의심되는 자를 진단하였거
  나 그 사체를 검안한 의사 또는 한의사
• 집단급식소에서 제공한 식품 등으로 인하여 식중독
  환자나 식중독으로 의심되는 증세를 보이는 자를 발
  견한 집단급식소의 설치・운영자

48 카드뮴 만성중독의 주요 3대 증상이 아닌 것은?

① 단백뇨
② 폐기종
③ **녹내장**
④ 신장기능 장애

해설
카드뮴 중독 시 이타이이타이병이 유발되며, 주증상으
로는 폐기종, 신장장애, 단백뇨, 골연화증 등이 있다.

47 다수인이 밀집한 곳의 실내 공기가 물리・
화학적 조성의 변화로 불쾌감, 두통, 권태,
현기증 등을 일으키는 것은?

① 빈 혈
② 진균독
③ **군집독**
④ 산소중독

해설
군집독의 예방방법으로는 환기가 가장 좋다.

49 기생충과 중간숙주가 옳게 연결된 것은?

① 폐흡충 – 소
② 무구조충 – 물벼룩, 게
③ **요코가와흡충 – 다슬기, 은어**
④ 광절열두조충 – 돼지고기, 소고기

해설
① 폐흡충 : 다슬기, 게
② 무구조충 : 소
④ 광절열두조충 : 물벼룩, 송어

50 같은 조건의 반죽에 설탕, 포도당, 과당을 같은 농도로 첨가했다고 가정할 때 메일라드 반응속도를 촉진시키는 순서대로 나열된 것은?

① 설탕 > 포도당 > 과당
② 과당 > 설탕 > 포도당
③ **과당 > 포도당 > 설탕**
④ 포도당 > 과당 > 설탕

해설
메일라드(마이야르) 반응속도는 단당류가 이당류보다 빠르고, 같은 단당류일 경우 감미도가 높은 당이 반응속도가 빠르다.

51 식품취급자가 손을 씻는 방법으로 적합하지 않은 것은?

① 손톱 밑을 문지르면서 손가락 사이를 씻는다.
② **살균효과를 증대시키기 위해 역성비누액에 일반비누액을 섞어 사용한다.**
③ 왼 손바닥으로 오른쪽 손등을 닦고 오른 손바닥으로 왼쪽 손등을 꼼꼼히 씻어준다.
④ 역성비누 원액 몇 방울을 손에 30초 이상 문지르고 흐르는 물로 씻는다.

해설
역성비누는 일반비누와 동시에 사용하면 살균효과가 떨어진다. 두 가지 모두 사용할 때는 일반비누를 먼저 사용하고 역성비누를 다음에 사용하여 살균효과를 높인다.
역성비누(양성비누)
• 사용농도 : 원액(10%)을 200~400배 희석하여 0.01~0.1%로 만들어 사용한다.
• 소독 : 식품 및 식기, 조리자의 손(무색, 무취, 무자극성, 무독성)

52 슈 반죽에 해당하지 않는 것은?

① 에클레어
② 를리지외즈
③ 파리브레스트
④ **파트 브리제**

해설
슈 반죽을 이용하여 만든 제품으로는 슈크림(Choux Cream)이 가장 대표적이며, 모양과 충전물에 따라 에클레어(Eclairs), 살랑보(Salammbos), 를리지외즈(Religieuses), 시뉴(Cygnes), 파리브레스트(Paris-Brest) 등이 있다.

53 교차오염 방지를 위해 하는 행동으로 옳지 않은 것은?

① **상온창고의 바닥은 일정한 습도를 유지해야 한다.**
② 주방공간에 설치된 장비나 기물은 정기적인 세척을 해 주어야 한다.
③ 식자재와 음식물이 직접 닿는 랙(Rack)이나 내부 표면, 용기는 매일 세척·살균한다.
④ 만일에 대비해 주방설비의 작동 매뉴얼과 세척을 위한 설명서를 확보해 두는 것이 좋다.

해설
교차오염을 방지하려면 상온창고의 바닥은 항상 건조 상태를 유지하는 것이 좋다.

54 작업장 평면도 작성 시 표시사항이 아닌 것은?

① 기계·기구 등의 배치

② 작업자의 이동 경로

✓ **오염 밀집 구역**

④ 용수 및 배수 처리 계통도

해설
작업장 평면도에는 작업 특성별 구역, 기계·기구 등의 배치, 제품의 흐름 과정, 작업자의 이동 경로, 세척·소독조 위치, 출입문 및 창문, 공조시설계통도, 용수 및 배수 처리 계통도 등을 작성한다.

55 위해요소에 대한 설명으로 적절하지 않은 것은?

① 위해요소란 인체의 건강을 해칠 우려가 있는 생물학적, 화학적 또는 물리적 인자나 조건을 말한다.

② 식중독균은 가열(굽기/유탕) 공정을 통해 제어할 수 있다.

③ 중금속, 잔류농약 등을 관리하기 위해서는 원료 입고 시 시험성적서 확인 등을 통해 적합성 여부를 판단하고 관리한다.

✓ **물리적 위해요소에는 황색포도상구균, 살모넬라, 병원성대장균 등이 있다.**

해설
④ 황색포도상구균, 살모넬라, 병원성대장균 등의 식중독균은 생물학적 위해요소이다.
제빵에서 발생할 수 있는 물리적 위해요소로는 금속 조각, 비닐, 노끈 등의 이물이 있다.

56 조리기구용으로 사용하는 세척제 종류는?

① 1종 세척제

✓ **2종 세척제**

③ 3종 세척제

④ 4종 세척제

해설
세척제의 표시사항
• 1종 세척제 : '야채, 과일 등 세척용' 표시
• 2종 세척제 : '음식기, 조리기구 등 식품용 기구 세척용' 표시
• 3종 세척제 : '식품의 제조·가공용 기구 등 세척용' 표시

57 쥐를 매개로 감염되는 질병이 아닌 것은?

✓ **돈단독증**

② 쯔쯔가무시병

③ 신증후군출혈열

④ 렙토스피라증

해설
쥐가 매개하는 질병 : 페스트, 살모넬라증, 발진열, 렙토스피라증, 양충병(쯔쯔가무시병), 신증후군출혈열(유행성출혈열) 등

58 손으로 넣고 꺼내기가 편리하여 소규모 제과점에서 주로 사용하는 오븐은?

① 데크 오븐

② 컨벡션 오븐

③ 터널 오븐

④ 로터리 랙 오븐

해설
② 컨벡션 오븐 : 보통 5개의 철판이 한꺼번에 삽입되어 있는 구조로, 팬으로 열풍을 강제로 순환하는 방식
③ 터널 오븐 : 반죽이 들어가는 입구와 출구가 다르며, 컨베이어 벨트에 따라 다양한 사이즈 생산이 가능한 대량 생산에 적합한 공장 설비용 오븐
④ 로터리 랙 오븐 : 오븐 속의 선반이 회전하여 구워지는 오븐으로, 내부 공간이 커서 많은 양의 제품을 구울 수 있다.

60 제빵에서 원가 상승의 원인이 아닌 것은?

① 창고에 장기 누적 및 사장 자재 발생

② 수요 창출에 역행하는 신제품 개발

③ 자재 선입선출 방식 실시

④ 다품종 소량 생산의 세분화 전략

해설
재료의 사용 시 선입선출 기준에 따라 관리하면, 재료의 효율적 사용 및 재고 물량 발생을 줄일 수 있다.

59 다음 미생물 중 가장 크기가 작은 것은?

① 효 모

② 세 균

③ 리케차

④ 곰팡이

해설
미생물의 크기 : 곰팡이 > 효모 > 스피로헤타 > 세균 > 리케차 > 바이러스

교육은 우리 자신의 무지를 점차 발견해 가는 과정이다.

– 윌 듀란트 –

PART

02

모의고사

제1회~제7회   모의고사
정답 및 해설

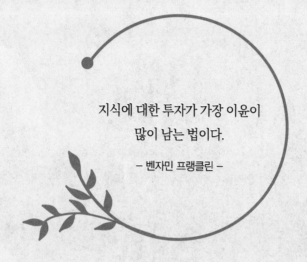

지식에 대한 투자가 가장 이윤이
많이 남는 법이다.

– 벤자민 프랭클린 –

정답 및 해설 p.178

01 반죽에 사용하는 물에 대한 설명으로 옳지 않은 것은?

① 경수 사용 시 빵의 탄력성은 떨어지나 발효 시간이 줄어든다.
② 아경수는 빵류 제품에 가장 적합한 물로, 반죽의 글루텐을 경화시키며, 이스트에 영양물질을 제공한다.
③ 아연수는 경도 61~120ppm으로 부드러운 물에 가깝다.
④ 연수 사용 시 반죽이 연하고 끈적거리나 발효 속도는 빠르다.

02 이스트가 증식하기 가장 좋은 빵 반죽의 온도와 pH는?

① 15~23℃, pH 5.0~5.8
② 15~23℃, pH 3.5~4.3
③ 24~35℃, pH 5.0~5.8
④ 24~35℃, pH 3.5~4.3

03 우유 500mL 한 컵에 단백질 15g이 들어 있다면 우유 한 컵의 단백질로부터 얻을 수 있는 열량은?

① 10kcal   ② 30kcal
③ 60kcal   ④ 120kcal

04 다음 중 필수지방산이 가장 많이 함유되어 있는 것은?

① 옥수수기름
② 버 터
③ 소기름
④ 쇼트닝

05 에너지원으로 사용되는 영양소는?

① 물, 비타민, 무기질
② 비타민, 지방, 단백질
③ 무기질, 탄수화물, 물
④ 탄수화물, 지방, 단백질

06 버터의 수분 함량이 25%라면, 버터 100g은 몇 칼로리(kcal)의 열량을 내는가?

① 450kcal
② 525kcal
③ 600kcal
④ 675kcal

07 경단백질로서 가열에 의해 젤라틴으로 변하는 것은?

① 케라틴(Keratin)

② 콜라겐(Collagen)

③ 엘라스틴(Elastin)

④ 히스톤(Histone)

08 우유에 산을 넣으면 응고물이 생기는데 이 응고물의 주체는?

① 유 당　　② 레 닌

③ 카세인　　④ 유지방

09 식품의 산성 및 알칼리성을 결정하는 기준 성분은?

① 필수 지방산 존재 여부

② 필수 아미노산 존재 여부

③ 구성 탄수화물

④ 구성 무기질

10 필수 아미노산이 아닌 것은?

① 라이신

② 트립토판

③ 리놀렌산

④ 페닐알라닌

11 감귤류의 과피나 사과에서 분리·정제하여 얻으며, 제품의 품질 향상을 위하여 겔화제로 이용하는 안정제는?

① 펙 틴　　② 한 천

③ 알 긴　　④ 젤라틴

12 다음 중 전분이 노화를 일으키기 어려운 조건은?

① 온도가 0~4℃일 때

② 수분 함량이 10% 이하일 때

③ 수분 함량이 30~60%일 때

④ 전분의 아밀로스 함량이 높을 때

13 달걀흰자의 거품 형성과 관련된 내용으로 옳지 않은 것은?

① 교반시간이 짧을수록 거품의 용적과 안정성이 유지된다.

② 거품 형성에는 전동교반기가 수동교반기보다 효과가 더 크다.

③ 달걀흰자는 실온보다 냉장 온도에서 보관한 것이 더 교반하기 쉽다.

④ 지나치게 오래 교반하면 거품은 작아지지만 가만히 두면 굵은 거품을 형성하게 된다.

14 1kg 이상의 초콜릿을 템퍼링할 경우 사용하는 방법은?

① 수랭법　　　　② 대리석법
③ 접종법　　　　④ 액종법

15 유지의 특징 중 반죽에 분산해 있는 유지가 거품의 형태로 공기를 포집하고 있는 성질을 말하는 것은?

① 가소성　　　　② 유화성
③ 크림성　　　　④ 쇼트닝성

16 다음 중 발전 단계 후기에서 반죽을 마무리하는 제품이 아닌 것은?

① 찐 빵　　　　② 더치빵
③ 버터롤　　　　④ 베이글

17 비상스트레이트법 반죽 시 가장 적당한 온도는?

① 15℃　　　　② 20℃
③ 27℃　　　　④ 30℃

18 실내 온도 24℃, 밀가루 온도 26℃, 수돗물 온도 25℃, 스펀지 반죽 온도 27℃, 결과 반죽 온도 30℃, 희망 반죽 온도 26℃이다. 본반죽 제조 시 마찰계수는?

① 16　　　　② 17
③ 18　　　　④ 19

19 액체발효법을 한 단계 발전시켜 연속적인 작업이 하나의 제조라인을 통하여 이루어지도록 한 방법은?

① 액종법
② 노타임법
③ 스트레이트법
④ 연속식 제빵법

20 제과·제빵용 건조 재료와 팽창제 및 유지 재료를 알맞은 배합률로 균일하게 혼합한 원료는?

① 프리믹스
② 팽창제
③ 향신료
④ 밀가루 개량제

21 반죽의 비중에 대한 설명으로 옳지 않은 것은?

① 비중이 높으면 큰 기포가 형성되어 거친 조직이 된다.
② 비중의 수치가 낮으면 반죽에 공기가 많이 들어 있다는 뜻이다.
③ 같은 부피의 제품을 구울 때 비중이 높으면 부피가 작고 단단해진다.
④ 비중이 낮으면 포장의 어려움이나 굽기 후 식히는 과정에서 부피가 줄어들 수 있어 제품을 균일하게 유지하는 데 문제가 될 수 있다.

22 최적의 발효 시점이라고 판단할 수 있는 것은?

① 탄성을 잃어버려 손가락으로 찌르면 반죽이 꺼지면서 가스가 빠진다.
② 반죽에 탄력이 강하여 손가락으로 찔렀다 뺀 자국이 안쪽으로 오므려진다.
③ 반죽의 표면이 건조하고 색이 약간 희고 알코올 냄새가 난다.
④ 반죽의 pH는 5.35에서 발효가 완료되면 pH는 4.9로 내려간다.

23 다음 빵류 제품 중 2차 발효 온도가 가장 높은 것은?

① 식빵류
② 하스브레드류
③ 도넛류
④ 데니시 페이스트리류

24 2차 발효 시 발효 시간이 과다할 때 생기는 현상은?

① 표면이 갈라지고 옆면이 터진다.
② 글루텐의 신장성 부족으로 부피가 축소된다.
③ 산의 생성으로 신 냄새가 나고 노화가 빠르다.
④ 발효되지 못하고 남아 있는 잔류당에 의해 껍질 색이 진해진다.

25 다음 중 빵류 제품의 반죽정형 공정을 올바르게 나타낸 것은?

① 성형 – 패닝 – 2차 발효 – 굽기 – 냉각
② 패닝 – 2차 발효 – 굽기 – 냉각 – 포장
③ 분할 – 둥글리기 – 중간발효 – 성형 – 패닝
④ 1차 발효 – 밀어 펴기 – 말기 – 성형 – 2차 발효

26 성형방법에 대한 설명으로 적절하지 않은 것은?

① 밀어 펴기는 중간발효를 마친 반죽을 밀대나 기계로 밀어 펴서 원하는 크기와 두께로 만드는 공정이다.

② 밀어 펴기 시 덧가루를 많이 사용하여야 2차 발효 과정에서 이음매가 벌어지지 않고 좋은 품질의 빵을 만들 수 있다.

③ 봉하기 시 밀대나 손으로 반죽의 가스를 빼고 다양한 충전물을 넣어 이음매가 벌어지지 않도록 바닥에 오도록 한다.

④ 말기는 밀어 편 반죽을 말아 원통이나 타원형 원통으로 만드는 작업이다.

27 풀먼식빵의 비용적은?

① $3.2 \sim 3.4 cm^3/g$

② $3.4 \sim 3.6 cm^3/g$

③ $3.8 \sim 4.0 cm^3/g$

④ $4.2 \sim 4.4 cm^3/g$

28 튀김 조리 시 흡유량에 대한 설명으로 틀린 것은?

① 흡유량이 많으면 소화속도가 느려진다.

② 튀김 시간이 길어질수록 흡유량이 많아진다.

③ 튀기는 기름의 온도가 낮을수록 흡유량이 많아진다.

④ 튀기는 식품의 표면적이 클수록 흡유량은 감소한다.

29 찌기에 대한 설명으로 옳지 않은 것은?

① 100℃의 수증기 속에서 물의 기화열을 이용하여 가열하는 조리법이다.

② 내용물을 넣고 찔 때 물의 양은 용기의 70~80% 정도가 적당하다.

③ 푸딩과 같이 조직이 부드러운 제품은 100℃보다 높은 온도에서 쪄야 한다.

④ 찜 케이크, 중화만두, 호빵 등의 조리에 이용된다.

30 다음 중 굽기에 영향을 주는 요인이 아닌 것은?

① 오븐 온도

② 팬의 재질

③ 짤 주머니 종류

④ 가열에 의한 팽창

31 중간발효에 대한 설명으로 틀린 것은?

① 탄력성과 신장성에는 나쁜 영향을 미친다.
② 오버헤드 프루프라고 한다.
③ 글루텐 구조를 재정돈한다.
④ 가스 발생으로 반죽의 유연성을 회복한다.

32 냉각의 목적이 아닌 것은?

① 저장성을 증대한다.
② 제품의 수분 활성을 높인다.
③ 빵류 제품의 절단에 용이하다.
④ 포장하기 용이하다.

33 생크림, 아이싱 등을 채워 넣고 짜내는 용구를 말하는 것은?

① 분무기   ② 짤 주머니
③ 모양 깍지   ④ 스크레이퍼

34 투명도와 내유성이 높은 종이로, 유리와 같이 매끄러운 표면을 가지는 포장지는?

① 황산지   ② 왁스지
③ 글라신지   ④ 크라프트지

35 빵류 제품의 노화를 지연시키는 물질이 아닌 것은?

① 설 탕
② 레시틴
③ 아밀로스
④ 계면활성제

36 식품 저장의 원칙을 잘못 설명한 것은?

① 공기순환이 원활하도록 물건은 많은 양을 보관하는 것이 좋다.
② FIFO(선입선출) 원칙에 따른다.
③ 개봉되거나 찢어진 포장 등에 의해 오염될 수 있으므로 청결하게 보관한다.
④ 저장 장소는 건조하게 유지·관리한다.

37 세균 여과기를 이용하여 균을 제거하는 살균법은?

① 소각법
② 화염살균법
③ 고온 단시간 살균법
④ 무가열균법

38 저장 관리의 목적이 아닌 것은?

① 원재료의 재고율을 높인다.
② 재료 낭비로 인한 원가 상승을 막는 데 있다.
③ 정확한 출고량을 파악·관리한다.
④ 도난, 폐기, 발효에 의한 손실을 최소화하여 생산에 차질이 발생하지 않도록 하는 데 목적이 있다.

39 코코아에 대한 설명 중 옳은 것은?

① 초콜릿 리큐어(Chocolate Liquor)를 압착·건조한 것이다.
② 카카오 닙스(Cacao Nibs)를 건조한 것이다.
③ 코코아 버터(Cocoa Butter)를 만들고 남은 박(Press Cake)을 분쇄한 것이다.
④ 비터 초콜릿(Bitter Chocolate)을 건조·분쇄한 것이다.

40 다음 중 식품위생법상 영업신고를 하지 않는 업종은?

① 즉석판매제조·가공업
② 양곡가공업 중 도정업
③ 식품운반업
④ 식품소분·판매업

41 HACCP 도입의 소비자 측면의 효과는?

① 자주적 위생관리 체계의 구축
② 위생적이고 안전한 식품의 제조
③ 식품 선택의 기회를 제공
④ 회사의 이미지 제고와 신뢰성 향상

42 물과 기름처럼 섞이지 않는 물질을 균질하게 섞거나 유지시켜 주는 식품첨가물로 아이스크림에 사용되는 식품첨가물은?

① 팽창제
② 유화제
③ 안정제
④ 증점제

43 식품첨가물이 갖추어야 할 조건으로 옳지 않은 것은?

① 식품에 나쁜 영향을 주지 않을 것
② 다량 사용하였을 때 효과가 나타날 것
③ 상품의 가치를 향상시킬 것
④ 식품 성분 등에 의해서 그 첨가물을 확인할 수 있을 것

44 식품위생법에 따른 출입·검사·수거 등에 관한 사항 중 틀린 것은?

① 식품의약품안전처장은 검사에 필요한 최소량의 식품 등을 무상으로 수거하게 할 수 있다.

② 출입·검사·수거 또는 장부 열람을 하고자 하는 공무원은 그 권한을 표시하는 증표를 지녀야 하며 관계인에게 이를 내보여야 한다.

③ 시장·군수·구청장은 필요에 따라 영업을 하는 자에 대하여 필요한 서류나 그 밖의 자료의 제출 요구를 할 수 있다.

④ 행정응원의 절차, 비용부담 방법 그 밖에 필요한 사항은 검사를 실시하는 담당 공무원이 임의로 정한다.

45 식품위생법에 따라 조리사의 보수교육을 위임받은 단체는 교육실시 결과를 누구에게 보고하여야 하는가?

① 교육청
② 시·도지사
③ 관할 시장
④ 식품의약품안전처장

46 껌 기초제로 사용되며 피막제로도 사용되는 식품첨가물은?

① 초산비닐수지
② 에스터검(에스테르검)
③ 폴리아이소부틸렌
④ 폴리소베이트

47 예방접종이 감염병 관리상 갖는 의미는?

① 병원소의 제거
② 감염원의 제거
③ 환경의 관리
④ 감수성 숙주의 관리

48 군집독의 가상 큰 원인은?

① 실내 공기의 이화학적 조성의 변화 때문이다.
② 실내의 생물학적 변화 때문이다.
③ 실내 공기 중 산소의 부족 때문이다.
④ 실내 기온이 상승하여 너무 덥기 때문이다.

49 식중독 대응 단계 중 전국에서 동시에 원인 불명의 식중독이 확산되는 단계는?

① Orange 단계
② Yellow 단계
③ Blue 단계
④ Red 단계

50 제2급 감염병이 아닌 것은?

① 결 핵 　　② 콜레라
③ 백일해 　　④ 페스트

51 다음 중 감염병을 관리하는 데 있어 가장 어려운 대상은?

① 건강보균자
② 식중독 환자
③ 급성감염병 환자
④ 만성감염병 환자

52 빵 반죽으로 사용되는 믹서의 부대 기구가 아닌 것은?

① 훅 　　② 스크레이퍼
③ 휘 퍼 　　④ 비 터

53 역성비누와 일반비누를 사용할 때 사용방법으로 옳은 것은?

① 일반비누로 먼저 씻어낸 후 역성비누를 사용한다.
② 일반비누와 역성비누를 섞어서 거품을 내며 사용한다.
③ 역성비누를 먼저 사용한 후 일반비누를 사용한다.
④ 일반비누와 역성비누의 사용 순서는 살균력과 무관하다.

54 방충 · 방서 관리에 대한 설명으로 옳지 않은 것은?

① 창문에는 방충망을 설치하고 유지, 관리한다.
② 창문틀이나 배수구 구멍에도 방충망을 설치하여야 한다.
③ 문이나 창문에 해충이 먹을 수 있는 음식물이 있는 경우에는 제거한다.
④ 작업장은 환기와 소독을 위해 오픈형 구조로 한다.

55 생물학적 위해요소가 아닌 것은?

① 살모넬라
② 잔류농약
③ 병원성대장균
④ 황색포도상구균

56 위생복장 착용에 대한 설명으로 옳지 않은 것은?

① 위생모는 머리카락이 외부로 노출되지 않도록 착용한다.
② 위생복은 이물질이 잘 보이지 않도록 어두운색으로 착용한다.
③ 위생화는 바닥이 미끄럽지 않은 것으로 착용한다.
④ 마스크는 코와 입이 가려지도록 착용하여 구강 분비물이나 수염이 제품에 혼입되지 않도록 한다.

57 제빵기기 중 분할된 반죽을 둥그렇게 말아 하나의 표피를 매끄럽게 형성하는 것은?

① 분할기　　　② 라운더
③ 정형기　　　④ 발효기

58 반죽 날개가 수평으로 설치되어 있고, 주로 대형 매장이나 공장형 제조업에서 사용하는 믹서는?

① 수직형 믹서
② 수평형 믹서
③ 스파이럴 믹서
④ 에어 믹서

59 작업대 청소 방법으로 옳지 않은 것은?

① 스펀지와 세척제를 이용하여 이물질을 세척한다.
② 흐르는 물에 헹군다.
③ 10% 알코올 분무 또는 이와 동등한 효과가 있는 방법으로 살균한다.
④ 음용수로 세제를 닦아 내고 완전히 건조시킨다.

60 작업환경에 대한 설명으로 적절하지 않은 것은?

① 작업장은 견고하고 평평하여야 한다.
② 작업장 바닥은 파여 있거나 갈라진 틈이 없어야 하고, 필요한 경우를 제외하고 마른 상태를 유지한다.
③ 배수로는 작업장 외부 등에 폐수가 교차 오염되지 않도록 덮개를 설치한다.
④ 환풍기 설치는 비용이 많이 들어가므로 자연 환기 방법을 사용하도록 한다.

↻ 정답 및 해설 p.184

01 어떤 제품을 다음과 같은 조건으로 구웠을 때 제품에 남는 수분이 가장 많은 것은?

① 165℃에서 45분간
② 190℃에서 35분간
③ 205℃에서 30분간
④ 220℃에서 25분간

02 맥주 효모균이란 학명을 갖는 육안으로는 보이지 않는 단세포의 미생물은?

① 세 균
② 곰팡이
③ 이스트
④ 박테리아

03 식품 중 고분자 물질과 강하게 결합하여 쉽게 제거할 수 없는 물로 −20℃에서도 잘 얼지 않고, 100℃에서 증발되지 않는 것은?

① 자유수
② 결합수
③ 경 수
④ 아경수

04 베이커스 퍼센트(Baker's percent)에 대해 잘못 설명한 것은?

① 베이커리 업계에서 사용하고 있는 퍼센트이다.
② 반죽에 사용한 물의 양을 100으로 한 비율이다.
③ 백분율을 사용할 때보다 배합표 변경이 쉽다.
④ 배합표 변경에 따른 반죽의 특성을 짐작할 수 있다.

05 유지의 발연점에 영향을 주는 인자와 거리가 먼 것은?

① 용해도
② 유리지방산의 함량
③ 노출된 유지의 표면적
④ 불순물의 함량

06 전분에 물을 넣고 고온으로 가열하여 익힐 때 나타나며, β−전분이 가열에 의해 α−전분으로 되는 현상을 무엇이라 하는가?

① 호화현상　　　② 노화현상
③ 산화현상　　　④ 호정화현상

07 견과류에 많이 포함된 것으로, 세포 노화를 막고, 혈중 콜레스테롤의 산화를 막아주는 지용성 비타민은?

① 비타민 E   ② 비타민 C
③ 비타민 B   ④ 비타민 A

08 난백의 기포성에 대한 설명으로 적절하지 않은 것은?

① 신선한 달걀보다는 어느 정도 묵은 달걀이 수양난백이 많아 거품이 쉽게 형성된다.
② 난백에 식용유를 소량 첨가하면 거품이 잘 생성되고 윤기도 난다.
③ 난백의 거품이 형성된 후 설탕을 서서히 소량씩 첨가하면 안정성 있는 거품이 형성된다.
④ 난백은 냉장 온도보다 실내 온도에 저장했을 때 점도가 낮고 표면장력이 작아져 거품이 잘 생긴다.

09 효소적 갈변반응과 관련이 없는 것은?

① 홍 차
② 감 자
③ 사 과
④ 된 장

10 다음 중 수분활성도가 가장 낮은 것은?

① 생 선   ② 소시지
③ 과자류   ④ 과 일

11 영양소와 해당 소화효소가 옳은 것은?

① 엿당 – 리페이스(Lipase)
② 설탕 – 아밀레이스(Amylase)
③ 단백질 – 트립신(Trypsin)
④ 지방 – 수크레이스(Sucrase)

12 아이오딘값(Iodine Value)에 의한 식물성 기름의 분류로 옳지 않은 것은?

① 건성유 – 아마인유, 호두기름, 들기름
② 반건성유 – 참기름, 채종유, 면실유, 콩기름
③ 불건성유 – 동백기름, 올리브유, 피마자유, 땅콩기름
④ 경화유 – 미강유, 야자유, 옥수수유

13 하루 필요 열량이 2,250kcal일 때 이 중 32%에 해당하는 열량을 지방에서 얻으려한다. 이때 필요한 지방의 양은?

① 50g   ② 60g
③ 70g   ④ 80g

14 우유 가공품이 아닌 것은?

① 버 터　　　　② 마요네즈
③ 치 즈　　　　④ 아이스크림

15 초콜릿 템퍼링 시 중탕한 초콜릿의 온도를
낮추는 방법이 아닌 것은?

① 대리석법　　　② 접종법
③ 수랭법　　　　④ 평판법

16 다음의 당류 중 영양소를 공급할 수 없으
나 식이섬유소로서 인체에 중요한 기능을
하는 것은?

① 전 분　　　　② 설 탕
③ 펙 틴　　　　④ 맥아당

17 스트레이트법과 달리 비상스트레이트법
에서 진행하지 않는 작업은?

① 발 효　　　　② 펀 치
③ 예 열　　　　④ 성 형

18 실내 온도 26℃, 밀가루 온도 24℃, 수돗
물 온도 23℃, 스펀지 반죽 온도 25℃, 결
과 반죽 온도 28℃, 희망 반죽 온도 27℃,
마찰계수 14이다. 본반죽 제조 시 사용수
온도는?

① 16℃　　　　② 19℃
③ 22℃　　　　④ 25℃

19 완성된 사워 반죽(Sourdough)의 보관으
로 적합하지 않은 조건은?

① 실내 온도 22℃에서 보관한다.
② 상대습도는 50%인 곳이 적당하다.
③ 이물질의 혼입이 없게 한다.
④ 밀봉해서 보관한다.

20 반죽 점도의 변화, 전분의 질을 자동으로
측정하는 기구는?

① 아밀로그래프
② 패리노그래프
③ 익스텐소그래프
④ 믹스그래프

21 봉하기로 성형이 완료되는 제품은?

① 식 빵　　　　② 호밀빵
③ 크림빵류　　　④ 잉글리시 머핀

22 토핑물 중 단맛이나 감칠맛이 나고, 광택이 나는 물질을 음식에 코팅하는 것은?

① 분 당
② 도넛 설탕
③ 글레이즈
④ 스프링클

23 발효 손실이 큰 경우가 아닌 것은?

① 반죽 온도가 높다.
② 발효 시간이 짧다.
③ 소금과 설탕이 적다.
④ 발효실 습도가 낮다.

24 2차 발효를 위한 제품별 발효실의 상대습도로 옳게 짝지은 것은?

① 식빵류 – 85~90%
② 단과자빵류 – 70%
③ 하스브레드 – 85~90%
④ 도넛 반죽 – 40~50%

25 제품별 2차 발효에 대한 설명으로 적절하지 않은 것은?

① 단과자빵은 성형 시의 80%의 크기로 발효되었을 때 또는 철판을 흔들어 반죽이 찰랑거리며 흔들리면 2차 발효를 완료한다.
② 모카빵은 성형 시의 80%의 크기로 발효되었을 때 또는 철판을 흔들어 반죽이 찰랑거리며 흔들리면 2차 발효를 완료한다.
③ 그리시니는 성형 시의 80%의 크기로 발효되었을 때 또는 철판을 흔들어 반죽이 찰랑거리며 흔들리면 2차 발효를 완료한다.
④ 빵도넛은 성형 시의 80~100%의 크기로 발효되었을 때 또는 철판을 흔들어 반죽이 찰랑거리며 흔들리면 2차 발효를 완료한다.

26 반지름이 20cm, 높이가 8cm인 원형 팬에 용적 $4cm^3$당 1g의 반죽을 넣으려고 한다. 적당한 분할량은?

① 560g
② 1,058g
③ 2,512g
④ 3,000g

27 중간발효 방법에 대한 설명으로 적절하지 않은 것은?

① 작업장의 온도가 낮을 경우 중간발효의 온도와 수분을 맞추기 위해 발효기를 이용한다.

② 작업대 위에 반죽을 올리고 표피가 마르지 않도록 비닐이나 젖은 헝겊으로 덮어둔다.

③ 분할 중량이 작으면 5~15분으로 짧게, 식빵처럼 중량이 크면 약 20분 정도로 길게 준다.

④ 만드는 수량이 많다면 중간발효 시간을 길게 잡아야 한다.

28 말기 작업에 대한 설명으로 적절하지 않은 것은?

① 말기는 밀어 편 반죽을 말아 원통이나 타원형 원통으로 만드는 작업이다.

② 얇게 밀어 편 반죽을 적당한 압력을 주면서 고르게 균형을 맞추어 말거나 접기를 한다.

③ 말기 작업 시 반죽 안에 공간이 생기도록 적당한 압력으로 말아야 한다.

④ 수작업의 경우에는 밀대나 손으로 반죽의 가스를 빼고 돌돌 말아 스틱형이나 봉형으로 트위스트형의 모양으로 꼬아서 만든다.

29 패닝에 대한 설명으로 옳지 않은 것은?

① 성형이 끝난 반죽을 철판에 나열하거나 틀에 채워 넣는 과정을 말한다.

② 평철판에 패닝할 때는 2차 발효와 굽기 후에도 제품들이 서로 달라붙지 않도록 간격을 최대한으로 배열하는 것이 좋다.

③ 틀에 넣을 때는 틀의 크기와 부피에 맞게 반죽량을 넣는다.

④ 철판이나 틀의 온도는 25℃ 정도에 맞추어 사용한다.

30 튀김 기름에 영향을 미치는 요인이 아닌 것은?

① 온 도
② 수 분
③ 산 소
④ 유 당

31 다음 중 메일라드 반응(Maillard Reaction)에 대한 설명이 아닌 것은?

① 온도, 수분, pH, 당의 종류 등이 영향을 미친다.

② 당류와 아미노산이 결합하여 갈색 색소인 멜라노이딘을 만드는 반응이다.

③ 효소에 의해 일어난다.

④ 당류, 아미노산, 단백질 모두를 함유하고 있기 때문에 대부분의 모든 식품에서 자연 발생적으로 일어난다.

32 제품 냉각에 대한 설명으로 잘못된 것은?

① 곰팡이 및 기타 균의 피해를 방지한다.
② 절단, 포장을 용이하게 한다.
③ 냉각실의 온도가 높으면 그만큼 냉각 시간이 짧아진다.
④ 자연 냉각은 제품을 냉각 팬에 올려 상온에서 냉각하는 것으로 3~4시간 정도 걸린다.

33 급속 해동방법이 아닌 것은?

① 건열 해동
② 상온 해동
③ 스팀 해동
④ 보일 해동

34 장식물에 대한 설명으로 옳지 않은 것은?

① 생크림을 거품 낼 때는 냉장고에서 바로 나와 차가운 상태의 것이 좋다.
② 장식에 사용하는 견과류는 미리 오븐에 구워 놓는다.
③ 과일을 장식할 때는 생크림을 아이싱하기 전에 미리 잘라 물기를 제거해 놓아야 한다.
④ 금가루나 초콜릿 장식을 올릴 때는 손으로 재빨리 올린다.

35 포장 재료의 조건이 아닌 것은?

① 포장재로 인하여 내용물이 오염되어서는 안 된다.
② 식품 포장 기준에 맞아야 한다.
③ 포장 재료의 특성을 잘못 선택하여 제품의 고유성이 변화되어서는 안 된다.
④ 식품에 접촉하지 않는 부분이라면 포장재 자체의 유해물질 유무는 중요하지 않다.

36 냉동 유통 제품의 적정 관리 온도는?

① 1~35℃   ② 15~25℃
③ 0~10℃   ④ −18℃ 이하

37 건조 이스트는 같은 중량을 사용할 때 생 이스트보다 활성이 약 몇 배 더 강한가?

① 2배   ② 5배
③ 7배   ④ 10배

38 신선한 달걀에 해당하지 않는 것은?

① 껍질이 까칠까칠한 것
② 흔들었을 때 소리가 들리지 않는 것
③ 6~10% 소금물에 담그면 위로 뜨는 것
④ 깨뜨렸을 때 노른자의 높이가 높고 흰자가 퍼지지 않는 것

39 도넛에 뿌리는 설탕을 만드는 재료와 거리가 먼 것은?

① 소 금
② 포도당
③ 레시틴
④ 쇼트닝

40 냉동 보관 방법으로 적절하지 않은 것은?

① 냉동 저장 시 온도 −23~−18℃, 습도 75~95%에서 관리한다.
② 최근에 입고된 것부터 먼저 사용한다.
③ 냉동고 용량의 70% 이하로 식품을 보관한다.
④ 제품의 냉해 방지와 수분 증발을 억제하기 위해 제품별로 포장하거나 밀봉하여 보관한다.

41 미생물의 번식을 방지하는 방법으로 가열한 공기를 식품 표면에 보내어 수분을 증발시키는 건조법은?

① 일광건조법
② 열풍건조법
③ 고온건조법
④ 감압건조법

42 식품 등을 제조 · 가공하는 영업자가 식품 등이 기준과 규격에 맞는지 자체적으로 검사하는 것을 일컫는 식품위생법상 용어는?

① 제품검사
② 정밀검사
③ 수거검사
④ 자가품질검사

43 조리사가 타인에게 면허를 대여하여 사용하게 한 때 3차 위반 시 행정처분기준은?

① 업무정지 1개월
② 업무정지 2개월
③ 업무정지 3개월
④ 면허취소

44 식품위생법에서 국민의 보건위생을 위하여 필요하다고 판단되는 경우 영업소의 출입 · 검사 · 수거 등은 몇 회 실시하는가?

① 1년에 1회
② 1년에 4회
③ 6개월에 1회
④ 필요할 때마다 수시로

45 식품위생법상 식품냉동·냉장업의 영업 신고는 누구에게 하는가?

① 보건소장
② 동사무소장
③ 시장·군수·구청장
④ 식품의약품안전처장

46 건강진단을 받지 않아도 되는 사람은?

① 식품을 가공하는 자
② 식품첨가물의 제조자
③ 완전 포장된 식품의 판매자
④ 식품 및 식품첨가물의 채취자

47 식품안전관리인증기준(HACCP)을 수행하는 단계(7원칙)에 해당하지 않는 것은?

① 위해요소 분석
② 해썹(HACCP) 팀 구성
③ 모니터링 체계 확립
④ 중요관리점(CCP) 결정

48 다음 중 보존료가 아닌 것은?

① 소브산
② 안식향산
③ 구아닐산
④ 데하이드로초산

49 식품첨가물의 사용 목적과 종류가 옳게 연결되지 않은 것은?

① 식품의 영양 강화를 위한 것 – 강화제
② 식품의 관능을 만족시키기 위한 것 – 조미료
③ 식품의 변질이나 변패를 방지하기 위한 것 – 보존료
④ 식품의 품질을 개량하거나 유지하기 위한 것 – 산미료

50 식품과 해당 독성분이 옳게 연결된 것은?

① 복어 – 솔라닌
② 조개류 – 테트로도톡신
③ 모시조개 – 베네루핀
④ 독버섯 – 삭시톡신

51 세균성 식중독의 일반적인 특성으로 틀린 것은?

① 감염 후 면역성이 획득된다.
② 주요 증상은 두통, 구역질, 구토, 복통, 설사이다.
③ 살모넬라균, 장염 비브리오균, 포도상 구균 등이 원인균이다.
④ 균량이 다량이어야 하며 일반적으로 2차 감염이 없다.

52 웰치균에 대한 설명으로 옳지 않은 것은?

① 혐기성 균주이다.
② 발육 최적온도는 37~45℃이다.
③ 단백질성 식품에서 주로 발생한다.
④ 아포는 60℃에서 10분 가열하면 사멸한다.

53 다음 중 병원체가 세균인 것은?

① 폴리오
② 말라리아
③ 유행성 간염
④ 장티푸스

54 식품의 살균과 소독에 대해 잘못 설명한 것은?

① 살균은 멸균에 비해 비교적 약한 살균력을 작용한다.
② 살균은 병원 미생물의 생활력을 파괴하고 감염의 위험성을 제거하는 것이다.
③ 멸균은 병원균, 아포 등 미생물을 완전히 죽이는 처리 방법이다.
④ 멸균은 소독과 살균을 의미한다.

55 일반적으로 반죽을 강화시키는 재료들로 바르게 묶인 것은?

① 유지, 탈지분유, 달걀
② 소금, 산화제, 설탕
③ 유지, 환원제, 설탕
④ 소금, 산화제, 탈지분유

56 제품 공정 관리 지침서 작성 시 ㉠에 들어갈 알맞은 용어는?

> 제품 설명서 작성 → 공정흐름도 작성 →
> 위해요소 분석 → (㉠) 결정 → (㉠)에
> 대한 세부 관리 계획 수립

① 중요관리점
② 위해요소
③ 공정관리
④ 작업장 평면도

57 오븐 속의 선반이 회전하여 구워지는 오븐으로, 내부 공간이 커서 많은 양의 제품을 구울 수 있는 것은?

① 데크 오븐(Deck Oven)
② 로터리 랙 오븐(Rotary Rack Oven)
③ 터널 오븐(Tunnel Oven)
④ 컨벡션 오븐(Convection Oven)

58 설비 및 기기의 위생·안전관리로 옳지 않은 것은?

① 파이롤러는 사용 후 윗부분의 이물질을 솔로 깨끗이 청소한다.
② 냉동실은 −18℃ 이하, 냉장실은 5℃ 이하의 적정 온도를 유지한다.
③ 믹싱기는 믹싱볼과 부속품을 분리한 후 중성 세제나 약알칼리성 세제로 세정한다.
④ 작업대는 오염이 적은 나무 등의 재질로 설비하고, 열탕 소독 위주로 세척해야 한다.

59 작업환경에 대한 설명으로 적절하지 않은 것은?

① 작업장은 견고하고 평평하여야 한다.
② 배수로는 배수가 용이하도록 항상 열어 두어야 한다.
③ 벽, 바닥, 천장의 이음새가 틈이 없고 모서리는 오염이 되지 않도록 구배를 주며, 세정이 용이하도록 한다.
④ 건물 내에 환기 시스템에 대한 정기적 유지, 보수 프로그램을 세워야 한다.

60 수도와 하수의 관리에 대해 잘못 설명한 것은?

① 음용수는 승인된 수원으로부터 공급되는지 확인해야 한다.
② 지하수의 경우 연 1회 먹는물 관리법 항목에 대한 용수검사를 실시한다.
③ 배수로는 일반 구역에서 청결 구역으로 흐르도록 한다.
④ 수도꼭지는 역류 또는 역 사이펀 현상이 방지되도록 설계한다.

🖐 정답 및 해설 p.190

01 사워 반죽(Sour Dough)의 발효에 대해 잘못 설명한 것은?

① 제빵에 사워 반죽을 사용하면 이스트의 역할과 함께 팽창효과를 극대화할 수 있다.

② 사워 반죽의 젖산 발효를 통해 다양한 향미를 얻을 수 있다.

③ 사워 반죽을 발효할 때 생성되는 젖산균은 발효 온도의 영향을 받지 않는다.

④ 젖산균은 식품의 영양 효과와 보존성 효과를 높인다.

02 사과 액종 제조에 대해 잘못 설명한 것은?

① 사과는 건포도에 비해 과당이 많아 발효가 쉽게 된다.

② 사과는 봉지를 씌우지 않고 재배한 것을 사용하는 것이 좋다.

③ 사과의 껍질 부분에 효모가 많기 때문에 껍질째 갈아서 사용한다.

④ 발효시킬 때 용기 위에 뚜껑이나 랩을 씌우고 구멍을 뚫어 준다.

03 밀가루를 반죽할 때 반죽 팽창을 위한 윤활작용을 위해 넣는 것은?

① 설 탕   ② 이스트
③ 달 걀   ④ 유 지

04 스펀지 반죽 시 일반적인 발효실의 온도는?(단, 오버나이트법인 경우는 제외한다)

① 7~12℃   ② 15~20℃
③ 24~29℃   ④ 31~36℃

05 다음에서 설명하는 반죽법은?

> • 주로 이탈리아에서 사용하는 반죽으로 사전 반죽이란 의미를 지닌다.
> • 밀가루의 글루텐 함량이 낮거나 힘이 부족한 경우에 사용된다.
> • 밀가루 양의 1%의 이스트에 60%의 물을 사용한다.

① 액종법
② 비가법
③ 폴리시법
④ 오토리즈법

06 플로어 타임(Floor Time)이 지나칠 때 나타나는 현상을 잘못 설명한 것은?

① 반죽이 유연성을 잃는다.
② 반죽이 끈적거리는 점착성이 있다.
③ 기공이 커지며 제품의 품질이 저하된다.
④ 지나치게 많은 양의 이산화탄소를 형성한다.

07 반죽의 6단계 중, 반죽이 탄력성을 잃고 신장성이 커지며, 반죽이 늘어지고 점성이 많아져 끈끈해지는 단계로, '오버믹싱' 단계라고도 부르는 것은?

① 픽업 단계(Pick-up Stage)
② 클린업 단계(Clean-up Stage)
③ 최종 단계(Final Stage)
④ 렛다운 단계(Let Down Stage)

08 건포도식빵 반죽 시 반죽을 마무리하는 단계는?

① 픽업 단계
② 클린업 단계
③ 발전 단계
④ 최종 단계

09 옥수수식빵 반죽 시 반죽이 지나칠 경우 나타나는 현상은?

① 글루텐 형성이 더디게 된다.
② 글루텐 막이 쉽게 찢어진다.
③ 반죽이 퍽퍽해진다.
④ 반죽에 큰 기공이 생긴다.

10 반죽은 발전 단계 후기로 일반 식빵의 80% 정도에서 마무리하여, 반죽 온도는 27℃ 정도로 맞추는 식빵은?

① 밤식빵
② 쌀식빵
③ 우유식빵
④ 버터톱식빵

11 모카빵 반죽에 대해 잘못 설명한 것은?

① 모카빵 반죽에는 커피가 들어간다.
② 반죽의 윗부분에 비스킷을 씌워 만든다.
③ 다른 빵의 반죽에 비하여 반죽 시간이 길다.
④ 반죽 온도는 27℃ 정도로 맞춘다.

12 찐빵 반죽에 대해 바르게 설명한 것은?

① 반죽에 앙금을 싸서 발효시킨 후 쪄서 만든다.
② 반죽은 최종 단계 후기로 마무리한다.
③ 반죽 온도는 27℃ 정도로 맞춘다.
④ 버터를 넣고 저속(1단 속도)으로 1~2분 정도 반죽한다.

13 스트레이트법을 비상스트레이트법으로 변경할 때 식초나 젖산을 첨가하는 이유는?

① pH 조절
② 이스트 활동 촉진
③ 발효 시간 지연
④ 글루텐 숙성 보완

14 발효에 영향을 주는 이스트의 활동이 최대치가 되는 온도는?

① 4℃
② 15℃
③ 35℃
④ 65℃

15 스트레이트법 1차 발효에 대한 설명으로 옳지 않은 것은?

① 발효기는 온도 27℃, 상대습도 75~80%로 조절한다.
② 반죽을 발효기에 넣고 90~120분 정도 발효한다.
③ 반죽 발효 동안 펀치를 하면 발효가 지연된다.
④ 반죽을 찔러 보아 손가락 자국이 그대로 남으면 1차 발효를 완료한다.

16 식빵류의 2차 발효를 위한 적정 온도와 상대습도는?

① 38℃, 80~85%
② 38℃, 70~75%
③ 29℃, 80~85%
④ 29℃, 70~75%

17 빵도넛의 2차 발효 조건이 아닌 것은?

① 온도 - 38℃
② 상대습도 - 90~95%
③ 발효 시간 - 30~40분
④ 발효 완료 - 철판을 흔들었을 때 반죽이 찰랑거리면서 흔들린다.

18 반죽 정형 과정에 대해 잘못 설명한 것은?

① 분할 – 발효시킨 반죽을 미리 정한 무게로 나누는 것
② 둥글리기 – 반죽의 표피를 매끄럽게 만들며 흐트러진 글루텐의 구조를 정리하는 작업
③ 중간발효 – 성형하기 쉽도록 짧게 발효시키는 작업
④ 성형 – 반죽을 철판에 나열하거나 틀에 채워 넣는 과정

20 베이글 데치기에 대해 잘못 설명한 것은?

① 베이글을 데칠 때 물에 약간의 소금을 넣은 다음 90℃ 정도로 가열한다.
② 베이글 반죽을 물에 넣을 때에는 베이글 반죽의 윗면이 밑으로 가도록 한다.
③ 베이글을 너무 적게 데치면 구운 후 쫀득거리는 식감이 없어지므로 완전히 호화시킨다.
④ 베이글을 데친 후 완전히 식힌 후 구워야 구울 때 잘 부풀어 오른다.

19 수분을 증발시켜 말리듯이 굽는 방법으로, 장식용 빵을 굽거나 바삭한 식감의 그리시니 등을 구울 때 사용하는 굽기 방법은?

① 저온 장시간
② 고온 단시간
③ 전반 고온–후반 저온
④ 전반 저온–후반 고온

21 토핑물에 대한 다음 설명 중 틀린 것은?

① 토핑물은 요리의 끝마무리에 재료를 올리거나 장식하는 데 사용한다.
② 폰당(폰던트)은 식힌 시럽을 섞어서 설탕을 일부분을 결정화하여 만든다.
③ 잣은 고지방 식품이어서 산패되기 쉬우므로 실온 보관한다.
④ 좋은 초콜릿의 품질을 얻기 위해서 템퍼링을 실시한다.

22 원료의 전처리 방법으로 옳지 않은 것은?

① 유지는 냉장고에서 꺼내어 약간의 유연성을 갖도록 실온에 놓아 둔다.

② 이스트는 계량한 물의 일부분에 용해시켜 사용한다.

③ 이스트 푸드는 이스트와 함께 녹여 사용한다.

④ 밀가루, 탈지분유 등은 계량한 후 체질하여 사용한다.

23 성형 몰더(Moulder)를 사용할 때의 방법으로 틀린 것은?

① 휴지 상자에 반죽을 너무 많이 넣지 않는다.

② 덧가루를 많이 사용하여 반죽이 붙지 않게 한다.

③ 롤러 간격이 너무 넓으면 가스빼기가 불충분해진다.

④ 롤러 간격이 너무 좁으면 거친 빵이 되기 쉽다.

24 밀가루 보관 시 주의사항을 잘못 설명한 것은?

① 창고에서 보관 시 바닥이 젖지 않도록 한다.

② 방향제, 소독약 등 냄새가 강한 것과 함께 보관하지 않는다.

③ 온도 10~15℃, 상대습도 70~80%에서 보관하는 것이 좋다.

④ 온도차가 크고, 통풍과 환기가 잘되는 곳에 보관한다.

25 믹싱 시간과 관계가 적은 요인은?

① 반죽의 되기

② 분유 사용량

③ 소금 투입 시기

④ 이스트의 양

26 고체유인 쇼트닝을 만들 때 액상 기름에 첨가하는 물질은?

① 산 소

② 수 소

③ 질 소

④ 칼 슘

27 팬 오일에 대한 설명으로 틀린 것은?

① 고화되지 않아야 한다.
② 발연점이 낮아야 한다.
③ 무색, 무미, 무취이어야 한다.
④ 고온이나 장시간의 산패에 잘 견뎌야
   한다.

28 둥글리기가 끝난 반죽을 정형하기 전에 짧
   은 시간 동안 발효시키는 목적으로 옳지
   않은 것은?

① 가스 발생으로 반죽의 유연성을 회복시
   키기 위해
② 반죽 표면에 얇은 막을 만들어 정형할
   때 끈적거리지 않도록 하기 위해
③ 분할, 둥글리기하는 과정에서 손상된
   글루텐 구조를 재정돈하기 위해
④ 가스 발생력을 키워 반죽을 부풀리기
   위해

29 반죽 온도가 정상보다 낮을 때 나타나는
   제품의 결과 중 틀린 것은?

① 부피가 작다.
② 기공이 조밀하다.
③ 큰 기포가 형성된다.
④ 오븐 통과 시간이 약간 길다.

30 액상 재료의 양을 잴 때 사용하는 도구는?

① 스패츌러
② 전자저울
③ 스크레이퍼
④ 계량컵

31 컨베이어 벨트에 따라 다양한 사이즈를 생
   산할 수 있으며, 대량 생산 시 적합한 공장
   설비용 오븐은?

① 데크 오븐(Deck Oven)
② 터널 오븐(Tunnel Oven)
③ 컨벡션 오븐(Convection Oven)
④ 로터리 랙 오븐(Rotary Rack Oven)

32 가로 20cm, 세로 15cm, 높이 5cm인 사각
   팬의 용적은?

① $750cm^3$
② $1,500cm^3$
③ $2,200cm^3$
④ $3,000cm^3$

33 물 1L에 락스를 넣어 100ppm의 소독액을 만들고자 할 때 필요한 락스의 양은?(단, 락스의 유효 잔류 염소 농도 4%, 1% = 10,000ppm)

① 2mL   ② 2.5mL
③ 4mL   ④ 5mL

34 포장의 기능이 아닌 것은?

① 매출의 감소
② 취급의 편의
③ 내용물의 보호
④ 상품의 가치 증대

35 저장 관리의 원칙을 잘못 설명한 것은?

① 저장위치 표시의 원칙
② 분류저장의 원칙
③ 품질보존의 원칙
④ 선입후출의 원칙

36 저온 저장의 효과와 가장 거리가 먼 것은?

① 미생물의 생육을 억제할 수 있다.
② 효소활성이 낮아져 수확 후 호흡, 발아 등의 대사를 억제할 수 있다.
③ 살균효과가 있다.
④ 영양 손실의 속도를 저하시킨다.

37 생이스트에 대한 설명으로 틀린 것은?

① 중량의 65~70%가 수분이다.
② 자기소화를 일으키기 쉽다.
③ 20℃ 정도의 상온에서 보관해야 한다.
④ 곰팡이 등의 배지 역할을 할 수 있다.

38 탈지분유 1% 변화에 따른 반죽의 흡수율 차이는 얼마인가?

① 1%
② 2%
③ 3%
④ 별 영향이 없다.

39 식빵 반죽 표피에 수포가 생긴 이유로 적합한 것은?

① 2차 발효실 상대습도가 높았다.
② 2차 발효실 상대습도가 낮았다.
③ 1차 발효실 상대습도가 낮았다.
④ 1차 발효실 상대습도가 높았다.

40 다음 중 알칼리성 식품을 설명한 것은?

① Na, K, Ca, Mg이 많이 함유되어 있는
   식품
② S, P, Cl이 많이 함유되어 있는 식품
③ 당질, 지질, 단백질 등이 많이 함유되어
   있는 식품
④ 곡류, 육류, 치즈 등의 식품

41 무기질만으로 짝지어진 것은?

① 지방, 나트륨, 비타민 A
② 칼슘, 인, 나트륨
③ 지방산, 염소, 비타민 B
④ 아미노산, 아이오딘, 지방

42 백분율(Percentage)에 대한 설명으로 적
절하지 않은 것은?

① 전체 수량을 100으로 하고, 그것에 대해
   갖는 비율이다.
② 베이커스 퍼센트(Baker's percent)를
   사용했을 때보다는 배합표 변경이 쉽다.
③ 배합표를 백분율로 하면 반죽당 각각의
   재료량이 얼마나 분포되어 있는지를 알
   수 있다.
④ 물 사용량을 증가할 경우, 물의 비율뿐
   만 아니라 다른 재료의 비율을 모두 조
   절해야 한다.

43 식빵의 냉각에 관한 설명으로 옳은 것은?

① 40℃ 이상의 온도에서 식빵을 절단하는
   것이 바람직하다.
② 통풍이 지나치면 제품의 옆면이 붕괴되
   는 비틀림 현상을 예방한다.
③ 포장실의 이상적인 상대습도는 40~50%
   이다.
④ 빵을 냉각하는 장소의 습도가 낮으면
   껍질에 잔주름이 생긴다.

44 스펀지에서 드롭 또는 브레이크 현상이 일
어나는 가장 적당한 시기는?

① 반죽의 약 1~2배 정도 부풀은 후
② 반죽의 약 2~3배 정도 부풀은 후
③ 반죽의 약 4~5배 정도 부풀은 후
④ 반죽의 약 6~7배 정도 부풀은 후

45 제빵에서 믹싱의 주된 기능은?

① 거품 포집, 재료 분산, 혼합
② 혼합, 이김, 두드림
③ 혼합, 거품 포집, 온도 상승
④ 재료 분산, 온도 상승, 글루텐 완화

46 색소를 함유하고 있지는 않지만 식품 중의 성분과 결합하여 색을 안정화시키면서 선명하게 하는 식품첨가물은?

① 착색료
② 보존료
③ 발색제
④ 산화방지제

47 식중독 예방을 위한 개인위생 안전관리에 대해 잘못 설명한 것은?

① 식품의 온도 관리만큼이나 식품 취급자의 관리가 중요하다.
② 조리 종사원의 건강 상태를 확인해야 한다.
③ 손을 씻을 때 세정제의 사용은 자제한다.
④ 음식물은 속까지 충분히 익혀 먹는다.

48 소독약품이 갖추어야 할 조건으로 적절하지 않은 것은?

① 사용이 간단할 것
② 살균력이 약할 것
③ 불쾌한 냄새가 나지 않을 것
④ 소독 대상물에 대한 부식성이 없을 것

49 다음 중 패닝 시 주의사항이 아닌 것은?

① 종이 깔개를 사용한다.
② 철판에 넣은 반죽은 두께가 일정하게 펴 준다.
③ 패닝 후 즉시 굽는다.
④ 팬기름은 많이 발라 준다.

50 건포도식빵 제조과정에 대한 설명으로 틀린 것은?

① 100% 중종법보다 70% 중종법이 오븐 스프링이 좋다.
② 밀가루의 단백질이 양질일수록 오븐 스프링이 크다.
③ 식감이 가볍고 잘 끊어지는 제품을 만들 때는 2차 발효를 약간 길게 한다.
④ 최적의 품질을 위해 2차 발효를 짧게 한다.

51 식품의 변질에 대해 잘못 설명한 것은?

① 부패 – 단백질 식품이 미생물에 의해서 분해되어 암모니아나 아민 등이 생성되어 악취가 심하게 나고 인체에 유해한 물질이 생성되는 현상

② 변패 – 단백질, 지방질, 탄수화물 등의 성분들이 미생물에 의하여 변질되는 현상

③ 산패 – 유지가 산화되어 역한 냄새가 나고 점성이 증가할 뿐만 아니라 색깔이 변색되어 품질이 저하되는 현상

④ 발효 – 탄수화물이 미생물의 분해작용을 거치면서 유기산, 알코올 등이 생성되어 인체에 이로운 식품이나 물질을 얻는 현상

52 화농성 질환자에 의해 감염되는 대표적인 식중독은?

① 황색포도상구균
② 살모넬라
③ 비브리오
④ 슈도모나스

53 식품과 자연독의 연결이 틀린 것은?

① 감자 – 솔라닌
② 피마자 – 무스카린
③ 청매 – 아미그달린
④ 목화씨 – 고시폴

54 빵의 부피와 가장 관련이 깊은 것은?

① 소맥분의 전분 함량
② 소맥분의 단백질 함량
③ 소맥분의 수분 함량
④ 소맥분의 회분 함량

55 비말감염이 가장 잘 이루어질 수 있는 조건은?

① 군 집
② 영양 과다
③ 피 로
④ 매개곤충의 서식

56 질병관리청장이 지정하는 감염병의 종류 고시에서 인수공통감염병에 해당되지 않는 것은?

① 일본뇌염
② 큐 열
③ 중증급성호흡기증후군(SARS)
④ 매 독

57 식품위생법상 식품위생의 대상은?

① 식품포장기구, 그릇, 조리 방법
② 재배환경, 조리 방법, 식품포장재
③ 식품, 식품첨가물, 영양제
④ 식품, 식품첨가물, 기구, 용기, 포장

59 식품위생법령상 영업허가를 받아야 할 업종이 아닌 것은?

① 단란주점영업
② 유흥주점영업
③ 식품조사처리업
④ 제과점영업

58 초콜릿을 씌운 사탕이나 아이스크림을 만들 때 전화효소(Invertase)의 작용은?

① 설탕의 가수분해를 막아 준다.
② 설탕을 다량 사용하지 않아도 단맛의 사탕을 제조할 수 있다.
③ 설탕을 가수분해시킴으로써 결정화되는 것을 막아 준다.
④ 설탕을 가수분해시켜 결정이 되는 것을 촉진시킨다.

60 식품위생법에 따른 일반음식점의 모범업소 지정기준이 아닌 것은?

① 화장실에 1회용 위생종이 또는 에어타월이 비치되어 있어야 한다.
② 주방에는 입식조리대가 설치되어 있어야 한다.
③ 1회용 컵을 사용하여야 한다.
④ 종업원은 청결한 위생복을 입고 있어야 한다.

01 액종법 반죽에 대해 잘못 설명한 것은?

① 액종의 제조와 관리가 스펀지 반죽법에 비해 간단하다.

② 한꺼번에 많은 양을 만들 수 있다.

③ 스트레이트법의 제품보다 풍미가 있고 노화가 더디다.

④ 온도, 습도에 따른 세균수의 급격한 변화가 일어나지 않는다.

02 사워 반죽의 균형 잡힌 풍미를 위해 적절한 발효 온도는?

① 18℃ ② 24℃

③ 29℃ ④ 33℃

03 스펀지 반죽 시 실내 온도 25℃, 밀가루 온도 24℃, 수돗물 온도 19℃, 결과 반죽 온도 27℃일 때 마찰계수는?

① 13 ② 15

③ 17 ④ 19

04 스펀지 반죽의 발효 시간에 대해 바르게 설명한 것은?

① 일반적으로는 4시간 표준 스펀지법을 많이 사용한다.

② 생산력이 부족한 경우 단시간 스펀지법을 사용하는 것이 효과적이다.

③ 발효 시간이 길수록 스펀지 반죽에 들어가는 설탕량이 많아진다.

④ 발효 시간이 짧을수록 탈지분유의 첨가량이 많아진다.

05 스펀지 도 반죽을 할 때 30℃ 정도의 따뜻한 물에 소량의 이스트를 먼저 풀어 준 다음, 반죽을 하지 않고 수저 등의 도구로 밀가루를 가볍게 섞어 발효하는 반죽법은?

① 액종법

② 비가법

③ 폴리시법

④ 오토리즈법

06 플로어 타임(Floor Time)에 대한 설명으로 적절하지 않은 것은?

① 본반죽이 끝나고 분할하기 전에 발효시키는 공정이다.
② 시간은 보통 10~40분 내외로 이루어진다.
③ 반죽의 점착성을 늘이는 과정이다.
④ 반죽의 숙성 정도를 조절하기 위해 꼭 거쳐야 하는 공정이다.

07 M. J 스튜어트 피거의 반죽 공정의 6단계를 순서대로 나열한 것은?

> ㉠ 발전 단계(Development Stage)
> ㉡ 픽업 단계(Pick-up Stage)
> ㉢ 클린업 단계(Clean-up Stage)
> ㉣ 렛다운 단계(Let Down Stage)
> ㉤ 최종 단계(Final Stage)
> ㉥ 브레이크다운 단계(Break Down Stage)

① ㉠ - ㉡ - ㉢ - ㉤ - ㉣ - ㉥
② ㉡ - ㉢ - ㉠ - ㉤ - ㉣ - ㉥
③ ㉢ - ㉡ - ㉠ - ㉤ - ㉣ - ㉥
④ ㉥ - ㉠ - ㉢ - ㉤ - ㉣ - ㉡

08 건포도식빵 반죽 시 건포도를 반죽에 넣고 너무 오래 반죽했을 때 나타나는 현상을 잘못 설명한 것은?

① 발효가 늦어진다.
② 글루텐 막이 쉽게 끊어진다.
③ 빵의 내부의 색이 불균일하게 나타난다.
④ 건포도에 있는 당 성분이 반죽에 섞인다.

09 밤식빵 반죽 시 강력분과 중력분의 재료 배합 비율은?

① 강력분 8 : 중력분 2
② 강력분 5 : 중력분 5
③ 강력분 3 : 중력분 7
④ 강력분 2 : 중력분 8

10 쌀식빵 반죽에 대해 잘못 설명한 것은?

① 쌀가루가 포함되어 일반 식빵에 비하여 글루텐을 형성하는 단백질이 부족하다.
② 반죽을 부족하게 하면 반죽이 끈끈해진다.
③ 반죽을 지나치게 하면 글루텐 막이 쉽게 찢어지게 된다.
④ 글루텐을 첨가한 강력 쌀가루를 사용하는 경우 최종 단계까지의 반죽을 한다.

11 모카빵의 2차 발효를 설명한 것으로 옳지 않은 것은?

① 발효기는 온도 35℃, 상대습도 80~85%로 예열한다.
② 2차 발효는 40~50분간 진행한다.
③ 비스킷을 얇게 밀어 얹은 모카빵은 습도와 온도를 다른 비스킷을 얹는 빵보다 약간 낮게 한다.
④ 2차 발효의 온도와 습도가 낮을 경우 비스킷의 설탕이 녹아 구멍이 생길 수 있다.

12 비상스트레이트법에 대해 바르게 설명한 것은?

① 이스트의 사용량을 늘리고, 발효 시간을 줄이는 방법
② 이스트의 사용량을 늘리고, 발효 시간을 늘리는 방법
③ 이스트의 사용량을 줄이고, 발효 시간을 줄이는 방법
④ 이스트의 사용량을 줄이고, 발효 시간을 늘리는 방법

13 비상스트레이트법 식빵 반죽에 대해 잘못 설명한 것은?

① 설탕 함량이 10% 이하의 저율 배합 빵이다.
② 일반 식빵보다 20~25% 반죽 시간을 늘린다.
③ 최종 단계 후기로 반죽을 마무리한다.
④ 반죽 온도는 25℃ 정도로 맞춘다.

14 반죽의 발효에 대해 잘못 설명한 것은?

① 믹싱을 통해 완성한 반죽을 적절하게 팽창시키는 과정이다.
② 이스트가 탄수화물을 분해하여 알코올과 이산화탄소를 생성한다.
③ 발효가 진행됨에 따라 pH는 높아진다.
④ 발효가 잘된 반죽으로 구운 빵은 노화가 지연된다.

15 스트레이트법 1차 발효 시 상대습도가 70%보다 낮을 경우 나타나는 현상은?

① 반죽이 동그랗게 말린다.
② 발효가 빠르게 진행된다.
③ 반죽 표면에 표피가 생긴다.
④ 반죽이 질어지고 늘어진다.

16 식빵류의 2차 발효에 대한 설명으로 옳지 않은 것은?

① 발효기의 온도는 38℃, 상대습도는 80~85%로 설정한다.
② 일반적으로 산형식빵은 식빵 틀보다 1cm 정도 올라오도록 발효시킨다.
③ 일반적으로 원로프형 식빵은 식빵 틀보다 1cm 정도 올라오도록 발효시킨다.
④ 풀먼식빵은 일반적으로 예열된 발효기에서 50~60분간 2차 발효를 한다.

17 빵류 제품의 반죽 정형 시 둥글리기 작업장의 적정 온도와 습도는?

① 온도 25℃ 내외, 습도 60%
② 온도 17℃ 내외, 습도 60%
③ 온도 17℃ 내외, 습도 40%
④ 온도 25℃ 내외, 습도 40%

18 반죽 성형 시 말기 방식을 이용하는 제품이 아닌 것은?

① 꽈배기
② 앙금빵
③ 바게트
④ 베이글빵

19 식빵 굽기에 대해 잘못 설명한 것은?

① 삼봉형식빵을 오븐 안에 넣을 때 너무 촘촘히 붙으면 식빵 옆면 색이 잘 나지 않을 수 있다.
② 삼봉형식빵의 굽기가 완료되면 오븐에서 꺼내 식빵 틀을 바닥에 가볍게 쳐서 식빵이 찌그러지고 주저앉는 것을 방지한다.
③ 우유를 첨가한 식빵은 일반 식빵보다 윗불 온도를 10℃ 정도 높게 한다.
④ 오픈톱식빵의 윗면 색이 지나치게 높을 경우 알루미늄 포일을 빵 윗부분에 덮어준다.

20 베이글 데치기에서 빵의 향미와 풍취를 높이기 위해 물에 첨가하는 것은?

① 몰트 진액
② 우 유
③ 버 터
④ 식용유

21 초콜릿 템퍼링 효과를 잘못 설명한 것은?

① 결정형이 일정해진다.
② 입안에서의 용해성이 좋아진다.
③ 내부 조직이 커진다.
④ 광택이 좋아진다.

22 커버추어 초콜릿(Couverture Chocolate)에 함유된 카카오 버터 함량은?

① 5% 전후

② 10% 전후

③ 25% 전후

④ 40% 전후

23 위생복에 묻은 이물질 관리 방법에 대해 잘못 설명한 것은?

① 껌이 묻은 부분에 얼음 주머니를 두면 껌이 단단해져 살짝 떼어 낼 수 있다.

② 과일즙은 중성 세제를 이용하여 찬물로 빨아 준다.

③ 피는 위생복 밑에 흰 천이나 티슈를 깔고 과산화수소로 두드려 준다.

④ 달걀은 알코올을 흠뻑 적신 가제로 두드리듯 닦아 준다.

24 밀가루에 대한 다음 설명 중 틀린 것은?

① 단백질 함량에 따라 강력분, 중력분, 박력분으로 나눈다.

② 강력분은 제과용 반죽을 만드는 데 가장 적합하다.

③ 중력분은 식빵 제조에는 적합하지 않다.

④ 박력분은 단백질 함량이 적고 부드럽다.

25 다음의 무게를 참고할 때, 반죽의 비중은?

- 비중컵의 무게 : 50g
- 비중컵에 담긴 물의 무게 : 250g
- 비중컵에 담긴 반죽의 무게 : 150g

① 0.5   ② 0.6

③ 0.7   ④ 0.8

26 당류와 아미노산이 결합하여 갈색 색소를 생성하는 현상은?

① 중화반응

② 캐러멜화 반응

③ 메일라드 반응

④ 단백질 응고반응

27 튀김 시 기름에서 일어나는 변화를 잘못 설명한 것은?

① 기름은 비열이 낮기 때문에 온도가 쉽게 상승하고 쉽게 저하된다.

② 튀김 재료에 당, 지방 함량이 많거나 표면적이 넓을 때 흡유량이 많아진다.

③ 기름의 열용량에 비하여 재료의 열용량이 클 경우 온도의 회복이 빠르다.

④ 튀김옷으로 사용하는 밀가루는 글루텐의 양이 적은 것이 좋다.

28 유지류에 대해 잘못 설명한 것은?

① 지방이 주성분인 식품이다.
② 중량에 비해 칼로리가 높다.
③ 튀김 기름은 발연점이 높은 것이 좋다.
④ 포화지방산은 불포화지방산에 비해 융점이 낮다.

29 식빵 반죽을 분할할 때 처음에 분할한 반죽과 나중에 분할한 반죽은 숙성도의 차이가 크므로 단시간 내에 분할해야 한다. 몇 분 이내로 완료하는 것이 가장 좋은가?

① 2~7분
② 8~13분
③ 15~20분
④ 25~30분

30 대형 공장에서 사용되는 오븐으로, 온도 조절이 쉽다는 장점이 있는 반면에, 넓은 면적이 필요하고 열손실이 많은 단점이 있는 것은?

① 회전식 오븐(Rack Oven)
② 데크 오븐(Deck oven)
③ 터널 오븐(Tunnel oven)
④ 릴 오븐(Reel Oven)

31 다음에서 설명하는 도구는?

> • 반죽의 분할이나 반죽 후 반죽 제거 용도로 사용된다.
> • 플라스틱 재질로 가볍고, 날이 얇고 유연하다.
> • 한쪽 면은 둥글고 그 반대 면은 반듯하다.

① 밀 대
② 앙금 주걱
③ 파이롤러 칼
④ 스크레이퍼

32 감자, 고구마 및 양파와 같은 식품에 뿌리가 나고 싹이 트는 것을 억제하는 효과가 있는 것은?

① 자외선 살균법
② 적외선 살균법
③ 일광소독법
④ 방사선 살균법

33 pH 측정에 의하여 알 수 없는 사항은?

① 재료의 품질 변화
② 반죽의 산도
③ 반죽의 발효 정도
④ 반죽에 존재하는 총산의 함량

34 냉장 저장 보관 시 재료별 주의사항과 보관 기간을 잘못 설명한 것은?

① 달걀 – 깨끗이 세척하여 보관, 2주
② 과일, 채소류 – 물기 없이 보관, 3일
③ 육류 – 밀봉 처리하여 보관, 5일
④ 생크림 케이크 – 포장 박스에 담아 보관, 4일

35 다음 중 소비기한에 영향을 미치는 외부적 요인은?

① 원재료
② 제품의 배합
③ 수분 함량
④ 진열 조건

36 유지나 지질을 많이 함유한 식품이 빛, 열, 산소 등과 접촉하여 산패를 일으키는 것을 막기 위하여 사용하는 첨가물은?

① 보존료
② 살균제
③ 산미료
④ 산화방지제

37 다음 중 제빵 적성에 맞지 않는 밀가루는?

① 글루텐의 질이 좋고 함량이 많은 것
② 물을 흡수할 수 있는 능력이 큰 것
③ 프로테이스의 함량이 많은 것
④ 제분 직후 30~40일 정도의 숙성 기간이 지난 것

38 다음 중 밀가루 개량제가 아닌 것은?

① 브로민산칼륨
② 과산화벤조일
③ 이산화염소
④ 염화칼슘

39 위생복 착용에 대해 잘못 설명한 것은?

① 위생모는 머리카락이 외부로 노출되지 않도록 착용한다.
② 위생화는 바닥이 미끄럽지 않은 것으로 착용한다.
③ 위생복은 긴소매로 주머니가 있는 것을 착용한다.
④ 각종 장신구나 시계 착용을 금한다.

40 냉동빵에서 반죽의 온도를 낮추는 가장 주된 이유는?

① 수분 사용량이 많으므로
② 밀가루의 단백질 함량이 낮아서
③ 이스트 활동을 억제하기 위해
④ 이스트 사용량이 감소하므로

41 빵류 제품 생산의 원가를 계산하는 목적으로만 연결된 것은?

① 순이익과 총매출의 계산
② 이익 계산, 가격 결정, 원가 관리
③ 생산량 관리, 재고 관리, 판매 관리
④ 노무비, 재료비, 경비 산출

42 특정 시설에서 전체 급식 인원의 50% 이상의 환자가 발생하는 경우 식중독 사고 위기 대응 단계는?

① 관심(Blue) 단계
② 주의(Yellow) 단계
③ 경계(Orange) 단계
④ 심각(Red) 단계

43 재료 계량에 대해 잘못 설명한 것은?

① 무게의 기본 단위 기호는 g이다.
② 1L를 100으로 나누면 1mL가 된다.
③ 일반적으로 액체는 부피로, 고체는 무게로 측정한다.
④ 제빵사는 일반적으로 재료를 무게로 측정한다.

44 탄수화물에 대해 잘못 설명한 것은?

① 평균 1g당 4kcal를 공급한다.
② 혈당을 유지한다.
③ 단백질 절약작용을 한다.
④ 섭취가 부족해도 체내 대사의 조절에는 큰 영향이 없다.

45 필수지방산이 아닌 것은?

① 리놀레산(Linoleic Acid)
② 스테아르산(Stearic Acid)
③ 리놀렌산(Linolenic Acid)
④ 아라키돈산(Arachidonic Acid)

46 찐빵 제조 시 탄산수소나트륨(NaHCO₃)을 넣으면 누런색으로 변하는 이유는?

① 밀가루의 카로티노이드(Carotenoid)계가 활성이 되었기 때문이다.
② 효소적 갈변이 일어났기 때문이다.
③ 플라본 색소가 알칼리에 의해 변색했기 때문이다.
④ 비효소적 갈변이 일어났기 때문이다.

47 우유 100g 중에 탄수화물 5g, 단백질 3.5g, 지방 3.7g이 들어 있다면, 우유 100g 중에 들어 있는 열량은?

① 67.3kcal
② 95.3kcal
③ 112.3kcal
④ 155.3kcal

48 원가 구성 중 총원가는 제조원가에 무엇을 더한 것인가?

① 제조간접비
② 판매관리비
③ 이 익
④ 판매가격

49 식품안전관리인증기준(HACCP) 적용 원칙의 수행 단계에서 가장 먼저 실시하는 것은?

① 위해요소 분석
② 모니터링 체계 확립
③ 한계기준 설정
④ 중요관리점 결정

50 다음 중 주방화재에 해당하는 것은?

① B급화재
② D급화재
③ K급화재
④ C급화재

51 식품위생법상 식품을 제조 · 가공 · 조리 또는 보존하는 과정에서 감미, 착색, 표백 또는 산화방지 등을 목적으로 식품에 사용되는 물질은?

① 의약품
② 항생제
③ 식품첨가물
④ 화학적 합성품

52 식품위생법상 집단급식소에 근무하는 조리사의 직무가 아닌 것은?

① 구매식품의 검수 지원
② 종업원에 대한 식품위생교육
③ 집단급식소에서의 식단에 따른 조리 업무
④ 급식설비 및 기구의 위생·안전 실무

53 식품위생법령상 식품접객업에 해당되지 않는 것은?

① 제과점영업
② 위탁급식영업
③ 일반음식점영업
④ 식품냉동·냉장업

54 식품위생법상 식품 등의 위생적인 취급에 관한 기준이 아닌 것은?

① 식품 등을 취급하는 제조가공실·조리실 등의 내부는 항상 청결하게 관리하여야 한다.
② 식품 등의 포장에 직접 종사하는 사람은 위생모 및 마스크를 착용하여야 한다.
③ 소비기한이 경과된 식품 등을 판매의 목적으로 보관하여서는 아니 된다.
④ 모든 식품 및 원료는 냉장·냉동시설에 보관·관리하여야 한다.

55 제대로 가열되지 않거나 열처리되지 않은 어패류 및 그 가공품을 통해 많이 발생하고, 환자의 분변을 통한 교차오염에 주의해야 하는 식중독은?

① 살모넬라균 식중독
② 보툴리누스균 식중독
③ 포도상구균 식중독
④ 장염 비브리오균 식중독

56 식음료 업장에서 낙상을 예방하기 위한 조치로 가장 적절하지 않은 것은?

① 기름을 이용한 조리 후에는 바닥을 깨끗하게 닦는다.
② 작업 중 배수가 잘 되도록 하여 바닥을 건조하게 한다.
③ 반드시 방수 안전장화를 착용한다.
④ 식품 재료를 바닥에 떨어뜨리지 않는다.

57 식품과 독성분이 바르게 연결된 것은?

① 감자 – 무스카린
② 복어 – 삭시톡신
③ 매실 – 아미그달린
④ 모시조개 – 시큐톡신

58 커스터드 크림의 재료가 아닌 것은?

① 우 유
② 달 걀
③ 설 탕
④ 생크림

60 급식산업에 있어 HACCP에 의한 중요관리점에 해당하지 않는 것은?

① 생물학적 위해요소 분석
② 권장된 온도에서의 냉각
③ 권장된 온도에서의 조리와 재가열
④ 교차오염 방지

59 회복기 보균자에 대한 설명으로 옳은 것은?

① 병원체에 감염되어 있지만 임상증상이 아직 나타나지 않은 상태의 사람
② 병원체를 몸에 지니고 있으나 겉으로는 증상이 나타나지 않는 건강한 사람
③ 질병의 임상증상이 회복되는 시기에도 여전히 병원체를 지닌 사람
④ 몸에 세균 등 병원체를 오랫동안 보유하고 있으면서 자신은 병의 증상을 나타내지 아니하고 다른 사람에게 옮기는 사람

제5회 | 모의고사

↺ 정답 및 해설 p.200

01 액종법 반죽에 대해 잘못 설명한 것은?

① 액체 발효종을 만들어 제빵 공정에 활용한다.

② 발효, 숙성, 팽창을 위한 자가제 발효종의 일종이다.

③ 효모나 세균의 배양 및 발효가 빠르게 진행된다.

④ 과당이 많이 함유된 과일을 이용한다.

02 사워 반죽을 시작하는 발종단계에서 원활한 발효를 위한 반죽 온도와 발효 온도 조건은?

① 반죽 온도 28~30℃, 발효 온도 30℃

② 반죽 온도 28~30℃, 발효 온도 25℃

③ 반죽 온도 22~24℃, 발효 온도 30℃

④ 반죽 온도 22~24℃, 발효 온도 25℃

03 일반적인 튀김에 적당한 온도와 시간은?

① 160℃, 3분

② 180℃, 3분

③ 160℃, 7분

④ 180℃, 7분

04 전체 반죽에 사용될 밀가루의 70%를 스펀지 반죽에 사용하는 70% 스펀지법(표준 스펀지법)에 대해 잘못 설명한 것은?

① 일반적으로 100% 스펀지법보다 70% 스펀지법을 더 많이 사용한다.

② 100% 스펀지법에 비해 식감이 우수하다.

③ 100% 스펀지법에 비해 풍미가 좋다.

④ 100% 스펀지법에 비해 스펀지 반죽과 본반죽의 유기적 혼합이 어렵다.

05 스펀지 반죽과 나머지 재료를 혼합하여 만든 본반죽의 발효 시간은?

① 10~40분 정도

② 40~70분 정도

③ 1~2시간 정도

④ 2~3시간 정도

06 스펀지 반죽을 이용한 본반죽의 반죽 속도에 대해 바르게 설명한 것은?

① 스트레이트법에 비해 저속으로 한다.

② 스트레이트법에 비해 고속으로 한다.

③ 스트레이트법과 같은 속도로 한다.

④ 고속이든 저속이든 상관없다.

07 스트레이트법(직접 반죽법)의 제빵 공정 중 빈칸에 들어갈 알맞은 과정은?

> 재료 계량 → (㉠) → 1차 발효 → (㉡)
> → 2차 발효 → (㉢) → 냉각 → 포장

① ㉠ 반죽, ㉡ 정형, ㉢ 굽기
② ㉠ 정형, ㉡ 반죽, ㉢ 굽기
③ ㉠ 굽기, ㉡ 정형, ㉢ 반죽
④ ㉠ 반죽, ㉡ 굽기, ㉢ 정형

08 우유식빵 반죽 시 설탕의 함량은?

① 10% 이하
② 10~20%
③ 20~30%
④ 30% 이상

09 버터톱식빵 반죽 시 버터 투입 후 반죽 속도와 반죽 혼합 시간은?

① 저속(1단 속도)으로 2분
② 저속(1단 속도)으로 8분
③ 중속(2단 속도)으로 2분
④ 고속(3단 속도)으로 8분

10 단과자빵 반죽에 속하지 않는 것은?

① 쌀식빵 반죽
② 크림빵 반죽
③ 버터롤 반죽
④ 소보로빵 반죽

11 다음 중 그리시니 반죽에 대해 바르게 설명한 것은?

① 커피와 건포도를 넣고 반죽한다.
② 반죽은 최종 단계로 마무리한다.
③ 반죽 온도는 27℃ 정도로 맞춘다.
④ 반죽을 부족하게 하면 탄력성이 생겨 막대 모양으로 성형하기 어렵다.

12 비상스트레이트법에 대한 설명으로 옳지 않은 것은?

① 반죽의 온도를 높여 발효 속도를 빠르게 한다.
② 이스트를 조금 사용한다.
③ 노화 속도가 빠르다.
④ 불균일한 기공의 상태가 나타난다.

13 스트레이트법을 비상스트레이트법으로 변경할 때의 필수적 조치사항이 아닌 것은?

① 탈지분유 1% 감소
② 설탕 사용량 1% 감소
③ 반죽 시간 20~25% 증가
④ 1차 발효 시간 감소

14 이스트 발효에 최적인 pH는?

① 2.0 이하
② 4.5~5.8
③ 7.1~8.5
④ 8.5 이상

15 2차 발효 시 발효실의 상대습도가 높은 경우 발생하는 현상은?

① 껍질이 질겨진다.
② 반죽 표면이 건조해진다.
③ 구울 때 표피가 갈라진다.
④ 유지의 흡수율이 낮아진다.

16 발효의 완료 상태를 손가락 테스트를 통해 판단할 때 최적의 발효 상태는?

① 반죽을 손가락으로 찔렀을 때 모양이 재빨리 사라지는 상태
② 반죽을 손가락으로 찔렀을 때 손가락을 뺀 자국이 안쪽으로 오므려지는 상태
③ 반죽을 손가락으로 찔렀을 때 반죽이 꺼지면서 가스가 빠지는 상태
④ 반죽을 손가락으로 찔렀을 때 손가락 모양이 그대로 남아 있는 상태

17 풀먼식빵의 2차 발효에 대해 바르게 설명한 것은?

① 식빵 틀보다 1cm 정도 높게 발효되었을 때 2차 발효를 완료한다.
② 풀먼식빵은 오픈톱식빵에 비해 2차 발효 시간을 길게 한다.
③ 2차 발효 시간이 너무 길어지면 반죽이 넘쳐 제품의 가치가 떨어진다.
④ 2차 발효 시간이 짧아지면 구워진 빵의 옆면이 안으로 움푹 들어가는 현상이 나타난다.

18 버터롤빵 성형 · 패닝에 대해 잘못 설명한 것은?

① 원뿔 모양으로 만든 반죽은 표면이 마르지 않도록 젖은 면보로 덮어 둔다.

② 반죽을 말 때에는 넓은 쪽에서부터 말아 준다.

③ 반죽의 이음매 부분이 위로 가게 하여 일정한 간격으로 패닝한다.

④ 패닝 후 윗면에 달걀물을 칠한다.

19 식빵 굽기에 대해 잘못 설명한 것은?

① 밤식빵은 일반 식빵에 비해 글루텐의 양이 적어 구운 후 찌그러지기 쉽기 때문에 완전히 굽는다.

② 풀먼식빵은 오픈톱식빵보다 온도를 10℃ 정도 낮게 굽는 것이 좋다.

③ 풀먼식빵은 총 굽는 시간의 50% 정도 경과 후 뚜껑을 열어 윗면의 색이 난 것을 확인하고 오븐 온도를 낮춘다.

④ 버터톱식빵은 구운 후 옆면이 움푹 들어가는 현상이 발생하기 쉽다.

20 건더기는 건져서 이용하고 물은 버리는 경우가 많은 습식 조리법으로, 베이글을 만들 때 이용하는 익히기 방법은?

① 튀기기　　② 데치기
③ 찌 기　　④ 굽 기

21 팥앙금 만들기에 대해 잘못 설명한 것은?

① 냄비에 생앙금, 설탕, 물을 넣고 일정한 속도로 저으면서 가열한다.

② 생앙금을 끓일 때 처음에는 1/3 정도를 넣고 끓이고 나머지는 1~2회 정도로 나누어 넣는다.

③ 농축 시간은 적단팥의 경우 50~60분, 백단팥인 경우 40~50분 정도 조정한다.

④ 80℃에서 1시간 농축하는 것이 130℃에서 40~50분 농축하는 것보다 색과 광택이 좋다.

22 호밀의 특징을 잘못 설명한 것은?

① 호밀은 단백질 14%, 펜토산 8%, 나머지는 전분으로 구성되어 있다.

② 호밀의 단백질은 일반 밀과 다르게 글루텐을 형성하지 않는다.

③ 호밀 전분은 밀 전분에 비해 10℃ 정도 낮은 온도에서 호화된다.

④ 호밀을 이용한 빵의 조직은 밀을 이용한 빵의 조직보다 부드럽고 가볍다.

23 일반적으로 빵류 제품의 냉각은 빵 속의 온도를 몇 도로 조절하는 것을 말하는가?

① 35~40℃
② 20~25℃
③ 5~10℃
④ -10~0℃

24 품질 유지를 위한 식품의 해동 조건에 대해 잘못 설명한 것은?

① 온도의 상승 부분이 없을 것
② 중량 감소가 적을 것
③ 세균 번식이 적을 것
④ 해동 속도가 빠를 것

25 유지의 특징을 바르게 설명한 것은?

① 가소성 – 고체에 힘을 가했을 때 모양의 변화와 유지가 가능한 성질
② 쇼트닝성 – 반죽에 분산해 있는 유지가 거품 형태로 공기를 포집하고 있는 성질
③ 구용성 – 달걀, 설탕, 밀가루 등을 잘 섞이게 하는 성질
④ 유화성 – 입안에서 부드럽게 녹는 성질

26 도넛의 튀김색이 고르지 않았을 때 그 원인이 아닌 것은?

① 반죽에 수분이 많았다.
② 재료가 고루 섞이지 않았다.
③ 탄 찌꺼기가 도넛 표면에 달라붙었다.
④ 튀김 기름 온도가 달랐다.

27 용액 속에 들어 있는 당의 질량비로, 비중과 빛의 굴절률을 이용해 측정하는 것은?

① pH
② Brix
③ Pungency
④ Saltiness

28 튀김 기름의 조건으로 옳지 않은 것은?

① 색이 투명하고 광택이 있는 것
② 냄새가 없는 것
③ 가열했을 때 거품이 생기지 않는 것
④ 리놀렌산이 많은 것

29 기름의 발연점이 낮아지는 경우는?

① 유리지방산 함량이 많을수록
② 기름을 사용한 횟수가 적을수록
③ 기름 속에 이물질의 유입이 적을수록
④ 튀김용기의 표면적이 좁을수록

30 팬 오일에 대한 설명으로 틀린 것은?

① 제품이 팬에 들러붙지 않고 구운 후에 팬에서 잘 이탈되도록 바르는 것이다.
② 바르기 쉽고 골고루 잘 발라지는 것이 좋다.
③ 무색, 무미, 무취로 제품의 맛에 영향이 없어야 한다.
④ 산패에 잘 견디고, 고화가 잘되는 것을 선택해야 한다.

31 언더 베이킹(Under Baking)에 대해 바르게 설명한 것은?

① 낮은 온도에서 장시간 굽는 방법이다.
② 낮은 온도에서 단시간 굽는 방법이다.
③ 높은 온도에서 장시간 굽는 방법이다.
④ 높은 온도에서 단시간 굽는 방법이다.

32 비중컵의 무게가 40g, 물을 담은 비중컵의 무게가 240g, 반죽을 담은 비중컵의 무게가 200g일 때 반죽의 비중은?

① 0.7
② 0.75
③ 0.8
④ 0.85

33 제빵 제조 공정의 4대 중요 관리항목에 속하지 않는 것은?

① 시간 관리
② 온도 관리
③ 영양 관리
④ 공정 관리

34 체내에서 물의 역할로 옳지 않은 것은?

① 물은 영양소와 대사산물을 운반한다.
② 변으로 배설될 때는 물의 영향을 받지 않는다.
③ 땀이나 소변으로 배설되며 체온 조절을 한다.
④ 영양소 흡수로 세포막에 농도차가 생기면 물이 바로 이동한다.

35 비용적을 바르게 설명한 것은?

① 단위 무게당 차지하는 부피
② 단위 길이당 차지하는 부피
③ 단위 무게당 차지하는 길이
④ 단위 길이당 차지하는 무게

36 전자저울 관리 방법에 대해 잘못 설명한 것은?

① 사용 후 제품을 올려 두는 판을 제거하여 수건으로 닦은 뒤 부착하여 보관한다.
② 이동 시 윗부분을 잡고 운반한다.
③ 검·교정 기준에서 1kg 이하의 허용치는 ±0.5%이다.
④ 1년에 1회 정도 국가공인기관에 의뢰하여 검·교정을 받는다.

37 효소의 주된 구성성분은?

① 지 방　　　　② 탄수화물
③ 단백질　　　　④ 비타민

38 1g당 발생하는 열량이 가장 큰 것은?

① 탄수화물　　　② 단백질
③ 지 방　　　　④ 알코올

39 채소의 가공 시 가장 손실되기 쉬운 수용성 비타민은?

① 비타민 A　　　② 비타민 D
③ 비타민 C　　　④ 비타민 E

40 전분의 호화에 대한 설명으로 맞는 것은?

① 가열하기 전 수침(물에 담그는) 시간이 짧을수록 호화되기 쉽다.
② 전분의 마이셀(Micelle) 구조가 파괴되는 현상이다.
③ 가열온도가 낮을수록 호화시간이 빠르다.
④ 서류는 곡류보다 호화온도가 높다.

41 완제품 500g인 식빵 200개를 만들려고 할 때 밀가루의 양은?(단, 발효 손실 1%, 굽기 손실 12%, 총 배합률 180%이다)

① 약 55kg
② 약 64kg
③ 약 71kg
④ 약 84kg

42 냉동 저장 관리방법에 대해 잘못 설명한 것은?

① 냉동식품은 검수 후 즉시 냉동고에 저장한다.
② 입고된 재료는 겉포장 상자를 제거한 후 보관한다.
③ 해동했다가 다시 냉동시킬 때에는 뚜껑을 덮어두면 된다.
④ 정기적으로 성에를 제거하고 청소한다.

43 식품첨가물의 사용 목적이 아닌 것은?

① 변질·부패 방지
② 관능 개선
③ 질병 예방
④ 품질 개량·유지

44 음식이 생산되는 과정 중 미생물에 오염된 사람이나 식품으로 인해 다른 식품이 오염되는 것을 의미하는 용어는?

① 환경오염   ② 교차오염
③ 대기오염   ④ 수질오염

45 식중독 사고 위기 대응단계에 대한 설명으로 적절한 것은?

① Orange 단계 – 소규모 식중독이 다수 발생하거나 식중독 확산 우려가 있는 경우
② Blue 단계 – 여러 시설에서 동시다발적으로 환자가 발생할 우려가 높거나 발생하는 경우
③ Yellow 단계 – 전국에서 동시에 원인 불명의 식중독이 확산되는 경우
④ Red 단계 – 식품 테러, 천재지변 등으로 대규모 환자 또는 사망자가 발생하는 경우

46 소독의 지표가 되는 소독제는?

① 석탄산   ② 크레졸
③ 포르말린   ④ 과산화수소

47 재료 계량에 대한 설명으로 틀린 것은?

① 저울을 사용하여 정확히 계량한다.
② 가루 재료는 서로 섞어 체질한다.
③ 이스트와 소금과 설탕은 함께 계량한다.
④ 사용할 물은 반죽 온도에 맞도록 조절한다.

48 식품의 위생적 취급에 대한 설명으로 옳지 않은 것은?

① 식재료 적재 시에는 벽과 바닥으로부터 일정 간격 이상을 유지한다.
② 원료, 자재, 완제품 및 시험시료는 구분하여 보관하며, 제시된 조건(장소, 온도, 식별 표시)에 따라 관리한다.
③ 냉장식품은 비냉장 상태인지, 냉동식품은 해동 흔적이 있는지, 통조림은 찌그러짐, 팽창이 있는지 등을 확인한다.
④ 보존한 식품은 선입선출 방식으로 사용하고, 신선도가 떨어지지만 판매유효기간 내에 있는 상품은 곧바로 폐기하지 않는다.

49 다음에서 설명하는 식품의 변질 현상은?

> 유지가 산화되어 역한 냄새가 나고 점성이 증가할 뿐만 아니라 색깔이 변색되어 품질이 저하되는 현상

① 변 패   ② 산 패
③ 부 패   ④ 발 효

50 세균성 식중독과 경구감염병을 비교한 것으로 틀린 것은?

	세균성 식중독	경구감염병
①	많은 균량으로 발병	균량이 적어도 발병
②	2차 감염이 빈번함	2차 감염이 없음
③	면역이 안 됨	면역이 됨
④	비교적 짧은 잠복기	비교적 긴 잠복기

51 다음 중 곰팡이에 의해 생성되는 독소가 아닌 것은?

① 아플라톡신(Aflatoxin)
② 시트리닌(Citrinin)
③ 엔테로톡신(Enterotoxin)
④ 파툴린(Patulin)

52 식품과 독성분이 잘못 연결된 것은?

① 감자 – 솔라닌(Solanine)
② 독버섯 – 무스카린(Muscarine)
③ 독미나리 – 베네루핀(Venerupin)
④ 복어 – 테트로도톡신(Tetrodotoxin)

53 간디스토마와 폐디스토마의 제1중간숙주를 순서대로 짝지어 놓은 것은?

① 가재 – 붕어
② 다슬기 – 가재
③ 우렁이 – 다슬기
④ 붕어 – 우렁이

54 감염병의 예방 및 관리에 관한 법률상 제1급 감염병에 해당하는 것은?

① 결 핵   ② 수 두
③ 탄 저   ④ 콜레라

55 식품위생법의 제정 목적이 아닌 것은?

① 건전한 유통·판매를 도모
② 식품으로 인한 위생상의 위해를 방지
③ 식품영양의 질적 향상을 도모
④ 국민 건강의 보호·증진에 이바지

56 식품위생법상 식품안전관리인증기준을 식품별로 정하여 고시하는 자는?

① 보건복지부장관
② 식품의약품안전처장
③ 시장·군수·구청장
④ 특별시장·광역시장·도지사

57 식품위생법령상 식품 또는 식품첨가물의 완제품을 나누어 유통할 목적으로 재포장·판매하는 영업은?

① 식품제조·가공업
② 식품운반업
③ 식품소분업
④ 즉석판매제조·가공업

58 식품위생법령상 식품안전관리인증기준 대상 식품에 해당되지 않는 것은?

① 다류(茶類)
② 조미가공품
③ 어육소시지
④ 생면, 숙면, 건면

59 빈 컵의 무게가 120g이었다. 여기에 물을 가득 넣었더니 250g이 되었다. 물을 빼고 우유를 넣었더니 254g이 되었다. 이때 우유의 비중은 약 얼마인가?

① 1.03
② 1.07
③ 2.15
④ 3.05

60 다음에서 설명하는 것은?

식품·축산물의 원료 관리, 제조·가공·조리·선별·처리·포장·소분·보관·유통·판매의 모든 과정에서 위해한 물질이 식품 또는 축산물에 섞이거나 식품 또는 축산물이 오염되는 것을 방지하기 위하여 각 과정의 위해요소를 확인·평가하여 중점적으로 관리하는 기준

① 식품 및 축산물 안전관리인증기준 (HACCP)
② 식품이력추적관리제도
③ 식품 CODEX 기준
④ ISO 인증제도

01 다음에서 설명하는 반죽법은?

> • 액체발효법에서 파생된 제법으로 이스트, 이스트 푸드, 물, 설탕, 분유 등을 섞어 2~3시간 발효시킨 액종을 만들어 사용한다.
> • 모든 공정을 자동화된 기계로 계속적이고 자동적으로 진행한다.

① 연속식 제빵법　　② 비상 반죽법
③ 노타임법　　　　④ 스펀지 도법

02 스트레이트법의 장점이 아닌 것은?

① 제조 공정이 단순하다.
② 발효 손실을 줄일 수 있다.
③ 충분한 수화로 노화가 느리다.
④ 노동력 및 시간을 절감할 수 있다.

03 일반적으로 이스트 도넛의 가장 적당한 튀김 온도는?

① 100~115℃
② 150~165℃
③ 180~195℃
④ 230~245℃

04 제빵에서 재료 계량에 대한 설명으로 옳은 것은?

① 계량은 무게를 측정하는 것이다.
② 우리나라는 화씨 온도를 사용한다.
③ 저울에 영점 버튼을 눌러 영점을 맞춘 후, 용기를 올린다.
④ 설탕, 소금, 이스트는 한꺼번에 혼합하여 계량한다.

05 팬의 가로세로가 각각 10cm이고, 높이가 5cm일 때 비용적이 4cm³/g인 빵을 구우려면 몇 g의 빵을 분할 패닝해야 하는가?

① 100g
② 125g
③ 155g
④ 175g

06 다음 설명에 해당하는 유지는?

> • 유지 함량 80% 이상, 수분 함량 18% 이하이다.
> • 가소성, 유화성, 크림성이 뛰어나고 가격이 저렴하여 제과·제빵용 유지로 많이 사용된다.

① 버 터　　　② 마가린
③ 라 드　　　④ 쇼트닝

07 유지를 제외한 전 재료를 넣는 믹싱의 단계는?

① 픽업 단계(Pick-up Stage)
② 클린업 단계(Clean-up Stage)
③ 발전 단계(Development Stage)
④ 최종 단계(Final Stage)

08 제빵에 사용하는 물에 대해 잘못 설명한 것은?

① 제빵에서 물은 발효, 부피 팽창, 맛의 형성 등에 매우 중요한 역할을 한다.
② 음용수는 이상한 맛이나 악취가 나서는 안 되며, 무색투명해야 한다.
③ 서울시 수돗물의 평균 경도는 65mg/L 내외로 아경수에 해당한다.
④ 연수로 반죽을 하면 글루텐이 연화되고, 경수로 반죽하면 글루텐이 단단해진다.

09 이스트에 의해 발효되지 않고, 잔류당으로 남아 껍질 색을 내는 당은?

① 젖 당　　　② 과 당
③ 맥아당　　　④ 설 탕

10 전분과 호화에 대해 잘못 설명한 것은?

① 전분에 물을 넣고 가열하면, 전분 입자가 물을 흡수하여 팽창한다.
② 전분에 물을 넣고 계속 가열하여 점성이 높은 반투명의 콜로이드 상태가 되는 것을 호화라고 한다.
③ 전분 입자가 작은 것은 전분 입자가 큰 것보다 더 빨리 호화되고, 가열 온도가 높을수록 단시간에 호화된다.
④ 호화가 일어난다는 것은 전분 분자의 수소 결합이 열에 의해 약해져서 결정 형태의 전분 입자의 구조가 깨지는 것이다.

11 수돗물 온도 20℃, 사용할 물의 온도 18℃, 물 사용량이 5kg일 때 얼음 사용량은?

① 100g
② 200g
③ 300g
④ 400g

12 1차 발효 중에 일어나는 생화학적 변화가 아닌 것은?

① 이스트에 의해 이산화탄소와 알코올이 생성된다.

② 프로테이스에 의한 단백질 분해로 아미노산이 생성된다.

③ 설탕은 인버테이스에 의해 포도당, 과당으로 가수분해된다.

④ 발효 중에 발생된 산은 반죽의 산도를 낮추어 pH가 높아진다.

13 비상스트레이트법에서 1차 발효 온도는?

① 24℃
② 27℃
③ 30℃
④ 34℃

14 식빵류의 반죽 분할 시 적정 시간은?

① 20분 이내
② 30분 이내
③ 30분~1시간
④ 1~2시간

15 반죽의 잘려진 면을 정리하기 위하여 반죽을 공 모양이나 타원형 등으로 만드는 작업은?

① 분할하기
② 둥글리기
③ 성형하기
④ 패닝하기

16 냉동반죽을 2차 발효시키는 방법으로 가장 적당한 것은?

① 냉동반죽을 30~33℃, 상대습도 80%의 2차 발효실에 넣어 해동시킨 후 발효시킨다.

② 실온(25℃)에서 30~60분 동안 자연 해동시킨 후 38℃, 상대습도 85%의 2차 발효실에서 발효시킨다.

③ 냉동반죽을 38~43℃, 상대습도 90%의 고온다습한 2차 발효실에 넣어 해동시킨 후 발효시킨다.

④ 냉장고에서 15~16시간 동안 냉장 해동시킨 후 30~33℃, 상대습도 80%의 2차 발효실에서 발효시킨다.

17 제빵 과정에서 2차 발효가 부족할 때 나타나는 현상은?

① 빵의 부피가 작아진다.
② 기공이 조잡하게 생긴다.
③ 조직이 빈약하다.
④ 엷은 껍질 색이 나타난다.

18 식빵의 껍질 색이 연하게 형성된 이유로 적절하지 않은 것은?

① 설탕 사용량 과다
② 과다한 1차 발효
③ 덧가루 과다 사용
④ 장시간 중간발효

19 다음 중 2차 발효의 상대습도가 가장 낮은 제품은?

① 단과자빵류
② 하스브레드
③ 식빵류
④ 도 넛

20 반죽을 구울 때 나타나는 물리적·생화학적 반응에 대해 잘못 설명한 것은?

① 오븐 열에 의하여 반죽 표면에 얇은 막을 형성한다.
② 반죽 속 수분에 녹아 있던 이산화탄소가 증발하기 시작한다.
③ 글루텐의 응고는 75℃ 전후로 시작하여 빵의 골격을 이룬다.
④ 이스트가 사멸됨과 동시에 반죽의 팽창은 완성된다.

21 팬기름의 발연점으로 적당한 것은?

① 159℃ 이하
② 170~180℃
③ 190~200℃
④ 210℃ 이상

22 사용한 튀김유의 보관방법으로 가장 적절한 것은?

① 직경이 넓은 팬에 담아 서늘한 곳에 보관한다.
② 이물질을 거르고 갈색 병에 담아 서늘한 곳에 보관한다.
③ 튀김유를 식힌 다음 햇빛이 잘 드는 곳에 보관한다.
④ 철제 팬에 튀긴 기름은 그대로 보관하여도 무방하다.

23 카카오 버터의 결정이 거칠어지고 설탕의 결정이 석출되어 초콜릿의 조직이 노화되는 현상은?

① 블룸(Bloom)
② 콘칭(Conching)
③ 페이스트(Paste)
④ 템퍼링(Tempering)

24 상대적 감미도가 가장 높은 당은?

① 자 당
② 포도당
③ 과 당
④ 맥아당

25 100% 물에 설탕을 50% 용해시켰을 때 당도는?

① 33%
② 35%
③ 36%
④ 37%

26 다음 중 고율 배합에 해당하는 것은?

① 밀가루 > 수분
② 밀가루 > 설탕
③ 설탕 > 밀가루
④ 설탕 > 수분

27 탄수화물 산화효소로 발효 시 과당과 포도당을 이산화탄소와 에틸알코올로 만드는 효소는?

① 치메이스(Zymase)
② 라이페이스(Lipase)
③ 프로테이스(Proteases)
④ 아밀레이스(Amylase)

28 압착 효모(생이스트)의 고형분 함량으로 옳은 것은?

① 10%
② 30%
③ 50%
④ 60%

29 밀가루의 단백질 함량이 증가하면 패리노그래프 흡수율은 증가하는 경향을 보인다. 밀가루의 등급이 낮을수록 패리노그래프에 나타나는 현상은?

① 흡수율은 증가하나, 반죽 시간과 안정도는 감소한다.
② 흡수율은 감소하고, 반죽 시간과 안정도도 감소한다.
③ 흡수율은 감소하나, 반죽 시간과 안정도는 변화가 없다.
④ 흡수율은 증가하나, 반죽 시간과 안정도는 변화가 없다.

30 설탕이 캐러멜화하는 일반적인 온도는?

① 50~60℃
② 70~80℃
③ 100~110℃
④ 160~180℃

31 식물의 껍질에서 채취하는 향신료는?

① 계 피
② 너트맥
③ 정 향
④ 카다몬

32 다음 중 필수지방산이 아닌 것은?

① 아이코사펜타에노산(Eicosapentae-noic Acid)
② 리놀레산(Linoleic Acid)
③ 리놀렌산(Linolenic Acid)
④ 아라키돈산(Arachidonic Acid)

33 신체의 근육이나 혈액, 호르몬 등을 합성하는 구성 영양소는?

① 무기질
② 단백질
③ 지 방
④ 비타민

34 다음 중 부족하면 야맹증, 결막염 등을 유발시키는 비타민은?

① 비타민 A
② 비타민 B_1
③ 비타민 B_2
④ 비타민 B_{12}

35 성인의 1일 지방 섭취량이 체중 kg당 1.15g일 때 50kg의 성인이 섭취하는 지방의 열량은?

① 515.5kcal
② 517.5kcal
③ 617.5kcal
④ 720.5kcal

36 당과 산에 의해서 젤을 형성하며 젤화제, 증점제, 안정제 등으로 사용되는 것은?

① 한 천
② 펙 틴
③ 씨엠씨(CMC)
④ 젤라틴

37 차아염소산나트륨 100ppm은 몇 %인가?

① 0.001%
② 0.1%
③ 0.01%
④ 10%

38 빵 제품의 노화(Staling)현상이 가장 일어나지 않는 온도는?

① -20~-18℃
② 0~4℃
③ 7~10℃
④ 18~20℃

39 빵 포장 시 가장 적합한 빵의 온도와 수분 함량을 순서대로 나열한 것은?

① 40~45℃, 45%
② 30~35℃, 30%
③ 45~50℃, 55%
④ 35~40℃, 38%

40 빵류 포장재의 조건이 아닌 것은?

① 안전성   ② 보호성
③ 기호성   ④ 환경친화성

41 다음은 어떤 냉동법에 대한 설명인가?

> 두꺼운 알루미늄판 속에 암모니아 가스를 넣어 −50℃ 정도로 냉각시키는 방법이다.

① 에어 블라스트 냉동법
② 컨덕트 냉동법
③ 나이트로겐 냉동법
④ 얼음냉동법

42 식품첨가물의 종류와 그 용도의 연결이 틀린 것은?

① 발색제 – 식품의 색소 유지 및 강화
② 산화방지제 – 유지 식품의 변질 방지
③ 표백제 – 색소물질 및 발색성물질 분해
④ 소포제 – 거품 생성 및 촉진

43 제품회전율을 계산하는 공식은?

① 총이익 / 매출액 × 100
② 고정비 / (단위당 판매가격 − 변동비)
③ 순매출액 / (기초 제품 + 기말 제품) ÷ 2
④ 순매출액 / (기초 원재료 + 기말 원재료) ÷ 2

44 HACCP의 7가지 적용 원칙 중 단계가 옳지 않은 것은?

① 1단계 – 위해요소 분석
② 2단계 – 중요관리점 결정
③ 3단계 – 개선조치 방법 수립
④ 4단계 – 모니터링 체계 확립

45 다음 중 식품위생행정의 목적과 가장 거리가 먼 것은?

① 국민보건의 증진
② 식품영양의 질적 향상 도모
③ 식품위생상의 위해 방지
④ 식품의 판매 촉진

46 식품위생 수준 및 자질의 향상을 위해 조리사 및 영양사에게 교육을 받을 것을 명할 수 있는 자는?

① 시·도지사
② 보건복지부장관
③ 식품의약품안전처장
④ 시장·군수·구청장

47 식품위생법상의 각 용어에 대한 정의로 옳은 것은?

① 식품첨가물 – 화학적 수단으로 원소 또는 화합물에 분해반응 외의 화학반응을 일으켜 얻는 물질
② 기구 – 식품 또는 식품첨가물을 넣거나 싸는 물품
③ 위해 – 식품, 식품첨가물, 기구 또는 용기·포장에 존재하는 위험요소로서 인체의 건강을 해치거나 해칠 우려가 있는 것
④ 집단급식소 – 영리를 목적으로 불특정 다수인에게 음식물을 공급하는 대형 음식점

48 조리사가 면허를 타인에게 대여하여 사용하게 한 경우, 1차 위반 시의 행정처분은?

① 업무정지 1개월
② 업무정지 2개월
③ 업무정지 3개월
④ 면허취소

49 중금속이 일으키는 식중독 증상으로 틀린 것은?

① 수은 – 미나마타병을 일으키며, 구토, 복통, 위장장애, 전신경련 등이 나타난다.
② 카드뮴 – 구토, 복통, 설사를 유발하고 임산부에게 유산, 조산을 일으킨다.
③ 납 – 적혈구 혈색소 감소, 신장장애, 체중감소, 호흡장애 등을 일으킨다.
④ 비소 – 위장장애, 설사 등의 급성 중독과 피부이상 및 신경장애 등의 만성중독을 일으킨다.

50 건조 글루텐에 가장 많은 성분은?

① 전 분   ② 단백질
③ 지 방   ④ 회 분

51 반죽 중의 설탕량은 반죽의 흡수율과 믹싱 시간에 중대한 영향을 준다. 설탕량을 5%씩 증가시킴에 따라 수분 흡수량은 얼마나 감소되는가?

① 1%   ② 2%

③ 3%   ④ 5%

52 다음 중 제1 및 제2중간숙주가 있는 것은?

① 요충, 십이지장충

② 사상충, 회충

③ 간흡충, 유구조충

④ 폐흡충, 광절열두조충

53 식품의 위생을 위협하는 화학적 요소 중 자연독에 해당하는 것은?

① 아크릴아마이드

② 아마톡신

③ 다이옥신

④ 에틸카바메이트

54 감염병예방법에 따른 관리상 환자의 격리를 요하지 않는 것은?

① 말라리아

② 에볼라바이러스병

③ 장티푸스

④ 콜레라

55 다음 중 세균성 경구감염병은?

① 홍 역

② 유행성 간염

③ 디프테리아

④ 감염성 설사증

56 위생복에 대한 설명 중 옳지 않은 것은?

① 열과 땀을 잘 흡수하고 발산할 수 있는 형태나 재질이어야 한다.

② 위생복의 상의와 하의는 더러움이 잘 보이지 않게 짙은 색상의 것이 좋다.

③ 반소매 위생복은 화상의 위험이 있어 착용하지 않는다.

④ 식품 작업 중 화장실 사용 시 위생복을 벗어야 한다.

57 식품취급자가 손을 씻는 방법으로 적합하지 않은 것은?

① 팔에서 손으로 씻어 내려 온다.
② 비누칠 후 비눗물을 흐르는 물에 충분히 씻는다.
③ 역성비누 원액 몇 방울을 손에 30초 이상 문지르고 흐르는 물로 씻는다.
④ 살균효과를 증대시키기 위해 역성비누액에 일반비누액을 섞어 사용한다.

58 다음 제빵기기에 대한 설명으로 옳지 않은 것은?

① 스파이럴 믹서는 반죽 날개를 탈부착할 수 없게 고정되어 있다.
② 수평형 믹서는 많은 양의 반죽을 만들 때 사용한다.
③ 데크 오븐은 선반마다 독자적으로 온도를 조절하는 장치가 달려 있다.
④ 오버헤드 프루퍼(Overhead Proofer)는 반죽을 밀어 펴기 할 때 사용한다.

59 오버 베이킹(Over Baking)에 대해 바르게 설명한 것은?

① 낮은 온도에서 장시간 굽는 방법이다.
② 제품에 수분이 많이 남는다.
③ M자형 결함이 생긴다.
④ 중심 부분이 갈라지고 조직이 거칠어진다.

60 한 번에 넣고 튀기는 재료의 양으로 가장 적절한 것은?

① 튀김 냄비 기름 표면적의 1/3~1/2 이내
② 튀김 냄비 기름 표면적의 1/2~2/3 이내
③ 튀김 냄비 기름 표면적의 3/5~3/4 이내
④ 튀김 냄비 기름 표면적의 3/4~4/5 이내

정답 및 해설 p.210

01 빵이나 파스타에 적합하며 단백질을 11～14% 함유하고 있는 밀가루는?

① 강력분
② 박력분
③ 중력분
④ 준강력분

02 제빵에서 이스트의 기능은?

① 발효 시 가스 생성을 억제한다.
② 반죽을 부풀게 하며 반죽에 점탄성을 강화한다.
③ 글루텐을 조이는 역할을 한다.
④ 제품의 색깔을 좋게 한다.

03 경수로 반죽 시 옳은 것은?

① 소금을 더 넣는다.
② 칼슘염을 더 넣는다.
③ 물의 양을 줄인다.
④ 이스트를 더 넣는다.

04 빵 360g에 함유되어 있는 탄수화물 10%의 열량을 계산하면?

① 90kcal
② 118kcal
③ 144kcal
④ 160kcal

05 재료 계량 시 유의사항으로 적절하지 않은 것은?

① 수평을 이루는 평평한 곳에서 계량한다.
② 계량 시 재료의 손실이 없도록 유의한다.
③ 계량한 재료가 배합표의 양과 재료 목록과 일치하는지 확인한다.
④ 유산지는 무게가 나가지 않으므로 재료와 함께 재어도 무방하다.

06 영양소에 대한 설명으로 옳지 않은 것은?

① 영양소는 생명현상과 건강을 유지하는 데 필요한 요소이다.
② 탄수화물, 지방, 단백질은 체내에서 화학반응을 거쳐 에너지를 발생한다.
③ 물은 체조직 구성요소로서, 보통 성인 체중의 3분의 1을 차지하고 있다.
④ 조절소란 신체의 생리적 기능을 조절하는 무기질과 비타민을 말한다.

07 카세인(Casein)이 효소에 의하여 응고되는 성질을 이용한 식품은?

① 아이스크림
② 치 즈
③ 버 터
④ 크림수프

08 유지의 기능이 아닌 것은?

① 수축성
② 가소성
③ 쇼트닝 기능
④ 크림화 기능

09 초콜릿 템퍼링 시 맨 처음 녹이는 공정의 적당한 온도는?

① 30~35℃
② 35~40℃
③ 50~55℃
④ 60~65℃

10 반죽 작업 공정의 6단계 중 글루텐이 결합됨과 동시에 다른 한쪽에서 끊기는 단계로, 반죽이 늘어지는 흔히 '오버 믹싱' 단계라고 부르는 단계는?

① 클린업 단계
② 발전 단계
③ 최종 단계
④ 렛다운 단계

11 다음 중 반죽 시 주의사항으로 옳지 않은 것은?

① 설탕과 밀가루 등은 체로 쳐서 덩어리가 없도록 사용한다.
② 달걀과 설탕은 분리되지 않도록 한 번에 투입한다.
③ 반죽 시 믹싱 볼 측면과 바닥을 긁어 주어 반죽이 균일하게 혼합되도록 한다.
④ 달걀의 온도가 너무 높거나 낮으면 유지가 굳거나 녹아 분리되기 쉽다.

12 모든 원료를 한꺼번에 반죽하는 1단계 공정으로, 탄력성과 신전성을 최적의 상태로 만들어 주는 반죽법은?

① 스트레이트법
② 오버나이트 스펀지 도(Dough)법
③ 비상스트레이트법
④ 노타임법

13 표준 스펀지법에서 스펀지 반죽에 사용되는 밀가루는 전체 반죽에 사용될 밀가루의 몇 %인가?

① 50%   ② 70%
③ 80%   ④ 100%

14 산미를 띤 발효 반죽으로 '신 반죽'이라고도 하며, 독특한 풍미가 있어 유럽빵, 특히 호밀을 이용한 빵을 만들 때 사용하는 반죽법은?

① 스트레이트(Straight)법
② 스펀지 도(Sponge Dough)법
③ 사워 도(Sourdough)법
④ 액종법

15 식빵 제조 시 실내 온도 24℃, 밀가루 온도 27℃, 수돗물 온도 18℃, 결과 온도 32℃, 희망 온도 27℃일 때, 마찰계수는?

① 8   ② 14
③ 27   ④ 32

16 스트레이트법을 비상스트레이트법으로 변경할 때 적절한 조치는?

① 생이스트를 3배로 늘린다.
② 설탕을 1% 줄인다.
③ 반죽 온도를 낮춘다.
④ 1차 발효 시간을 늘린다.

17 액종법의 장점이 아닌 것은?

① 스트레이트법의 제품보다 풍미가 있고 노화가 더디다.
② 액종의 제조와 관리가 스펀지 반죽법에 비해 정확하고 간단하다.
③ 온도와 습도의 영향으로 인한 변화가 적어 품질 유지에 탁월하다.
④ 이스트의 특유의 불쾌한 냄새를 줄여 줌으로써 제품의 품질을 높일 수 있다.

18 다음 중 반죽 시간이 짧아지는 조건이 아닌 것은?

① 산도가 낮다.
② 반죽 온도와 흡수율이 높다.
③ 반죽기의 회전속도가 느리고 반죽 양이 많다.
④ 스펀지 배합 비율이 높고 발효 시간이 길다.

19 냉동반죽법의 특징이 아닌 것은?

① 계획적으로 생산할 수 있다.
② 발효 시간이 줄어든다.
③ 저장 기간이 연장된다.
④ 시설투자비가 증가한다.

20 비중컵의 무게가 60g, 비중컵의 물이 800g, 비중컵의 반죽이 430g일 때, 반죽의 비중은?

① 0.3   ② 0.4
③ 0.5   ④ 0.6

21 고율 배합과 저율 배합에 대한 설명으로 옳은 것은?

① 저율 배합은 저온에서 장시간 동안 굽는다.
② 믹싱 중 공기 혼입은 저율 배합이 많다.
③ 같은 부피를 만들 때 고율 배합이 저율 배합보다 화학 팽창제를 많이 쓴다.
④ 저율 배합이 반죽에 공기가 적으므로 고율 배합보다 비중이 높고, 같은 부피당 무게도 무겁다.

22 재료의 전처리 방법 중 옳지 않은 것은?

① 가루는 고운체를 이용하여 바닥면과 적당한 거리를 두고 공기 혼입이 잘되도록 체질한다.
② 건조 과일은 용도에 따라 자르거나 술에 담가 놓은 후 사용한다.
③ 견과류의 경우 제품의 용도에 따라 굽거나 볶아서 사용한다.
④ 건포도의 경우 60℃ 이상의 물에 담가 불려서 사용한다.

23 빵류 제품의 토핑물로 주로 쓰이는 재료가 아닌 것은?

① 폰 당   ② 앙 금
③ 초콜릿   ④ 견과류

24 발효의 목적이 아닌 것은?

① 반죽의 팽창
② 반죽의 숙성
③ 패닝 시 노화 촉진
④ 향기 물질의 생성

25 데니시 페이스트리에 대한 설명으로 옳은 것은?

① 데니시 페이스트리는 2차 발효 시 상대 습도를 높게 한다.
② 발효실 온도는 유지의 융점보다 높게 한다.
③ 고배합 제품은 저온에서 구우면 유지가 흘러나온다.
④ 일반적인 반죽 온도는 27~30℃이다.

26 2차 발효 시 온도가 높을 때 발생하는 현상은?

① 발효 속도가 빨라지고 산성이 되어 세균 번식이 쉬워진다.
② 풍미가 충분히 생성되지 않는다.
③ 제품의 겉면이 거칠다.
④ 기공벽이 두껍고 조직이 조밀해진다.

27 둥글리기의 목적이 아닌 것은?

① 껍질 색을 좋게 한다.
② 분할된 반죽을 성형하기 적정하도록 표피를 형성한다.
③ 가스를 반죽 전체에 균일하게 하며 반죽의 기공을 고르게 한다.
④ 성형할 때 반죽이 끈적거리지 않도록 매끈한 표피를 형성한다.

28 중간발효의 적정한 온도와 상대습도는?

① 20~25℃, 50%
② 20~25℃, 75%
③ 27~29℃, 50%
④ 27~29℃, 75%

29 밀어 펴기로 성형이 완료되는 제품은?

① 식 빵
② 바게트
③ 크림빵류
④ 잉글리시 머핀

30 팬 오일의 조건이 아닌 것은?

① 발연점이 낮은 기름을 사용한다.
② 고온이나 장시간의 산패에 잘 견디는 안정성이 높은 기름이어야 한다.
③ 무색, 무미, 무취로 제품의 맛에 영향이 없어야 한다.
④ 바르기 쉽고 골고루 잘 발라져야 한다.

31 팬의 부피가 2,600cm³이고, 비용적(cm³/g)이 4라면 적당한 분할량은?

① 약 500g
② 약 550g
③ 약 600g
④ 약 650g

32 수분을 증발시켜 말리듯이 굽는 방법으로, 장식용 빵을 굽거나 바삭한 식감의 그리시니 등을 구울 때 사용하는 방법은?

① 전반 저온-후반 고온
② 전반 고온-후반 저온
③ 고온 단시간
④ 저온 장시간

33 반죽이 들어가는 입구와 제품이 나오는 출구가 서로 다른 오븐으로, 다양한 제품을 대량 생산할 수 있는 오븐은?

① 데크 오븐
② 터널 오븐
③ 컨벡션 오븐
④ 로터리 랙 오븐

34 메일라드(Maillard) 반응에 영향을 주는 요소가 아닌 것은?

① pH
② 효 소
③ 온 도
④ 당의 종류

35 튀김유의 조건이 아닌 것은?

① 색이 연하고 투명하며 광택이 있는 것
② 냄새가 없고 기름 특유의 원만한 맛을 가질 것
③ 가열했을 때 냄새가 없고 거품의 생성이나 연기가 나지 않을 것
④ 리놀레산을 다량 함유할 것

36 반죽 찌기 공정에 대한 설명으로 옳지 않은 것은?

① 찜기 재질은 도기보다 금속이 좋다.
② 보통 제빵에서는 찌기를 이용하여 찐빵을 익힐 수 있다.
③ 한번 호화된 제품을 다시 찌면 액화된 수증기의 일부가 식품에 흡수되어 입안 느낌이 좋지 않게 된다.
④ 찔 때의 물의 양은 물을 넣는 부분의 70~80% 정도가 적당하다.

37 공기 배출기를 이용한 냉각으로 2~2.5시간 소요되는 냉각방법은?

① 자연 냉각
② 터널식 냉각
③ 공기조절식 냉각
④ 대리석법 냉각

38 다음 중 일반적으로 노화 속도가 가장 빠른 것은?

① 식 빵
② 도 넛
③ 카스테라
④ 단과자빵

39 제품 포장의 기능이 아닌 것은?

① 비밀성 보장
② 취급의 편의
③ 판매의 촉진
④ 상품의 가치 증대

40 공기가 함유되어 있는 상태에서 포장하는 방법은?

① 함기 포장
② 진공 포장
③ 밀봉 포장
④ 무균 포장

41 제품의 소비기한에 영향을 미치는 요인이 아닌 것은?

① 위생 수준
② pH 및 산도
③ 제품의 배합 및 조성
④ 소비자의 기호

42 장기간의 식품보존방법과 가장 관계가 먼 것은?

① 배건법
② 염장법
③ 산저장법
④ 냉장법

43 동결 중 식품의 변화가 아닌 것은?

① 단백질의 변성
② 지방의 산화
③ 비타민의 손실
④ 탄수화물의 호화

44 전분의 노화를 억제하는 방법으로 적절하지 않은 것은?

① 설탕 및 유화제 첨가
② 0~10℃에서 보존
③ 80℃ 이상에서 급속히 건조
④ 수분 함량 10% 이하로 조절

45 탄수화물이 미생물의 분해작용을 거치면서 유기산, 알코올 등이 생성되어 인체에 이로운 식품이나 물질을 얻는 현상은?

① 발 효
② 변 패
③ 산 패
④ 부 패

46 스펀지 반죽법에서 스펀지 반죽의 재료가 아닌 것은?

① 설 탕
② 물
③ 이스트
④ 밀가루

47 우리나라 식품위생법의 목적과 거리가 먼 것은?

① 식품으로 인한 위생상의 위해 방지
② 식품영양의 질적 향상 도모
③ 국민 건강의 보호·증진에 이바지
④ 부정식품 제조에 대한 가중처벌

48 식품안전관리인증기준(HACCP) 적용업소는 이 기준에 따라 관리되는 사항에 대한 기록을 최소 몇 년 이상 보관하여야 하는가?(단, 관계 법령에 특별히 규정된 것은 제외)

① 1년
② 2년
③ 5년
④ 10년

49 오염된 우유를 먹었을 때 발생할 수 있는 인수공통감염병이 아닌 것은?

① Q열
② 야토병
③ 결 핵
④ 파상열

50 식품제조 공정 시 거품이 많이 날 때 거품 제거의 목적으로 사용되는 식품첨가물은?

① 용 제
② 피막제
③ 소포제
④ 보존제

51 세균성 식중독 중 감염형으로만 짝지어진 것은?

① 맥각독 식중독, 보툴리누스 식중독
② 살모넬라 식중독, 장염 비브리오 식중독
③ 황색포도상구균 식중독, 클로스트리듐 보툴리눔균 식중독
④ 리스테리아 식중독, 포도상구균 식중독

52 식중독 발생 시 대처방법 중 현장 조치사항이 아닌 것은?

① 영업 중단
② 오염시설 사용 중지 및 현장 보존
③ 전처리, 조리, 보관, 해동관리 철저
④ 건강진단 미실시자, 질병에 걸린 환자 조리 업무 중지

53 간디스토마와 폐디스토마의 제2중간숙주
를 순서대로 짝지어 놓은 것은?

① 게 – 사람
② 잉어 – 가재
③ 참게 – 붕어
④ 우렁이 – 다슬기

54 다음 중 조리기구의 소독에 사용하는 약품
은 무엇인가?

① 석탄산수, 크레졸수, 포르말린수
② 염소, 표백분, 차아염소산나트륨
③ 석탄산수, 크레졸수, 생석회
④ 역성비누, 차아염소산나트륨

55 작업장에 비치된 소화기가 '정상'일 때 가
리키는 눈금은?

① 적 색
② 녹 색
③ 흰 색
④ 노란색

56 공정안전 관리 중 제품 설명서 작성 시 포
함사항이 아닌 것은?

① 제품 유형
② 제조원가
③ 포장방법 및 재질, 표시사항
④ 성분 배합비율 및 제조(포장) 단위

57 빵의 관능적 평가 시 내부적 특성을 평가
하는 항목이 아닌 것은?

① 향   ② 맛
③ 부 피   ④ 조 직

58 위생적인 장갑 사용으로 옳지 않은 것은?

① 장갑 착용 전에는 반드시 손 세척을
한다.
② 찢어지거나 구멍 난 장갑은 바로 교체
한다.
③ 하나의 요리에 사용하는 장갑은 처음부
터 끝까지 하나면 충분하다.
④ 장갑을 착용하고 냉장고 문, 전화 등을
만질 때에는 키친타월을 이용한다.

59 작업대 세척방법으로 옳지 않은 것은?

① 작업대 주변을 정리하고, 고온의 물로 한 번 씻어낸다.
② 스펀지에 중성 세제나 알칼리성 세제를 묻혀 골고루 문지른다.
③ 음용수로 세제를 닦아 내고 완전히 건조시킨다.
④ 70% 알코올 분무 또는 이와 동등한 효과가 있는 방법으로 살균한다.

60 작업환경 관리에 대한 설명으로 옳지 않은 것은?

① 작업장 바닥은 파여 있거나 갈라진 틈이 없어야 한다.
② 조리작업장의 조도는 50~100lx 정도를 유지한다.
③ 건물 내에 환기 시스템에 대한 정기적 유지, 보수 프로그램을 세워야 한다.
④ 용수의 경우 중금속, 유해물질, 소독제 등에 의한 오염이 있을 수 있으므로 상수도를 이용한다.

↻ 모의고사 p.105

01	①	02	③	03	③	04	①	05	④	06	④	07	②	08	③	09	④	10	③
11	①	12	②	13	①	14	②	15	③	16	③	17	④	18	①	19	①	20	①
21	①	22	④	23	①	24	①	25	③	26	②	27	③	28	④	29	③	30	①
31	①	32	②	33	②	34	③	35	③	36	①	37	③	38	①	39	①	40	③
41	③	42	②	43	①	44	④	45	④	46	①	47	③	48	①	49	①	50	④
51	①	52	②	53	①	54	④	55	②	56	②	57	②	58	②	59	③	60	④

01 경수는 경도 180ppm 이상의 센물로, 반죽에 사용 시 글루텐이 단단해지고, 반죽의 신장성이 떨어지고 발효 시간이 오래 걸린다.

02 이스트는 출아법으로 증식하는데, 이스트가 증식하기 좋은 빵 반죽의 온도는 24~35℃, pH 5.0~5.8이다.

03 단백질은 1g당 4kcal이므로 이로부터 얻을 수 있는 열량은 15g × 4kcal/g = 60kcal이다.

04 필수지방산은 옥수수나 콩기름, 땅콩 등 천연 식물유에 많이 함유되어 있다.

05 탄수화물, 지방, 단백질은 열량(칼로리)을 발생시키는 에너지원과 신체조직의 구성물로 사용된다. 무기질, 비타민, 물은 에너지원으로 쓰이지 않고 신진대사를 도와주며 조직의 구성물로 사용된다.

06 버터는 대표적인 동물성 지방으로 버터 100g은 100g × 9kcal/g = 900kcal이다. 그중 수분 함량이 25%이므로 지방 함량은 75%이다. 900kcal의 75%는 675kcal이다.

07 젤라틴은 동물의 뼈, 가죽, 결합조직에 함유된 경단백질인 콜라겐이 물과 함께 가열될 때, 변성하여 용해되어 콜로이드상으로 용출한 것이다.

08 카세인은 인산기와 결합한 상태이며, 산성이 되어야 응고된다.

09 식품은 어떤 무기질로 구성되어 있느냐에 따라 산성과 알칼리성으로 나뉘며, 산성 식품과 알칼리성 식품의 구별은 그 식품을 연소시켰을 때 최종적으로 어떤 원소가 남게 되는가에 따른다.

10 필수 아미노산의 종류
- 성인(9가지) : 페닐알라닌, 트립토판, 발린, 류신, 아이소류신, 메티오닌, 트레오닌, 라이신, 히스티딘
  ※ 8가지로 보는 경우 히스티딘은 제외된다.
- 영아(10가지) : 성인 9가지 + 아르기닌

11 ② 한천 : 해조류의 우뭇가사리로부터 얻는다.
③ 알긴 : 갈조류에서 얻으며, 찬물, 뜨거운 물 모두에 잘 녹는다.
④ 젤라틴 : 동물의 껍질, 연골조직의 콜라겐 단백질에서 얻는다.

12 전분의 노화는 아밀로스 함량이 높고, 수분 30~60%, 온도 0~4℃에서 급속하게 진행된다.

13 달걀흰자의 거품 형성에서 적정 온도는 30℃ 정도이며, 냉장 보관한 것보다 실온에 두었던 달걀이 거품이 잘 일어난다.

14 템퍼링할 초콜릿이 1kg 이하인 경우에는 수랭법으로, 1kg 이상의 초콜릿을 템퍼링할 경우에는 대리석법으로, 템퍼링이 된 초콜릿이 있을 경우 접종법을 사용한다.

15 ① 가소성 : 반고체인 유지의 특징으로 고체에 힘을 가했을 때 모양의 변화와 유지가 가능한 성질로, 사용 온도 범위, 즉 가소성 범위가 넓은 것이 좋다.
② 유화성 : 달걀, 설탕, 밀가루 등을 잘 섞이게 하는 성질을 말한다.
④ 쇼트닝성 : 반죽의 조직에 층상으로 분포하여 윤활작용을 하는 유지의 특징이다. 조직 간의 결합을 저해함으로써 반죽을 바삭바삭하고 부서지기 쉽게 하는 특징을 갖고 있다.

16 ③ 버터롤은 최종 단계에서 반죽을 마무리하는 제품이다.

반죽의 마무리 확인
• 발전 단계 초기 : 반죽이 약간 부족한 상태로 표면이 거칠고, 글루텐 피막이 거칠게 늘어나며 약간 불투명한 상태가 되도록 한다.
• 발전 단계 후기 : 반죽이 약간 부족하여 표면이 거친 반죽 상태로, 글루텐 피막이 거칠게 늘어나도록 한다.
• 최종 단계 : 글루텐 피막이 얇게 늘어나며, 곱고 매끄러운 상태가 되도록 한다.

17 비상스트레이트법은 이스트의 사용량을 늘려 발효 시간을 단축시켜 짧은 시간에 제품을 만들어 낼 수 있는 방법으로, 반죽 온도를 30℃로 올려 발효 속도를 촉진한다.

18 본반죽 제조 시 스펀지 반죽의 온도를 추가하여 계산한다.

> 마찰계수 = 결과 반죽 온도 × 4 – (실내 온도 + 밀가루 온도 + 수돗물 온도 + 스펀지 반죽 온도)
> = 30 × 4 – (24 + 26 + 25 + 27)
> = 120 – 102 = 18

※ 결과 반죽 온도에 곱한 값인 4는 온도에 영향을 주는 인자의 개수를 의미한다.

19 연속식 제빵법
• 특수한 장비와 원료 계량장치로 이루어져 있으며, 정형장치가 없고 최소의 인원과 공간에서 생산이 가능하도록 되어 있다.
• 유럽에서 사용하는 초고속믹서와 찰리우드법 (Chorleywood Dough Method) 등도 연속식 제빵법의 범주에 속한다.

20 프리믹스는 제품의 특성에 알맞은 배합률로 밀가루, 팽창제, 유지 등을 균일하게 혼합한 원료이다.

21 비중이 높으면 기공이 조밀하여 무거운 제품이 되며, 너무 낮으면 큰 기포가 형성되어 거친 조직이 된다.

22 발효의 완료점 판단기준
• 손가락 테스트 : 반죽을 손가락으로 찔렀을 때 모양이 그대로 남아 있는 상태가 최적이다.
• 반죽 상태 : 최적의 발효는 취급성이 좋고 특정 냄새가 강하지 않다.
• 반죽의 pH 측정 : 반죽의 pH는 5.35에서 발효가 완료되면 pH는 4.9로 내려간다.

23 2차 발효 온도
- 식빵류 : 40℃
- 하스브레드류 : 30~33℃
- 도넛류 : 34~38℃
- 데니시 페이스트리류 : 28~33℃

24 ①, ②, ④는 2차 발효 시간이 부족할 때 생기는 현상이다.
2차 발효 시간이 과다할 때 생기는 현상
- 부피가 너무 커 주저앉을 수 있다.
- 껍질 색이 여리고 내상이 좋지 않다.
- 산의 생성으로 신 냄새가 나고 노화가 빠르다.

25 빵류 제품의 반죽 정형 과정은 분할 – 둥글리기 – 중간발효 – 성형 – 패닝의 순서로 이루어진다.

26 밀어 펴기 과정에서 과도한 덧가루의 사용은 제품의 줄무늬를 형성하거나 2차 발효 과정에서 이음매가 벌어지게 되어 외형적으로 좋지 않고 품질이 나쁜 제품이 되는 원인이 되므로 적절하게 사용하도록 주의해야 한다.

27 비용적
- 산형식빵 : 3.2~3.4cm³/g
- 풀먼식빵 : 3.8~4.0cm³/g

28 튀기는 식품의 표면적이 클수록 흡유량은 증가한다.

29 일반적으로 찌는 온도는 100℃이며, 푸딩과 같이 조직이 부드러운 제품을 기포가 생기지 않고 부드럽게 찌기 위해서는 100℃보다 낮은 온도에서 쪄야 한다.

30 제품의 굽기에 영향을 주는 요인으로 가열에 의한 팽창, 팬의 재질, 오븐의 온도 등이 있다.

31 중간발효의 목적
- 손상된 글루텐의 배열을 정돈한다.
- 가스 발생으로 유연성을 회복시켜 성형 과정에서 작업성을 좋게 한다.
- 분할, 둥글리기 공정에서 단단해진 반죽에 탄력성과 신장성을 준다.

32 굽기가 끝난 제품을 냉각하지 않고 그대로 포장할 경우 제품의 수분이 포장지 표면으로 증발되어 수분이 응축되었다가 제품에 흡수된다. 이로 인해 제품의 수분 활성이 높아져 곰팡이 등의 세균 오염을 일으킬 수 있다. 따라서 냉각을 하면 곰팡이 등의 세균 번식을 예방하고, 저장성을 증대할 수 있다. 굽기 직후 수분 함량은 껍질 12~15%, 빵 속 40~45%를 유지하는데, 냉각하면 수분 함량은 껍질 27%, 빵 속 38%로 감소하게 된다.

33 짤 주머니는 천이나 비닐 필름, 종이 등의 재질이 있고, 가장 사용하기 편리한 것이 천으로 만든 제품이다. 대부분 모양 깍지를 고정시키고 내용물을 채워 사용한다.

34 ① 황산지 : 황산 처리에 의해서 극히 강력하고 내유성 및 내수성을 지니게 한 가공지로, 물리적 강도가 크며, 탄력성과 신축성이 비교적 좋아 속포장지로 사용한다.
② 왁스지 : 글라신지에 왁스를 입힌 것으로 방습, 방수 포장재로 사용한다.
④ 크라프트지 : 표백되지 아니한 크라프트 펄프로 만든 갈색 종이로, 설탕 포대, 밀가루 포대, 곡물 포대 등으로 사용한다.

35 노화의 지연방법
- 아밀로스보다 아밀로펙틴이 노화가 늦다.
- 계면활성제는 표면장력을 변화시켜 빵, 과자의 부피와 조직을 개선하고 노화를 지연한다.
- 레시틴은 유화작용과 노화지연 작용을 한다.
- 설탕, 유지의 사용량을 증가시키면 수분 보유력이 높아져 노화를 억제할 수 있다.

36 ① 적정량의 물건을 보관해야 공기순환이 원활하게 이루어질 수 있다.

37 ① 소각법 : 오염된 미생물을 가연성으로 재사용이 필요 없는 물질을 태워서 살균
② 화염살균법 : 알코올램프, 가스버너 등을 이용하여 불꽃 속에서 직접 가열하여 멸균하는 방법
③ 고온 단시간 살균법 : 약 75℃에서 15초간 습열 처리하는 방법

38 저장 관리는 폐기에 의한 재료 손실을 최소화함으로써 원재료의 적정 재고를 유지하는 데 목적이 있다.

39 코코아 분말은 카카오 매스에서 코코아 버터를 제거한 후 남는 고형분을 건조 및 분쇄하여 만든다. 코코아 분말은 용해성이 우수해 식감이 좋으나 수분 흡수성이 강하기 때문에 방수 포장을 해야 한다.

40 영업신고 대상 업종(식품위생법 시행령 제25조 제1항)
- 즉석판매제조 · 가공업
- 식품운반업
- 식품소분 · 판매업
- 식품냉동 · 냉장업
- 용기 · 포장류제조업
- 휴게음식점영업, 일반음식점영업, 위탁급식영업 및 제과점영업

41 HACCP 도입에 따른 효과

식품업체 측면의 효과	• 자주적 위생관리 체계의 구축 • 위생적이고 안전한 식품의 제조 • 위생관리 집중화 및 효율성 도모 • 경제적 이익 도모 • 회사의 이미지 제고와 신뢰성 향상
소비자 측면의 효과	• 안전한 식품을 소비자에게 제공 • 식품 선택의 기회를 제공

42 ① 팽창제 : 가스를 방출하여 반죽의 부피를 증가시키는 첨가물로, 베이킹소다, 베이킹파우더 등이 있다.
③ 안정제 : 두 개 또는 그 이상의 섞이지 않는 성분이 균일하게 상태를 유지하도록 하는 첨가물로, 제이인산나트륨 등이 해당된다.
④ 증점제 : 식품의 점성을 증가시키는 첨가물로, 알긴산나트륨, 구아 검, 카라기난 등이 있다.

43 식품첨가물의 구비조건
- 사용방법이 간편하고 미량으로도 충분한 효과가 있어야 한다.
- 독성이 적거나 없으며 인체에 유해한 영향을 미치지 않아야 한다.
- 물리적 · 화학적 변화에 안정해야 한다.
- 값이 저렴해야 한다.

44 출입 · 검사 · 수거 등(식품위생법 제22조제4항)
행정응원의 절차, 비용부담 방법, 그 밖에 필요한 사항은 대통령령으로 정한다.

45 교육의 위탁(식품위생법 시행령 제38조제2항)
교육업무를 위탁받은 전문기관 또는 단체는 조리사 및 영양사에 대한 교육을 실시하고, 교육이수자 및 교육시간 등 교육실시 결과를 식품의약품안전처장에게 보고하여야 한다.

46 초산비닐수지는 초산비닐이라고도 하며 추잉껌 기초제, 피막제로 사용된다.

47 감수성 숙주란 감염된 환자가 아닌 감염 위험성 을 가진 환자이다. 예방접종은 감염성 질병을 예방하기 위한 활동이므로 감수성 숙주를 관리 하는 것이다.

48 군집독
- 많은 사람이 밀집된 실내에서 공기가 물리적·화학적 조성의 변화를 일으킨다.
- 산소 감소, 이산화탄소 증가, 고온·고습의 상 태에서 유해가스 및 취기, 구취, 체취 등으로 인하여 공기의 조성이 변한다.
- 현기증, 구토, 권태감, 불쾌감, 두통 등의 증상 이 있다.

49 식중독 위기 대응 4단계

관심(Blue) 단계	• 소규모 식중독이 다수 발생하거 나 식중독 확산 우려가 있는 경우 • 특정 시설에서 연속 혹은 간헐적 으로 5건 이상 또는 50인 이상의 식중독 환자가 발생하는 경우
주의(Yellow) 단계	• 여러 시설에서 동시다발적으로 환자가 발생할 우려가 높거나 발 생하는 경우 • 동일 식재료 업체나 위탁 급식업 체가 납품·운영하는 여러 급식 소에서 환자가 동시 발생
경계(Orange) 단계	• 전국에서 동시에 원인 불명의 식 중독 확산 • 특정 시설에서 전체 급식 인원의 50% 이상 환자 발생
심각(Red) 단계	• 식품 테러, 천재지변 등으로 대규 모 환자 또는 사망자 발생 • 독극물 등 식품 테러로 인한 식재 료 오염으로 대규모 환자나 사망 자가 발생할 우려가 있는 경우

50 ④ 페스트는 제1급 감염병에 해당한다.
제2급 감염병(감염병의 예방 및 관리에 관한 법률 제2조제3호)
결핵, 수두, 홍역, 콜레라, 장티푸스, 파라티푸 스, 세균성이질, 장출혈성대장균감염증, A형간 염, 백일해, 유행성이하선염, 풍진, 폴리오, 수 막구균 감염증, b형헤모필루스인플루엔자, 폐 렴구균 감염증, 한센병, 성홍열, 반코마이신내 성황색포도알균(VRSA) 감염증, 카바페넴내성 장내세균목(CRE) 감염증, E형간염

51 건강보균자란 병원체를 지니고 있으나 겉으로는 증상이 나타나지 않는 건강한 사람으로, 개인이 관리하지 않으면 발병 전까지 감염병 상태를 알 수 없으므로 감염병을 관리하는 데 있어서 가장 어려운 대상이다.

52 믹서의 부대 기구로는 둥근 믹서볼이 있으며, 반죽 날개는 훅, 비터, 휘퍼 등을 교환하며 사용 한다.

53 역성비누는 살균 목적으로 만든 비누로, 일반 비누와 같이 사용하면 살균력이 저하된다. 따라 서 일반비누로 먼저 씻어낸 후 역성비누를 사용 한다.

54 방충·방서의 안전관리
- 설치류, 곤충, 새, 해충 등의 혼입을 방지하기 위해 작업장은 밀폐식 구조로 한다.
- 배수로, 폐기물 처리장 등을 청결하게 관리한다.
- 작업장에 설치된 에어 샤워, 방충문 등의 작동과 일상 점검을 실시한다.
- 방제를 할 경우 식품에 오염되지 않도록 접촉을 철저히 막고, 휴무일에 실시한다.
- 방제 실시 후 약제 사용량 및 방역 결과는 기록으로 보존한다.
- 쥐막이 시설은 식품과 사람에게 오용되지 않도록 하고, 적정성 여부도 확인한다.
- 작업장 및 작업장 주변의 소독은 전문 업체 등 외부에 의뢰하고 월 1회 이상 실시한다.

55 위해요소
인체의 건강을 해칠 우려가 있는 생물학적, 화학적 또는 물리적 인자나 조건
- 생물학적 위해요소(Biological Hazards) : 황색포도상구균, 살모넬라, 병원성대장균 등 식중독균
- 화학적 위해요소(Chemical Hazards) : 중금속, 잔류농약 등
- 물리적 위해요소(Physical Hazards) : 금속 조각, 비닐, 노끈 등 이물

56 밝은색, 긴소매, 주머니나 단추가 외부로 노출되지 않는 위생복을 착용하고, 일반 구역과 청결 구역을 구별하여 위생복을 착용한다.

57 ① 분할기 : 1차 발효가 끝난 반죽을 정해진 용량의 반죽 크기로 자동적으로 분할하는 기계
③ 정형기 : 중간발효를 마친 반죽을 밀어 펴서 가스를 빼고 다시 말아서 원하는 모양으로 만드는 기계
④ 발효기 : 믹싱이 끝난 반죽을 발효시키는 데 사용하는 기계

58 ① 수직형 믹서 : 반죽 날개가 수직으로 설치되어 있고, 소규모 제과점에서 케이크 반죽에 주로 사용한다.
③ 스파이럴 믹서 : 나선형 혹 내장, 프랑스빵과 같이 글루텐 형성능력이 다소 작은 밀가루로 빵을 만들 경우에 적당하다.
④ 에어 믹서 : 제과 전용 믹서로, 에어 믹서 사용에 일반적으로 공기 압력이 가장 높아야 되는 제품은 엔젤푸드 케이크이다.

59 ③ 작업대는 70% 알코올 분무 또는 이와 동등한 효과가 있는 방법으로 살균한다.

60 작업장 내에 분리된 공간은 오염된 공기를 배출하기 위해 환풍기 등과 같은 강제 환기시설을 설치하고, 건물 내에 환기 시스템에 대한 정기적 유지, 보수 프로그램을 세워야 한다.

🔾 모의고사 p.115

01	④	02	③	03	②	04	②	05	①	06	①	07	①	08	②	09	④	10	③
11	③	12	④	13	④	14	②	15	④	16	③	17	②	18	②	19	②	20	①
21	①	22	③	23	②	24	①	25	③	26	③	27	④	28	③	29	④	30	④
31	③	32	③	33	②	34	④	35	④	36	④	37	①	38	③	39	③	40	②
41	②	42	③	43	④	44	④	45	③	46	③	47	③	48	③	49	③	50	③
51	①	52	④	53	④	54	④	55	④	56	③	57	②	58	④	59	②	60	③

01 높은 온도에서 짧게 굽는 제품에 수분 함량이 가장 많다. 따라서 ④ > ③ > ② > ①의 순으로 수분 함량이 높다.

02 이스트는 육안으로는 보이지 않는 미생물이다. 그러나 세균이나 곰팡이보다 커서 300배의 현미경으로도 관찰할 수 있다. 제빵용 이스트는 단세포의 미생물로 학명이 맥주 효모균(*Saccharomyces cerevisiae*)이다. 이스트 종류로는 생이스트와 수분을 건조한 과립 형태의 드라이 이스트 등이 있다.

03 ① 자유수는 식품 중에 존재하며, 쉽게 이동 가능한 물로 0℃ 이하에서 동결, 100℃에서 증발한다.
③, ④ 경수와 아경수는 경도에 따라 물을 분류한 것이다.

04 ② 밀가루 사용량을 100으로 한 비율이다.

05 유지가 발연되는 최저온도를 유지의 발연점이라고 하며, 유리지방산의 함량이 많을수록, 노출된 유지의 표면적이 클수록, 불순물이 많이 존재할수록 유지의 발연점은 내려간다.

06
- 호화(α-화) : 전분에 물을 넣고 고온으로 가열하여 익힐 때 나타나며, β-전분이 가열에 의해 α-전분으로 되는 현상
- 노화(β-화) : 호화된 전분을 상온에서 방치하면 β-전분으로 되돌아가는 현상
- 호정화 : 전분을 고온(160℃)에서 수분 없이 가열할 때 다양한 길이의 덱스트린이 생성되는 현상

07 견과류에는 비타민과 무기질이 많으며, 그중 비타민 E는 혈중 콜레스테롤의 산화를 막아 주고, 불포화지방산이 함유되어 있으며, 세포의 노화를 막아 준다.

08 난백의 기포는 묵은 달걀일수록, 난백이 응고하지 않을 정도의 온도에서 거품이 잘 난다. 기름을 넣고 저으면 거품이 나는 것을 현저히 저하시키며 소량의 소금, 산의 첨가는 기포현상을 돕는다. 거품을 완전히 낸 후 마지막 단계에서 설탕을 넣어 주면 거품이 안정된다.

09 효소적 갈변은 과실과 채소류 등을 파쇄하거나 껍질을 벗길 때 일어나는 현상이다. 과실과 채소류의 상처받은 조직이 공기 중에 노출되면 페놀 화합물이 갈색색소인 멜라닌으로 전환하기 때문이다. 홍차, 녹차 등은 카테킨(Catechin)이라는 효소에 의해 갈변현상을 일으켜 검은색을 띤다.

10 곡류나 건조식품 등은 생선, 과일, 채소류보다 수분활성도가 낮다.

11 ① 엿당 : 말테이스(Maltase)
② 설탕 : 수크레이스(Sucrase)
④ 지방 : 라이페이스(Lipase)

12 **경화유** : 액상기름에 수소를 첨가하여 만드는 백색 고형의 인조지방으로, 마가린, 쇼트닝 등이 해당한다.

13 2,250kcal의 32%는 720kcal이다. 지방은 1g당 9kcal를 내므로 720kcal를 내기 위해서는 지방 80g이 필요하다.

14 마요네즈는 식물성 기름과 달걀노른자, 식초, 약간의 소금과 후추를 넣어 만든 소스로 상온에서 반고체 상태를 형성한다.

15 중탕한 초콜릿은 대리석법, 접종법, 수랭법 등을 이용하여 26~27℃로 온도를 내린다.

16 셀룰로스에서 수화된 겔인 펙틴은 갈락토스의 산화물인 갈락투론산이 주성분인 다당류이다. 또한 혈관에 쌓이는 콜레스테롤을 없애 혈관과 혈액을 깨끗하게 유지시키기 때문에 혈압과 혈관계 질환을 막는다.

17 스트레이트법은 발효 중간에 펀치 작업을 진행하나 비상스트레이트법과 같이 60분 이하로 발효를 진행할 경우 펀치는 하지 않는다. 펀치는 반죽 내의 탄산가스를 빼고 새로운 가스를 넣어 이스트를 활성화시키고 이완된 글루텐 조직에 물리적인 힘을 가해 긴장을 강화시킨다.

18 본반죽 제조 시 스펀지 반죽의 온도를 추가하여 계산한다.

> 사용수 온도 = 희망 반죽 온도 × 4 - (실내 온도 + 밀가루 온도 + 스펀지 반죽 온도 + 마찰계수)
> = 27 × 4 - (26 + 24 + 25 + 14)
> = 108 - 89 = 19℃

19 완성된 사워 반죽은 일반적으로 실내 온도 22℃, 상대습도 75%의 조건에서 이물질의 혼입 없이 밀봉해서 보관한다.

20 **밀가루 반죽의 적성 시험 기계**
- 아밀로그래프 : 점도의 변화, 전분의 질을 자동으로 측정하는 기구
- 패리노그래프 : 반죽의 점탄성, 흡수율, 믹싱 내구성, 믹싱 시간을 측정하는 기구
- 익스텐소그래프 : 반죽의 신장성, 밀가루의 내구성과 상대적인 발효 시간을 측정하는 기구

21 **성형방법**
- 밀어 펴기 : 햄버거빵, 잉글리시 머핀, 피자 등
- 말기 : 꽈배기, 크림빵류, 호밀빵, 바게트, 더치빵, 모카빵, 베이글류의 빵 등
- 봉하기 : 식빵, 앙금빵, 햄버거, 소보로빵 등

22 ① 분당(슈거 파우더) : 입상형의 설탕을 분쇄하여 미세한 분말로 만든 다음, 고운체를 통과시켜서 만든다.
② 도넛 설탕 : 포도당(분말), 쇼트닝(분말), 소금, 녹말가루와 향(분말)을 섞어서 만든 것으로 도넛의 토핑물로 널리 사용되고 있다.
④ 스프링클 : 도넛 같은 제품의 위에 뿌리는 것으로 분당, 흰자, 소금, 색소 등을 사용하여 만든다.

23 반죽 온도가 높을수록, 발효 시간이 길수록, 소금과 설탕이 적을수록, 발효실 온도가 높을수록, 발효실 습도가 낮을수록 발효 손실이 크다.

24 2차 발효를 위한 상대습도
• 식빵류, 단과자빵류 : 85~90%
• 하스브레드 : 75%
• 도넛 반죽 : 60~70%

25 일반적으로 단과자빵, 모카빵, 더치빵은 성형 시의 80%의 크기로 발효되었을 때 또는 철판을 흔들어 반죽이 찰랑거리며 흔들리면 2차 발효를 완료하나, 그리시니는 반죽이 처음 부피보다 2배로 커지면 2차 발효를 완료한다.

26 • 원형 팬의 용적 = 반지름 × 반지름 × π(3.14) × 높이
= 20 × 20 × 3.14 × 8
= 10,048(cm³)
• 반죽 분할량 = 팬 용적/비용적 = 10,048/4
= 2,512(g)

27 만드는 수량이 많다면 성형하는 시간이 오래 걸리므로 중간발효 시간을 짧게 해야 하며, 양이 적다면 그 반대로 중간발효 시간을 길게 잡아야 한다.

28 원통 반죽에 손바닥이나 손가락 끝을 이용해 압력을 주어 단단히 틈이 없게 말아 완성한다. 말기는 압력이 다르거나 반죽 안에 공간이 생기면 완성품의 모양이 일정하게 유지되지 않는다.

29 철판이나 틀의 온도는 32℃ 정도에 맞추어 사용한다. 철판이나 틀의 온도가 너무 낮으면 반죽의 온도가 낮아져 2차 발효 시간이 길어진다.

30 튀김 기름에 영향을 미치는 요인으로 온도(열), 물(수분), 공기(산소), 이물질 등이 있다.

31 굽기 중 색 변화
• 메일라드 반응(Maillard Reaction) : 비효소적 갈변반응으로 당류와 아미노산, 펩타이드, 단백질 모두를 함유하고 있기 때문에 대부분의 모든 식품에서 자연발생적으로 일어난다.
• 캐러멜화 반응(Caramelization) : 설탕을 갈색이 날 정도의 높은 온도(160℃)로 가열하면 여러 단계의 화학반응을 거쳐 보기 좋은 진한 갈색이 되고, 당류 유도체 혼합물의 변화로 풍미를 만든다.

32 냉각실의 온도가 너무 높으면 냉각 시간이 늘어나고, 너무 낮으면 표면이 거칠어지므로 15~25℃ 사이의 상온을 유지하는 것이 좋다.

33 • 완만 해동 : 냉장고 내 해동, 상온 해동, 액체 중 해동
• 급속 해동 : 건열 해동, 전자레인지 해동, 스팀 해동, 보일 해동, 튀김 해동

34 장식은 마무리 단계이므로 제품을 조심히 다루어 제품에 흠이 나지 않도록 한다. 금가루를 올릴 때는 작은 핀셋이나 긴 꼬치 등의 도구를 사용하는 것이 편하다. 얇은 초콜릿 장식물을 사용할 때는 부러지지 않도록 하고 특히 뜨거운 손으로 직접 만지지 않는다.

35 유독기구 등의 판매·사용 금지(식품위생법 제8조)

유독·유해물질이 들어 있거나 묻어 있어 인체의 건강을 해할 우려가 있는 기구 및 용기·포장과 식품 또는 식품첨가물에 직접 닿으면 해로운 영향을 끼쳐 인체의 건강을 해칠 우려가 있는 기구 및 용기·포장을 판매하거나 판매할 목적으로 제조·수입·저장·운반·진열하거나 영업에 사용하여서는 안 된다.

36 제품 유통 시 적정 온도
- 실온 유통 제품 : 1~35℃
- 상온 유통 제품 : 15~25℃
- 냉장 유통 제품 : 0~10℃
- 냉동 유통 제품 : −18℃ 이하

37 건조 이스트는 고형질이 90%, 생이스트는 30%이며, 건조·유통·수화 과정에서 죽은 세포가 생기므로 실제로는 생이스트의 40~50%를 사용한다. 따라서 건조 이스트가 생이스트에 비해 약 2배 정도의 활성을 한다.

38 6~10% 정도의 소금물에 달걀을 넣어 가라앉으면 신선한 것이고, 위로 뜨면 오래된 것이다.

39 ③ 레시틴은 유화제 작용을 한다.

40 선입선출이 용이하도록 먼저 입고된 것을 앞쪽에 보관하고, 나중에 입고된 것을 뒤쪽에 보관한다. 먼저 입고된 것부터 먼저 꺼내어 사용한다.

41 ① 일광건조법 : 주로 농산물, 해산물 건조에 많이 이용되는 방법
③ 고온건조법 : 90℃ 이상의 고온으로 건조, 보존하는 방법
④ 감압건조법 : 감압·저온으로 건조시키는 방법

42 자가품질검사 의무(식품위생법 제31조제1항)

식품 등을 제조·가공하는 영업자는 총리령으로 정하는 바에 따라 제조·가공하는 식품 등이 규정에 따른 기준과 규격에 맞는지를 검사하여야 한다.

43 행정처분기준(식품위생법 시행규칙 별표 23)

조리사가 면허를 타인에게 대여하여 사용하게 한 경우
- 1차 위반 : 업무정지 2개월
- 2차 위반 : 업무정지 3개월
- 3차 위반 : 면허취소

44 출입·검사·수거 등(식품위생법 시행규칙 제19조제1항)

출입·검사·수거 등은 국민의 보건위생을 위하여 필요하다고 판단되는 경우에는 수시로 실시한다.

45 영업신고 대상 업종(식품위생법 시행령 제25조제1항)

특별자치시장·특별자치도지사 또는 시장·군수·구청장에게 신고를 하여야 하는 영업은 다음과 같다.
- 즉석판매제조·가공업
- 식품운반업
- 식품소분·판매업
- 식품냉동·냉장업
- 용기·포장류제조업
- 휴게음식점영업, 일반음식점영업, 위탁급식영업 및 제과점영업

46 건강진단 대상자(식품위생법 시행규칙 제49조 제1항)
건강진단을 받아야 하는 사람은 식품 또는 식품 첨가물(화학적 합성품 또는 기구 등의 살균·소독제는 제외)을 채취·제조·가공·조리·저장·운반 또는 판매하는 일에 직접 종사하는 영업자 및 종업원으로 한다. 다만, 완전 포장된 식품 또는 식품첨가물을 운반하거나 판매하는 일에 종사하는 사람은 제외한다.

47 안전관리인증기준(HACCP) 적용 원칙(식품 및 축산물 안전관리인증기준 제6조제1항)
- 1단계 : 위해요소 분석
- 2단계 : 중요관리점 결정
- 3단계 : 한계기준 설정
- 4단계 : 모니터링 체계 확립
- 5단계 : 개선조치 방법 수립
- 6단계 : 검증 절차 및 방법 수립
- 7단계 : 문서화 및 기록 유지

48 보존료에는 데하이드로초산(DHA), 데하이드로초산나트륨(DHA-S), 소브산, 소브산칼륨, 안식향산, 안식향산나트륨, 프로피온산나트륨, 프로피온산칼슘 등이 있다.

49 식품의 품질을 개량하거나 유지하기 위한 첨가물로 품질 개량제, 밀가루 개량제, 호료, 유화제, 이형제, 피막제, 추출제, 습윤제 등이 있다.

50 ① 복어 : 테트로도톡신
② 조개류 : 삭시톡신
④ 독버섯 : 무스카린

51 세균성 식중독은 감염 후 면역성이 잘 형성되지 않는다.

52 웰치균 : 열에 강해서 아포는 100℃에서 4시간 가열하여도 살아남는다. 공기가 있으면 발육할 수 없는 혐기성균이며, 여러 사람의 식사를 함께 조리하는 집단급식소에서 잘 발생한다.

53 장티푸스는 병원체가 세균인 세균성 감염병이다. 폴리오, 유행성 간염은 바이러스성 감염병이며, 말라리아는 원충성 감염병이다.

54 살균은 비교적 약한 살균력을 작용하여 병원 미생물의 생활력을 파괴하고 감염의 위험성을 제거하는 것이고, 멸균은 강한 살균력을 작용시켜 미생물을 완전히 죽이는 처리 방법으로, 소독이란 살균과 멸균을 의미한다.

55 재료의 역할
- 유지 : 반죽의 혼합을 촉진하고 부드럽게 할 뿐 아니라 빵의 노화방지 역할을 한다.
- 탈지분유 : 빵의 내부 조직감에 영향을 준다.
- 달걀 : 결합제, 팽창제, 유화제의 역할을 하며 색 및 영양가를 향상시킨다.
- 소금 : 혼합하는 동안에 글루텐에 작용하여 글루텐을 단단하게 만든다.
- 산화제, 환원제 : 산화제를 사용하면 반죽에 힘을 주어 믹싱 시간이 길어지고, 환원제를 사용하면 믹싱 시간이 단축된다.
- 설탕 : 팽창을 촉진하기 위해서 이스트에 탄수화물원을 공급한다.

56 중요관리점(CCP ; Critical Control Point)
위해요소 중점관리기준을 적용하여 식품의 위해요소를 예방·제거하거나 허용 수준 이하로 감소시켜 해당 식품의 안전성을 확보할 수 있는 중요한 단계·과정 또는 공정을 말한다.

57 ① 데크 오븐(Deck Oven) : 일반적으로 가장 많이 사용하며 선반에서 독립적으로 상하부 온도를 조절하여 제품을 구울 수 있다.

③ 터널 오븐(Tunnel Oven) : 반죽이 들어가는 입구와 제품이 나오는 출구가 서로 다른 오븐으로, 다양한 제품을 대량 생산할 수 있다.

④ 컨백션 오븐(Convection Oven) : 고온의 열을 강력한 팬을 이용하여 강제 대류시키며 제품을 굽는 오븐이다.

58 작업대는 부식성이 없는 스테인리스 등의 재질로 설비하고, 균이 검출될 수 있어 중성 세제 등을 이용하여 자주 세척해야 한다.

59 배수로는 작업장 외부 등에 폐수가 교차오염되지 않도록 덮개를 설치한다.

60 배수로는 청결 구역에서 일반 구역으로 흐르도록 하고, 퇴적물이 쌓이지 않아야 한다.

↻ 모의고사 p.125

01	③	02	①	03	④	04	③	05	②	06	②	07	④	08	④	09	②	10	②
11	③	12	①	13	①	14	③	15	③	16	①	17	③	18	④	19	①	20	④
21	③	22	③	23	②	24	④	25	④	26	②	27	②	28	④	29	③	30	④
31	②	32	②	33	②	34	①	35	④	36	③	37	③	38	①	39	①	40	①
41	②	42	③	43	④	44	③	45	②	46	③	47	③	48	③	49	③	50	③
51	②	52	①	53	②	54	②	55	①	56	④	57	④	58	③	59	④	60	③

01 사워 반죽을 발효할 때 생성되는 젖산균은 수분량과 발효 온도에 따라 달라진다. 발효 온도가 32℃를 넘게 되면 젖산균의 발효가 우세해지고 25℃ 정도에서 발효하게 되면 이스트의 발효가 우세해지므로 사워 반죽의 균형 잡힌 풍미를 위해서는 29℃ 정도의 발효 온도가 좋다.

02 사과는 건포도에 비해 과당이 적어 발효력이 약하고 불안정하여 발효시키기 어렵다. 따라서 사과를 고를 때는 봉지를 씌우지 않고 재배한 것을 사용하며, 껍질 부분에 많은 효모를 사용하기 위해 껍질째 갈아서 사용한다. 약한 발효력을 보상하기 위해 꿀이나 인공 과당을 첨가하기도 한다.

03 유지의 기능
• 반죽 팽창을 위한 윤활작용을 한다.
• 수분 보유력을 향상시켜 노화를 연장한다.
• 믹싱 중에 유지가 얇은 막을 형성하여 전분과 단백질이 단단하게 되는 것을 방지하고, 구운 후의 제품에도 윤활성을 제공한다.
• 글루텐 표면을 둘러싸서 음식이 부드럽고 연해진다(연화작용).

04 스펀지 반죽의 발효는 24~29℃, 70~80%의 발효실에서 3~5시간 진행한다.

05 비가법은 밀가루의 글루텐 함량이 낮거나 힘이 부족한 경우에 사용하는 반죽법으로, 밀가루 양의 1%의 이스트에 60%의 물을 사용해서 저속에서 글루텐이 형성되지 않게 가볍게 반죽하여 6~18시간 발효 과정을 거쳐 본반죽에 사용한다.

06 플로어 타임이 지나치면 반죽은 유연성을 잃어버리고 지나치게 많은 양의 이산화탄소를 형성하게 된다. 이는 분할, 둥글리기, 성형 등의 정형 단계를 어렵게 하고, 기공이 커지며 제품의 품질이 저하된다. 플로어 타임이 너무 짧으면 반죽이 끈적거리는 점착성이 있으므로 주의해야 한다.

07 렛다운 단계(Let Down Stage)는 글루텐이 결합됨과 동시에 다른 한쪽에서 끊기는 단계로, 렛다운 단계의 반죽으로 빵을 만들면 내상이 희고 기포가 잘고 고른 빵을 만들 수 있다.

08 건포도식빵 반죽은 최종 단계로 마무리하며 반죽 온도는 27℃ 정도로 맞추고, 건포도는 최종 단계에서 혼합한다.

09 옥수수식빵의 반죽을 지나치게 하면 반죽이 끈끈해지고 글루텐 막이 쉽게 찢어지게 된다.

10 ① 밤식빵 : 반죽은 최종 단계로 마무리하며, 반죽 온도는 27℃ 정도로 맞춘다.
③ 우유식빵 : 반죽은 최종 단계로 마무리하며, 반죽 온도는 27℃ 정도로 맞춘다.
④ 버터톱식빵 : 반죽은 최종 단계로 마무리하며, 반죽 온도는 27℃ 정도로 맞춘다.

11 모카빵은 반죽에 커피가 들어가기 때문에 다른 빵의 반죽에 비하여 반죽 시간이 짧아 과반죽되기 쉽다.

12 ② 반죽은 발전 단계 후기로 마무리한다.
③ 반죽 온도는 20℃ 정도로 맞춘다.
④ 버터 투입 후 중속(2단 속도)으로 유지를 2분 정도 혼합하고, 버터가 혼합되면 고속(3단 속도)으로 8분 정도 반죽한다.

13 스트레이트법을 비상스트레이트법으로 변경할 때 짧은 발효 시간으로 인한 pH를 조절하기 위하여 식초나 젖산을 첨가한다.

14 이스트는 냉장 온도(0~4℃)에서는 휴면 상태로 활성이 거의 없게 존재하나, 온도가 상승하면 활성이 증가하여 35℃에서 최대가 되고 그 이상에서는 활성이 감소하여 60℃가 되면 사멸한다.

15 스트레이트법 반죽 발효 동안 펀치를 하면 반죽이 개선된다.

16 식빵류의 2차 발효를 위한 발효기의 적정 온도는 38℃, 상대습도는 80~85%이다.

17 도넛류의 2차 발효는 온도 38℃, 상대습도 80%로 예열된 발효기에서 30~40분간 실시하는데, 상대습도를 다소 낮추고 식빵류보다 약 10~15분 정도 짧게 한다.

18 성형은 제품의 길이와 형태를 원하는 모양으로 만드는 과정이고, 패닝은 성형이 끝난 반죽을 철판에 나열하거나 틀에 채워 넣는 과정을 말한다.

19 ② 고온 단시간 : 과다한 수분 증발을 막아 촉촉한 제품을 생산하거나, 밀가루의 비율이 부재료인 버터, 달걀, 설탕 등에 비해 적어 호화시간이 짧은 제품을 구워 내는 방법
③ 전반 고온-후반 저온 : 일반적으로 많이 사용되며 초기의 고온으로 빵 모양을 형성하고 색이 나기 시작하면 온도를 낮추어 수분을 증발시키고 단백질 응고와 전분의 호화작용으로 구워 내는 방법
④ 전반 저온-후반 고온 : 오븐 안에 많은 반죽을 한꺼번에 구워 내거나 높은 온도가 필요하지 않은 제품의 경우 초기에 낮은 열로 모양을 형성하고 후반에 고온으로 색을 내는 방법

20 베이글을 데친 후 너무 식으면 반죽이 오므라들고 단단해져서 구워도 잘 부풀지 않으므로 바로 구워야 한다.

21 잣은 고지방 식품이어서 산패되기 쉬우므로 냉동 보관하는 것이 좋다.

22 이스트 푸드 사용 시 주의사항
• 만들 제품의 특성에 적합한 것을 고를 것
• 반죽 속에 균일하게 분산시킬 것
• 이스트와 함께 녹이지 말 것
• 최적 사용량을 지키고 정확히 계량할 것

23 ② 지나친 덧가루 사용은 제품의 맛과 향을 떨어 뜨린다.

24 밀가루는 온도차가 크지 않은 곳, 통풍과 환기가 잘되는 곳, 온도 10~15℃, 상대습도 70~80%에서 보관하는 것이 좋다.

25 믹싱 시간 상관요인으로 믹싱기의 회전 속도, 반죽의 양, 숙성 정도, 반죽의 되기, pH, 분유·우유의 사용량, 설탕 사용량, 소금 투입 시기, 산화제 및 환원제 등이 있다.

26 튀김에 사용하는 유지는 라드와 같은 천연의 고형 유지와 식물성 액상 기름에 수소를 첨가하여 만든 쇼트닝 등이 있다.

27 팬 오일(이형유)의 조건
- 발연점이 높은 기름(210℃ 이상)
- 고온이나 장시간의 산패에 잘 견디는 안정성이 높은 기름
- 무색, 무미, 무취로 제품의 맛에 영향이 없는 기름
- 바르기 쉽고 골고루 잘 발라지는 기름
- 고화되지 않는 기름

28 중간발효의 목적
- 손상된 글루텐의 배열을 정돈한다.
- 가스의 발생으로 유연성을 회복시켜 성형 과정에서 작업성을 좋게 한다.
- 분할, 둥글리기 공정에서 단단해진 반죽에 탄력성과 신장성을 준다.

29 반죽 온도가 높으면 기공이 열리고 큰 구멍이 생겨 조직이 거칠게 되어 노화가 빨라진다.

30 ① 스패출러 : 크림, 잼을 바르거나 토핑류를 자를 때 사용
② 전자저울 : 무게를 잴 때 사용
③ 스크레이퍼 : 반죽의 분할이나 반죽 후 반죽 제거의 용도로 사용

31 터널 오븐(Tunnel Oven)
- 반죽이 들어가는 입구와 제품이 나오는 출구가 서로 다르다.
- 다양한 제품을 대량 생산할 수 있다.
- 다른 기계들과 연속 작업을 통해 제과·제빵의 전 과정을 자동화할 수 있다.
- 대규모 공장에서 주로 사용한다.

32 사각 팬의 용적 = 가로 × 세로 × 높이
= 20cm × 15cm × 5cm
= $1,500cm^3$

33

희석 농도(ppm) = 소독액의 양(mL)/물의 양(mL) × 유효 잔류 염소 농도(%)

100(ppm) = 소독액의 양(mL) / 1,000(mL) × 4 × 10,000(ppm)
∴ 소독액의 양(mL) = 2.5mL

34 포장의 기능
- 내용물의 보호
- 취급의 편의
- 판매의 촉진
- 상품의 가치 증대와 정보 제공
- 사회적 기능과 환경친화적 기능

35 선입선출의 원칙
재료가 효율적으로 순환되기 위하여 유효 일자나 입고일을 기록하여 먼저 구입하거나 생산한 것부터 순차적으로 판매·제조하는 것으로, 재료의 신선도를 최대한 유지하고 낭비의 가능성을 최소화할 수 있다.

36 저온 저장만으로 살균효과를 기대할 수는 없다.

37 생이스트는 수분이 65~70%이고 단백질, 탄수화물, 인지질, 무기질 등으로 구성되어 있다. 적정 보관 온도는 -1~$5℃$이다.

38 탈지분유의 양이 1% 증가하면 반죽의 흡수율도 1% 증가한다.

39 2차 발효실의 습도가 높은 경우 껍질이 윤기가 없고 딱딱한 빵이 되거나, 제품의 표면에 물집이 생기는 증상이 나타난다.

40 • 알칼리성 식품 : 나트륨(Na), 칼슘(Ca), 칼륨(K), 마그네슘(Mg)을 함유한 식품(채소, 과일, 우유, 기름, 굴 등)
• 산성 식품 : 인(P), 황(S), 염소(Cl)를 함유한 식품(곡류, 육류, 어패류, 달걀류 등)

41 무기질에는 칼슘, 인, 나트륨 외에 칼륨, 염소, 철, 구리, 마그네슘, 아이오딘 등이 있다.

42 백분율은 반죽의 특성을 조절하기 위해 물 사용량을 증가할 경우 물의 비율뿐만 아니라 다른 재료의 비율을 모두 조절해야 하는 번거로움이 있다. 밀가루 사용량을 100으로 한 비율인 베이커스 퍼센트를 사용하면, 백분율을 사용할 때보다 배합표 변경이 쉽고, 변경에 따른 반죽의 특성을 짐작할 수 있다.

43 냉각하는 장소의 습도가 낮으면 껍질에 잔주름이 생기며 껍질이 갈라지는 현상이 발생한다. 해당 현상은 주로 습도가 낮은 겨울철에 발생하기 쉽다.

44 브레이크 현상(Break, Sponge Broke)이란 스펀지 부피가 처음 반죽의 4~5배 정도로 부풀었다가 수축하기 시작하는 현상이다.

45 제빵에서 믹싱의 주된 기능은 혼합, 이김, 두드림이다.

46 ① 착색료 : 식품의 가공 공정에서 퇴색되는 색을 복원하거나 외관을 보기 좋게 하기 위해 첨가하는 물질
② 보존료 : 식품 저장 중 미생물의 증식에 의해 일어나는 부패나 변질을 방지하기 위해 사용되는 방부제
④ 산화방지제 : 유지의 산패 및 식품의 변색이나 퇴색을 방지하기 위해 사용하는 첨가물

47 식중독 예방을 위하여 손 씻기를 할 때에는 비누 등의 세정제를 사용하여 손가락 사이, 손등까지 골고루 흐르는 물로 30초 이상 씻는다.

48 소독약품의 구비조건
• 살균력이 강할 것
• 사용이 간편하고 가격이 저렴할 것
• 인축에 대한 독성이 적을 것
• 소독 대상물에 부식성과 표백성이 없을 것
• 용해성이 높으며 안전성이 있을 것
• 불쾌한 냄새가 나지 않을 것

49 팬기름을 과다하게 칠하면 밑껍질이 두껍고 어둡게 된다.

50 식빵의 재료와 내용물에 따라 발효 시간이 차이가 난다. 건포도식빵의 경우 많은 양의 건포도 사용으로 인하여 분할 무게가 많아 충분한 2차 발효가 필요하다.

51 변패 : 단백질, 지방질 이외의 탄수화물 등의 성분들이 미생물에 의하여 변질되는 현상

52 황색포도상구균은 화농성 질환의 대표적인 원인균으로, 피부에 외상을 입은 경우 식품을 다루는 것을 피해야 한다.

53 식물성 자연독
• 솔라닌 : 감자의 발아 부위와 녹색 부위
• 시큐톡신 : 독미나리
• 고시폴 : 목화씨
• 리신 : 피마자
• 아미그달린 : 청매
• 에르고톡신 : 맥각

54 글루텐은 단백질인 글루테닌과 글리아딘의 혼합물로, 단백질의 약 86%를 차지한다. 빵은 발효로 생긴 이산화탄소 가스가 글루텐의 점성이 크기 때문에 새어나가지 않고 부풀어오르는 성질을 이용한다.

55 다수가 밀집해 있는 곳의 실내 공기는 화학적 조성이나 물리적 조성의 변화로 불쾌감, 비말감염 등의 이상현상이 발생한다. 비말감염은 재채기, 기침, 대화 등을 통해 공기 중에 분산된 물질이 다른 사람에게 흡입·감염되는 것이다.

56 ④ 매독은 성매개감염병이다.
인수공통감염병의 종류
장출혈성대장균감염증, 일본뇌염, 브루셀라증, 탄저, 공수병, 동물인플루엔자 인체감염증, 중증급성호흡기증후군(SARS), 큐열, 결핵, 변종 크로이츠펠트-야콥병(vCJD), 중증열성혈소판감소증후군(SFTS), 장관감염증(살모넬라균 감염증, 캄필로박터균 감염증)

57 '식품위생'이란 식품, 식품첨가물, 기구 또는 용기·포장을 대상으로 하는 음식에 관한 위생을 말한다(식품위생법 제2조제11호).

58 인버테이스(Invertase)는 설탕을 가수분해시켜 포도당과 과당의 등량 혼합물을 만들어 용해도를 증가시킨다.

59 ④ 제과점영업은 영업신고를 하여야 하는 업종이다(식품위생법 시행령 제25조제1항제8호).
허가를 받아야 하는 영업 및 허가관청(식품위생법 시행령 제23조)
• 식품조사처리업 : 식품의약품안전처장
• 단란주점영업과 유흥주점영업 : 특별자치시장·특별자치도지사 또는 시장·군수·구청장

60 1회용 컵, 1회용 숟가락, 1회용 젓가락 등을 사용하지 않아야 한다(식품위생법 시행규칙 별표 19).

↻ 모의고사 p.136

01	④	02	③	03	①	04	①	05	③	06	③	07	②	08	②	09	①	10	②
11	④	12	①	13	④	14	③	15	③	16	③	17	①	18	②	19	③	20	①
21	④	22	④	23	②	24	②	25	③	26	③	27	③	28	④	29	③	30	③
31	④	32	④	33	④	34	①	35	④	36	④	37	③	38	④	39	③	40	③
41	②	42	③	43	②	44	④	45	②	46	③	47	①	48	②	49	①	50	③
51	③	52	②	53	④	54	②	55	④	56	③	57	③	58	④	59	③	60	①

01 액종법은 온도, 습도에 따라 세균수의 급격한 변화가 일어나기 쉬우므로 품질 유지가 어렵다. 따라서 보관 용기나 사용하는 수저 등의 도구 청결이 매우 중요하다.

02 사워 반죽의 발효 온도가 25℃ 정도일 때에는 이스트의 발효가 우세해지고, 32℃를 넘게 되면 젖산균의 발효가 우세해지기 때문에 균형 잡힌 풍미를 위해서는 29℃ 정도의 발효 온도가 좋다.

03

마찰계수 = 결과 반죽 온도 × 3 − (실내 온도 +
밀가루 온도 + 수돗물 온도)
= 27 × 3 − (25 + 24 + 19)
= 81 − 68 = 13

04 ② 생산력이 부족하거나 협소한 공간에서 여러 가지 작업을 진행할 경우 오버나이트 스펀지법이 효과적이다.
③ 발효 시간이 길수록 스펀지 반죽에 들어가는 이스트양, 설탕량이 적어지고 반죽 온도도 낮게 하는 것이 원칙이다.
④ 발효 시간이 길어지면 젖산의 생산이 많아져 신맛이 강해질 수 있으므로 탈지분유의 첨가량이 많아진다.

05 폴리시법은 물과 밀가루 1 : 1의 비율에 약간의 이스트를 넣고 6~8시간 정도 발효시켜 사용하는 방법이다. 일반적으로 프랑스빵이나 바게트 등의 저율 배합빵에 사용되며 볼륨과 풍미가 좋아지고 믹싱 시간도 짧아지는 효과도 있다.

06 플로어 타임(Floor Time)은 반죽의 점착성을 줄이고 숙성 정도를 조절하기 위해 꼭 거쳐야 하는 공정이다.

07 반죽 공정의 6단계
• 픽업 단계(Pick-up Stage) : 밀가루와 그 밖의 가루 재료가 물과 대충 섞이는 단계
• 클린업 단계(Clean-up Stage) : 수분이 밀가루에 흡수되어 한 덩어리의 반죽이 만들어지는 단계
• 발전 단계(Development Stage) : 글루텐의 결합이 빠르게 진행되어 반죽의 탄력성이 최대가 되는 단계
• 최종 단계(Final Stage) : 반죽의 신장성이 최대가 되며 반죽이 반투명한 상태가 되는 단계
• 렛다운 단계(Let Down Stage) : 글루텐이 결합됨과 동시에 다른 한쪽에서 끊기는 단계
• 브레이크다운 단계(Break Down Stage) : 글루텐이 더 이상 결합하지 못하고 끊어지는 단계

08 건포도를 반죽에 투입한 후 너무 오래 반죽하면 건포도가 으깨져 건포도가 가지고 있는 당 성분이 반죽으로 나와 발효가 늦어지고, 빵의 내부의 색이 불균일하게 나므로 반죽의 최종 단계에서 혼합하고 느린 속도로 가볍게 섞는다.

09 밤식빵 반죽 시 강력분 80%, 중력분 20%의 비율로 섞는다.

10 쌀식빵 반죽은 쌀가루가 포함되어 일반 식빵에 비하여 글루텐을 형성하는 단백질이 부족하며, 쌀식빵 반죽을 지나치게 하면 반죽이 끈끈해지고 글루텐 막이 쉽게 찢어지게 된다.

11 2차 발효의 온도와 습도가 높을 경우 비스킷의 설탕이 녹아 구멍이 생길 수 있으며, 반죽 흐름성이 커져 타원형의 모양이 잘 나오지 않는다.

12 비상스트레이트법은 스트레이트법에서 변형된 방법으로 이스트의 사용량을 늘려 발효 시간을 단축시켜 짧은 시간에 제품을 만들어 낼 수 있는 방법이다.

13 비상스트레이트법 식빵 반죽은 일반 식빵보다 20~25% 반죽 시간을 늘려 최종 단계 후기로 마무리하며, 반죽 온도는 30℃ 정도로 맞춘다.

14 발효가 진행됨에 따라 유기산 때문에 pH는 낮아져 반죽의 신전성과 탄력성이 변화된다.

15 상대습도가 70%보다 낮으면 발효가 지연되고, 반죽 표면이 건조해져 표피가 형성된다.

16 일반적으로 원로프형 식빵은 식빵 틀보다 1cm 정도 낮아지도록 발효시킨다.

17 둥글리기 작업 시 작업장의 온도는 25℃ 내외, 습도는 60%가 좋다. 작업장의 온도가 이보다 낮으면 발효 억제 효과가 나타나서 중간발효가 길어지고, 습도도 이보다 낮으면 반죽의 표면이 마르므로 비닐이나 젖은 면포로 덮어 적절한 온도와 습도를 유지해야 한다.

18 ② 앙금빵은 봉하기 방식을 이용한다.
말기를 이용하는 제품에는 꽈배기, 크림빵류, 호밀빵, 바게트, 더치빵, 모카빵, 베이글류의 빵 등이 있다.

19 우유를 첨가한 식빵은 유당에 의해 윗면 껍질색이 빨리 나기 때문에 일반 식빵보다 윗불 온도를 10℃ 정도 낮게 굽는다.

20 베이글을 데칠 때 몰트 진액을 녹인 물을 사용하면 구운 후 색이 더 잘 난다.

21 온도 조절 공정인 템퍼링(Tempering)을 실시하면 초콜릿의 내부 조직이 조밀해진다.

22 커버추어 초콜릿(Couverture Chocolate)은 카카오 버터 함유량이 많은 고급 초콜릿으로, 카카오 버터의 함량이 40% 전후이다.

23 과일즙은 식초를 거즈에 묻혀 두드리거나 25% 암모니아수로 닦아 내고, 비눗물로 한 번 더 닦아 낸다.

24 강력분은 단백질 함량이 높고 점탄성이 있는 빵 반죽을 만드는 데 적합한 제빵용 밀가루이고, 박력분은 단백질 함량이 적고 부드러워 제과용 반죽을 만드는 데 적합한 제과용 밀가루이다.

25 비중 = 동일한 부피의 반죽 무게 / 동일한 부피
의 물의 무게
= (150 − 50) / (250 − 50)
= 0.5

26 아미노산의 아미노기와 탄수화물의 환원당이 반
응하여 갈색 색소를 생성하는 현상을 메일라드
반응이라고 한다.

27 기름의 열용량에 비하여 재료의 열용량이 작을
경우 온도의 회복이 빠르다.

28 ④ 포화지방산은 불포화지방산에 비해 융점이
높다.

29 분할기를 이용할 때 식빵은 20분, 과자빵류는
30분 이내에 분할하는 것이 좋다.

30 ③ 터널 오븐(Tunnel Oven) : 반죽이 들어가는
입구와 제품이 나오는 출구가 서로 다른 오븐
으로, 다양한 제품을 대량 생산할 수 있다.
다른 기계들과 연속 작업을 통해 제과의 전
과정을 자동화할 수 있어 대규모 공장에서
주로 사용한다.
① 회전식 오븐(Rack Oven) : 오븐 안에 여러
개의 선반이 있어 팬을 선반에 올려놓으면
선반이 회전하면서 빵을 굽는다.
② 데크 오븐(Deck Oven) : 일반적으로 가장
많이 사용하며 선반에서 독립적으로 상하부
온도를 조절하여 제품을 구울 수 있다. 온도
가 균일하게 형성되지 않는다는 단점이 있으
나 각각의 선반 출입구를 통해 제품을 손으로
넣고 꺼내기가 편리하다. 또한 제품이 구워
지는 상태를 눈으로 확인할 수 있어 각각의
팬의 굽는 정도를 조절할 수 있다.
④ 릴 오븐(Reel Oven) : 회전식 오븐과 비슷하
지만 릴 오븐은 상하로 회전 · 낙차한다.

31 ① 밀대 : 밀가루 반죽을 넓게 펼 때 사용
② 앙금 주걱 : 앙금을 반죽 속에 넣는 주걱
③ 파이롤러 칼 : 파이나 피자를 정확히 분할할
때 사용

32 방사선 살균법은 부패 미생물을 없애는 방법으
로 주로 식품을 저장하는 데 사용된다. 감자,
양파 등의 발아를 억제하여 장기간 저장이 가능
하도록 한다.

33 pH는 발효된 산도를 측정하는 것으로 산도, 발
효 정도, 품질 등을 알 수 있다. 총산의 함량은
총산도(TTA)를 측정하여야 한다.

34 달걀은 씻지 않고 냉장 상태로 보관하며, 보관
기간은 2주, 저장 온도는 5℃이다.

35 소비기한에 영향을 미치는 요인

내부적 요인	외부적 요인
• 원재료 • 제품의 배합 및 조성 • 수분 함량 및 수분 활성도 • pH 및 산도 • 산소의 이용성 및 산화 환원 전위	• 제조 공정 • 위생 수준 • 포장 재질 및 포장방법 • 저장, 유통, 진열 조건 (온도, 습도, 빛, 취급 등) • 소비자 취급

36 ① 보존료 : 식품 저장 중 미생물의 증식에 의해
일어나는 부패나 변질을 방지하기 위해 사용
하는 방부제
② 살균제 : 식품 표면의 미생물을 단시간 내에
사멸시키는 작용을 하는 식품첨가물
③ 산미료 : 신맛과 청량감을 부여하기 위해 사
용하는 첨가물

37 프로테이스는 단백질 분해효소로, 반죽이 퍼져
볼륨이 나빠지므로 함량이 적어야 한다.

38 밀가루 개량제에는 과황산암모늄, 브로민산칼륨, 과산화벤조일, 이산화염소 등이 있다.

39 위생복은 밝은색, 긴소매, 주머니가 없는 것을 착용한다.

40 이스트는 온도, 물, 소금, 설탕, 산도, 탄산가스 등에 영향을 받는다. 생존하기 위하여 온도, 수분, 영양분이 필요하며, 세 개의 조건 중 한 개의 조건만 불충분하여도 활성되지 않는다. 따라서 냉동빵 반죽은 온도를 낮게 조정하여 발효를 억제시키는 것이다.

41 이익을 산출하고 가격을 결정하기 위해서 원가를 계산한다.

42 전국에서 동시에 원인 불명의 식중독이 확산되거나, 특정 시설에서 전체 급식 인원의 50% 이상의 환자가 발생하는 단계는 경계(Orange) 단계이다.

43 재료를 계량할 때 액체는 부피로, 고체는 무게로 측정하는 것이 일반적이나, 제빵사들은 대부분의 재료를 무게로 측정한다. 무게의 기본 단위 기호는 g이고, 부피의 기본 단위 기호는 L이다. 1g에 1,000배는 1kg이며, 1L를 1,000으로 나누면 1mL가 된다.

44 탄수화물의 섭취가 부족하게 되면 저혈당으로 뇌에 포도당 공급이 적어지며, 심하면 의식장애를 일으키게 된다. 또한 온몸이 에너지 부족에 빠지고 피로감이 생긴다. 탄수화물이 부족해 혈당이 떨어지면 혈액 속의 포도당 농도를 유지하기 위해 세포 내의 단백질로부터 포도당을 합성한다. 이로 인하여 단백질 본래의 효과가 저하된다.

45 필수지방산은 불포화지방산 중 체내에서 합성되지 못하여 식품으로 섭취해야 하는 지방산으로 리놀레산, 리놀렌산, 아라키돈산 등이 있다.

46 제빵 시 탄산수소나트륨을 넣으면 밀가루의 흰색을 나타내는 플라본 색소가 알칼리에 의해 누렇게 변색된다.

47 우유 100g 중에 들어 있는 열량
$= (5g \times 4kcal/g) + (3.5g \times 4kcal/g) + (3.7g \times 9kcal/g)$
$= 67.3kcal$

48 총원가 = 제조원가 + 판매관리비

49 안전관리인증기준(HACCP) 적용 원칙(식품 및 축산물 안전관리인증기준 제6조제1항)
• 1단계 : 위해요소 분석
• 2단계 : 중요관리점 결정
• 3단계 : 한계기준 설정
• 4단계 : 모니터링 체계 확립
• 5단계 : 개선조치 방법 수립
• 6단계 : 검증 절차 및 방법 수립
• 7단계 : 문서화 및 기록 유지

50 K급화재 : 주로 주방에서 발생하는 화재라 하여 Kitchen(주방)의 앞글자를 따 K급화재, 주방화재라고 한다.

51 식품첨가물이란 식품을 제조 · 가공 · 조리 또는 보존하는 과정에서 감미, 착색, 표백 또는 산화방지 등을 목적으로 식품에 사용되는 물질을 말한다. 이 경우 기구 · 용기 · 포장을 살균 · 소독하는 데에 사용되어 간접적으로 식품으로 옮아갈 수 있는 물질을 포함한다(식품위생법 제2조 제2호).

52 집단급식소에 근무하는 조리사의 직무(식품위생법 제51조제2항)
- 집단급식소에서의 식단에 따른 조리업무(식재료의 전처리에서부터 조리, 배식 등의 전 과정을 말함)
- 구매식품의 검수 지원
- 급식설비 및 기구의 위생·안전 실무
- 그 밖에 조리 실무에 관한 사항

53 ④ 식품냉동·냉장업은 식품보존업에 해당된다.
영업의 종류(식품위생법 시행령 제21조제8호)
식품접객업 : 휴게음식점영업, 일반음식점영업, 단란주점영업, 유흥주점영업, 위탁급식영업, 제과점영업

54 식품 등의 원료 및 제품 중 부패·변질이 되기 쉬운 것은 냉동·냉장시설에 보관·관리하여야 한다(식품위생법 시행규칙 별표 1).

55 ① 살모넬라균 식중독의 원인 식품 : 달걀, 식육 및 그 가공품, 가금류, 닭고기, 생채소 등
② 보툴리누스균 식중독의 원인 식품 : pH 4.6 이상의 산도가 낮은 식품을 부적절한 가열 과정을 거쳐 진공 포장한 제품(통조림, 진공 포장팩)
③ 포도상구균 식중독의 원인 식품 : 김밥, 초밥, 도시락, 떡, 우유 및 유제품, 가공육(햄, 소시지 등), 어육제품 및 만두 등

56 작업장에서의 낙상사고를 예방하기 위해서는 작업 전후, 작업 중에 수시로 청소하여 바닥을 깨끗하게 유지하고 정리정돈을 철저히 해서 통로와 작업장 바닥에 장애물이 없도록 조치한다.

57 ① 감자 : 솔라닌
② 복어 : 테트로도톡신
④ 모시조개 : 베네루핀

58 커스터드 크림은 설탕, 달걀노른자, 버터, 우유, 향료를 넣어 끓인 크림이다.

59 회복기 보균자란 질병에서는 회복되었지만 몸 안에 병원체를 가지고 있는 자를 의미한다.

60 ① 위해요소 분석에 해당한다.
중요관리점(CCP)은 위해요소 중점관리 기준을 적용하여 식품의 위해요소를 예방·제거하거나 허용 수준 이하로 감소시켜 해당 식품의 안전성을 확보할 수 있는 중요한 단계·과정 또는 공정을 말한다.

↻ 모의고사 p.147

01	③	02	①	03	②	04	④	05	①	06	①	07	①	08	①	09	③	10	①
11	③	12	②	13	①	14	①	15	②	16	④	17	③	18	③	19	②	20	②
21	④	22	④	23	①	24	④	25	①	26	④	27	②	28	④	29	①	30	④
31	④	32	③	33	③	34	②	35	①	36	②	37	③	38	③	39	③	40	②
41	②	42	③	43	①	44	②	45	①	46	①	47	③	48	④	49	②	50	②
51	③	52	③	53	③	54	③	55	①	56	②	57	③	58	①	59	①	60	①

01 액종법은 자가제 발효종의 일종으로, 단시간에 충분한 가스를 얻기 힘들고, 효모나 세균의 배양 및 발효가 서서히 진행되므로 빵에 필요한 종을 만들기까지는 아무리 짧아도 2~3일은 소요된다. 따라서 효모나 세균의 먹이가 되기 쉬운 과당이 다량 첨가된 과일을 많이 이용한다.

02 사워 반죽을 처음 시작하는 발종단계에서는 원활한 발효를 위해 반죽 온도 28~30℃, 발효 온도 30℃의 조건을 확인해야 한다.

03 튀김에 적당한 온도와 시간은 일반적으로 180℃ 정도에서 2~3분이지만, 식품의 종류와 크기, 튀김옷의 수분 함량 및 두께에 따라 달라진다. 기름의 온도가 너무 낮거나 시간이 길수록 당과 레시틴 같은 유화제가 함유된 식품의 경우 수분 증발이 일어나지 않아 기름이 재료로 많이 흡수되어 튀긴 음식이 질척해지고 기름의 흡유량도 많아진다. 반대로 기름의 온도가 너무 높으면 속이 익기 전에 겉이 타게 된다.

04 100% 스펀지법은 스펀지 반죽의 오류를 수정하기 어렵고, 스펀지 반죽과 본반죽의 유기적인 혼합이 어렵다.

05 스펀지 반죽과 나머지 재료가 잘 혼합되어 신장성을 높인 본반죽을 만드는데, 본반죽의 발효는 10~40분 정도 진행한다.

06 스펀지 반죽 발효 후 부드러워진 글루텐 막이 손상되는 것을 방지하기 위해서 스펀지 반죽을 이용한 본반죽 시 스트레이트법에 비해 반죽 속도를 저속으로 진행한다.

07 스트레이트법(직접 반죽법)의 제빵 공정
재료 계량 → 반죽 → 1차 발효 → 정형 → 2차 발효 → 굽기 → 냉각 → 포장

08 우유식빵은 식사 대용으로 만든 사각 빵으로 설탕 함량이 10% 이하의 저율 배합이다.

09 버터를 제외한 전 재료를 반죽할 때에는 저속(1단 속도)으로 수화(1~2분 정도)시키고, 중속(2단 속도)으로 1분 정도 반죽한다. 버터 투입 후에는 중속(2단 속도)으로 유지를 2분 정도 혼합하고, 버터가 혼합되면 고속(3단 속도)으로 14분 정도 반죽한다.

10 단과자빵 반죽에는 크림빵 반죽, 소보로빵 반죽, 트위스트형 반죽, 스위트롤 반죽, 버터롤 반죽 등이 있다.

11 ① 그리시니는 로즈메리를 넣고 반죽을 만들어 막대 모양으로 성형하여 수분 함량이 적게 굽는 빵이다.
② 그리시니 반죽은 발전 단계 초기로 마무리한다.
④ 그리시니를 발전 단계 초기가 아니라 최종 단계까지 반죽을 하면 탄력성이 생겨 밀어 펴기 어려워져 막대 모양으로 성형하기 어려워진다.

12 비상스트레이트법은 반죽의 온도를 높여 발효 속도를 빠르게 하고 이스트를 많이 사용하기 때문에 이스트의 냄새가 느껴지기도 한다.

13 비상스트레이트법 변경 시 조치사항

필수적 조치	• 생이스트 사용량 2배 증가 • 반죽 온도 30℃로 조절 • 물의 양 1% 감소 • 설탕 사용량 1% 감소 • 반죽 시간 20~25% 증가 • 1차 발효 시간 15~30분으로 감소
선택적 조치	• 소금 사용량 1.75%까지 감소 • 탈지분유 1% 감소 • 제빵 개량제 증가 • 식초나 젖산 첨가

14 이스트 발효에 최적 pH는 4.5~5.8로, pH 2.0 이하나 8.5 이상에서는 활성이 떨어진다.

15 발효실의 상대습도가 높은 경우 반죽 표면에 응축수가 생겨 껍질이 질겨지고, 완제품 빵 껍질에서 물집이 형성된다.

16 발효 완료의 손가락 테스트
• 발효 부족 : 반죽에 탄력이 강하여 손가락을 뺀 자국이 안쪽으로 오므려진다.
• 발효 과다 : 탄성을 잃어버려 손가락으로 찌르면 반죽이 꺼지면서 가스가 빠진다.
• 최적 발효 : 반죽을 손가락으로 찔렀을 때 모양이 그대로 남아 있는 상태이다.

17 ① 식빵 틀보다 1~1.5cm 정도 낮게 발효되었을 때 2차 발효를 완료한다.
② 풀먼식빵은 오픈톱식빵에 비해 2차 발효 시간을 짧게 한다.
④ 2차 발효 시간이 길어지면 구워진 빵의 옆면이 안으로 움푹 들어가는 케이브 인(Cave-in) 현상이 발생하기 쉽다.

18 패닝을 할 때 이음매 부분이 밑으로 오게 하며, 반죽의 윗부분을 가볍게 눌러 납작하게 해야 이동 시 구르지 않는다.

19 풀먼식빵은 오픈톱식빵과는 달리 4면이 모두 막혀 있어 초기의 열전달이 잘 안되므로 온도를 10℃ 정도 높게 굽는 것이 좋다.

20 데치기는 식품을 물에서 익히는 습식 조리법이다. 베이글은 데친 후 굽는 빵으로, 데치는 과정에서 표면이 호화되어 두꺼운 껍질의 상태가 되어 구운 후 쫀득한 식감이 완성된다.

21 단팥의 품질은 가열 온도와 시간에 따라 큰 영향을 받는데, 보통 80℃에서 1시간 농축하는 것보다 130℃에서 40~50분 농축하는 것이 색과 광택이 좋다.

22 호밀 전분은 밀 전분에 비해 낮은 온도에서 호화되므로 팽창 시간이 짧아 부피가 작다. 따라서 완성된 빵의 조직이 무겁고 거칠며, 껍질이 두껍게 형성된다.

23 냉각은 높은 온도를 낮은 온도로 내리는 것으로, 보통 오븐에서 꺼낸 빵 속의 온도가 97~99℃인데 이것을 35~40℃로 낮추는 것을 말한다.

24 해동은 식품의 종류, 형상, 이용 목적에 따라 방법을 달리하지만, 품질을 유지하기 위해서는 다음의 조건을 만족시키는 것이 좋다.
- 온도가 균일하게 해동되고, 특히 온도의 상승 부분이 없을 것
- 품질 저하가 적을 것
- 중량 감소, 드립이 적을 것
- 해동 중에 세균 번식, 오염이 적을 것
- 해동 효율이 좋을 것
- 해동 비용이 적을 것

25 유지의 특징
- 가소성 : 반고체인 유지의 특징으로 고체에 힘을 가했을 때 모양의 변화와 유지가 가능한 성질로, 사용 온도 범위, 즉 가소성 범위가 넓은 것이 좋다.
- 크림성 : 반죽에 분산해 있는 유지가 거품의 형태로 공기를 포집하고 있는 성질로, 휘핑할 때 공기를 혼입하여 부피를 증대시키고 볼륨을 유지시킨다.
- 쇼트닝성 : 반죽의 조직에 층상으로 분포하여 윤활작용을 하는 유지의 특징이다. 조직층 간의 결합을 저해함으로써 반죽을 바삭바삭하고 부서지기 쉽게 하는 특징을 갖고 있다.
- 유화성 : 달걀, 설탕, 밀가루 등을 잘 섞이게 하는 성질이다.
- 구용성 : 입안에서 부드럽게 녹는 성질이다.

26 도넛을 튀기는 기름의 온도가 높을 경우 겉은 타고 속은 익지 않게 되고, 온도가 낮을 경우 도넛에 기름이 많아진다.

27 당도(Brix)는 용액 속에 들어 있는 당의 질량비를 말한다. 즉 용액 100g 속에 당이 몇 g 들어 있는지를 나타낸다. 당도의 측정은 당도계(Brix Meter)를 이용하는데, 비중과 빛의 굴절률을 이용하여 측정한다.

28 튀김유 중의 리놀렌산은 산패취를 일으키기 쉬우므로 적은 것이 좋으며, 항산화 효과가 있는 토코페롤을 다량 함유하는 기름이 좋다.

29 유지의 발연점은 일정한 온도에서 열분해를 일으켜 지방산과 글리세롤로 분해되어 연기가 나기 시작하는 온도로, 유리지방산의 함량이 적으면 발연점이 높아진다.

30 팬 오일(이형유)은 고화되지 않아야 한다.

31 언더 베이킹(Under Baking)은 높은 온도에서 단시간 굽는 방법이고, 오버 베이킹(Over Baking)은 낮은 온도에서 장시간 굽는 방법이다.

32 비중 = 동일한 부피의 반죽 무게 / 동일한 부피의 물의 무게
= (200 − 40) / (240 − 40)
= 0.8

33 제빵 제조 공정의 4대 중요 관리항목
시간 관리, 온도 관리, 습도 관리, 공정 관리

34 ② 수분은 대변으로도 배설된다.
체내에서 물의 역할
- 영양소의 운반, 노폐물 제거 · 배설
- 체온을 일정하게 유지
- 열과 운동을 전달
- 건조 상태의 것을 원상태로 회복

35 비용적이란 단위 중량당 차지하는 부피를 말하며, 단위는 cm^3/g이다.

36 전자저울은 사용이나 이동 시 충격을 주지 말고, 아랫부분을 들고 운반해야 한다.

37 효소는 세포 내에 존재하며 고분자의 단백질로 이루어져 있다.

38 1g당 발생하는 열량은 탄수화물 4kcal, 지방 9kcal, 단백질 4kcal, 알코올 7kcal이다.

39 비타민 C는 수용성이므로 쉽게 산화되어, 식품의 판매·가공·저장 중에 쉽게 손실된다.

40 호화란 전분에 물을 넣고 가열 시 전분의 마이셀 구조가 파괴되어 점성이 있는 물질로 변화되는 현상을 말한다. 전분의 가열온도가 높을수록, 가열하기 전 수침시간이 길수록 호화되기 쉽다. 그리고 곡류는 서류보다 호화온도가 높다.

41 완제품 총 무게는 100kg이다.
총 반죽 무게 = 완제품 총 무게 ÷ (1 – 발효 손실률) ÷ (1 – 굽기 손실률)
= 100 ÷ (1 – 0.01) ÷ (1 – 0.12)
≒ 114.8
밀가루 무게 = 밀가루 비율 × 총 반죽 무게 / 총 배합률
= 114.8 × 100 ÷ 180
≒ 63.7kg

42 냉동식품을 해동했다가 다시 냉동시키는 것은 매우 위험하므로, 재료를 소포장하여 보관하는 것이 좋다.

43 식품첨가물의 기능
• 식품의 변질·부패 방지
• 식품의 영양가와 신선도 보존
• 식품의 맛 증진
• 식품의 조직감 향상
• 식품의 향과 색깔 증진

44 교차오염은 오염된 물질과의 접촉으로 인하여 비오염 물질이 오염되는 것이다. 개인위생의 미비로 발생하는 식중독은 대부분 사람에게 존재하는 세균 및 미생물, 주위 환경, 식품에 존재하는 미생물에 의한 교차오염에 의해 유발될 가능성이 크다.

45 • 관심(Blue) 단계 : 소규모 식중독이 다수 발생하거나 식중독 확산 우려가 있는 경우
• 주의(Yellow) 단계 : 여러 시설에서 동시다발적으로 환자가 발생할 우려가 높거나 발생하는 경우
• 경계(Orange) 단계 : 전국에서 동시에 원인 불명의 식중독이 확산되는 경우

46 석탄산은 기구, 용기, 의류 및 오물을 소독하는 데 3%의 수용액을 사용하며, 각종 소독약의 소독력을 나타내는 기준이 된다.

47 ③ 이스트, 소금, 설탕은 서로 닿지 않게 한다.

48 보존한 식품은 선입선출 방식으로 사용하고, 판매 유효기간이 지난 상품은 반드시 버리며, 판매 유효기간 내에 있더라도 신선도가 떨어지는 것은 세균 증식이 진행될 우려가 있으므로 폐기해야 한다.

49 ① 변패 : 단백질, 지방질 이외의 탄수화물 등의
성분들이 미생물에 의하여 변질되는 현상
③ 부패 : 단백질 식품이 미생물에 의해서 분해
되어 암모니아나 아민 등이 생성되어 악취가
심하게 나고 인체에 유해한 물질이 생성되는
현상
④ 발효 : 탄수화물이 미생물의 분해작용을 거
치면서 유기산, 알코올 등이 생성되어 인체
에 이로운 식품이나 물질을 얻는 현상

50 세균성 식중독은 2차 감염이 드물고, 경구감염
병은 2차 감염이 빈번하다.

51 엔테로톡신(Enterotoxin)은 세균에 의해 생성
되는 독소이다.

52 • 독미나리 – 시큐톡신(Cicutoxin)
• 모시조개, 굴, 바지락 – 베네루핀(Venerupin)

53 • 간디스토마
– 제1중간숙주 : 쇠우렁이
– 제2중간숙주 : 붕어, 잉어 등의 민물고기
• 폐디스토마
– 제1중간숙주 : 다슬기
– 제2중간숙주 : 가재, 게 등

54 ①, ②, ④는 제2급 감염병에 속한다.
**제1급 감염병(감염병의 예방 및 관리에 관한 법률
제2조제2호)**
에볼라바이러스병, 마버그열, 라싸열, 크리미
안콩고출혈열, 남아메리카출혈열, 리프트밸리
열, 두창, 페스트, 탄저, 보툴리눔독소증, 야토
병, 신종감염병증후군, 중증급성호흡기증후군
(SARS), 중동호흡기증후군(MERS), 동물인플루
엔자 인체감염증, 신종인플루엔자, 디프테리아

55 식품위생법은 식품으로 인하여 생기는 위생상의
위해를 방지하고 식품영양의 질적 향상을 도모
하며 식품에 관한 올바른 정보를 제공함으로써
국민 건강의 보호·증진에 이바지함을 목적으로
한다(식품위생법 제1조).

56 식품의약품안전처장은 식품의 원료관리 및 제
조·가공·조리·소분·유통의 모든 과정에서
위해한 물질이 식품에 섞이거나 식품이 오염되
는 것을 방지하기 위하여 각 과정의 위해요소를
확인·평가하여 중점적으로 관리하는 기준(식
품안전관리인증기준)을 식품별로 정하여 고시
할 수 있다(식품위생법 제48조제1항).

57 **영업의 종류(식품위생법 시행령 제21조제5호)**
식품소분업 : 총리령으로 정하는 식품 또는 식품
첨가물의 완제품을 나누어 유통할 목적으로 재
포장·판매하는 영업

58 식품안전관리인증기준 대상 식품에 음료류는 포
함되지만, 다류 및 커피류는 제외한다(식품위생
법 시행규칙 제62조제1항제6호).

59 우유의 비중 = $(254 - 120) \div (250 - 120)$
≒ 1.03

60 '식품 및 축산물 안전관리인증기준(HACCP ;
Hazard Analysis and Critical Control Point)'
이란 식품·축산물의 원료 관리, 제조·가공·
조리·선별·처리·포장·소분·보관·유통·
판매의 모든 과정에서 위해한 물질이 식품 또는
축산물에 섞이거나 식품 또는 축산물이 오염되
는 것을 방지하기 위하여 각 과정의 위해요소를
확인·평가하여 중점적으로 관리하는 기준을 말
한다(식품 및 축산물 안전관리인증기준 제2조제
1호).

제 6 회 | 모의고사 정답 및 해설

↻ 모의고사 p.157

01	①	02	③	03	③	04	①	05	②	06	②	07	①	08	③	09	①	10	③
11	①	12	④	13	③	14	①	15	②	16	④	17	①	18	①	19	④	20	④
21	④	22	②	23	①	24	③	25	①	26	③	27	①	28	②	29	①	30	④
31	①	32	①	33	②	34	①	35	②	36	②	37	③	38	①	39	④	40	③
41	②	42	④	43	③	44	①	45	④	46	③	47	①	48	③	49	②	50	②
51	①	52	④	53	②	54	①	55	③	56	②	57	④	58	④	59	①	60	①

01 연속식 제빵법
- 액체발효법을 한 단계 발전시켜 연속적인 작업이 하나의 제조라인을 통하여 이루어지도록 한 것이다.
- 특수한 장비와 원료 계량장치로 이루어져 있으며, 정형장치가 없고 최소의 인원과 공간에서 생산이 가능하도록 되어 있다.

02 스트레이트법은 발효 시간이 짧아 수화가 불충분하여 노화가 빠르다.

03 이스트 도넛의 적당한 튀김 온도는 185℃이다.

04 ② 우리나라에서 사용되는 온도는 화씨가 아니라 섭씨이다.
③ 저울에 용기를 올리고 영점(용기) 버튼을 눌러 영점을 맞춘다.
④ 설탕, 소금, 이스트는 분리하여 계량한다.

05
- 팬의 용적 = 가로 × 세로 × 높이 = 10 × 10 × 5 = 500cm³
- 반죽 무게 = 팬의 용적/비용적 = 500/4 = 125g

06 마가린은 유지 함량 80% 이상 수분 함량 18% 이하로, 고가인 버터의 대용 유지로 개발된 제품이다. 마가린은 동·식물성 유지를 경화 공정을 거쳐 녹는점을 조절한 가공유지에 물, 향, 유화제 등의 첨가물을 혼합하여 가공한다. 제과·제빵용 유지로 많이 사용된다.

07 픽업 단계(Pick-up Stage)에서 유지를 제외한 모든 재료를 넣고 저속으로 1~2분 정도 믹싱하면 재료가 혼합되고 밀가루에 수분이 흡수되어 수화가 일어난다.

08 물의 경도는 연수(0~60ppm), 아연수(61~120ppm), 아경수(121~180ppm), 경수(181ppm 이상)로 분류하며, 서울시 수돗물의 평균 경도는 65mg/L 내외로 아연수에 해당한다.

09 젖당(유당)은 이스트에 의해 발효되지 않고, 잔류당으로 남아 갈변반응을 일으켜 껍질 색을 낸다.

10 전분 입자가 큰 고구마나 감자는 전분 입자가 작은 쌀이나 밀보다 더 빨리 호화되고, 가열 온도가 높을수록 단시간에 호화되는데, 이는 전분 입자가 큰 것이 더 저온에서 호화되기 시작하기 때문이다.

11 얼음 사용량 = 물 사용량 × (수돗물 온도 − 사용
수 온도) / (80 + 수돗물 온도)
= 5,000 × (20 − 18) / (80 + 20)
= 100g

12 반죽의 pH는 발효가 진행됨에 따라 pH 4.6으로
낮아진다.

13 비상스트레이트법에서 1차 발효 온도는 30℃로,
스트레이트법의 1차 발효의 평균 온도인 27℃보
다 높다. 이와 같은 높은 발효 온도는 발효 진행
을 촉진시켜 전체 공정시간을 단축시킨다.

14 분할 시간에 따라 반죽의 발효 정도에 차이가
있으므로 가능한 빠르게 분할하는 것이 좋다.
식빵류는 15~20분, 당의 함량이 많은 과자빵류
는 최대 30분 내에 분할한다. 분할 시간이 길면
되면 반죽의 온도가 저하되거나 발효가 과다해
질 수 있으므로 주의해야 한다.

15 둥글리기(Rounding)
분할할 때 생기는 반죽의 잘려진 면을 정리하기
위해 반죽을 손 또는 라운더(Rounder)를 이용하
여 공 모양이나 타원형 등으로 만드는 작업이다.

16 냉동반죽법
• 1차 발효 또는 성형 후, −40~−35℃의 저온에
서 급속냉동시켜 −23~−18℃에서 냉동 저장
하면서 필요할 때마다 해동, 발효시킨 후 구워
서 사용할 수 있도록 반죽하는 제빵법이다.
• 해동 시, 5~10℃ 냉장고에서 15~16시간 완만
하게 해동시킨 후 30~33℃, 상대습도 80%의
2차 발효실에서 발효시킨다.

17 2차 발효의 주목적은 이스트에 의한 최적의 가스
발생과 반죽에 최적의 가스가 보유되도록 일치
시키는 것이다. 발효가 지나치면 엷은 껍질 색,
조잡한 기공, 빈약한 조직, 산취, 좋지 않은 저장
성 등의 문제가 발생한다. 반면에 발효가 부족하
면 빵의 부피가 작고, 황금 갈색이 생기지 않으
며, 측면이 부서지는 현상이 나타난다.

18 식빵의 껍질 색이 연하게 형성되는 이유
• 설탕의 사용량 부족
• 이스트의 사용량 과다
• 반죽의 기계적 손상
• 과다한 1차 발효
• 덧가루 사용량 과다
• 오래된 이스트 사용
• 장시간 중간발효

19 빵의 종류에 따라서도 상대습도를 달리 조절해
야 하는데, 식빵류와 단과자빵류는 85~90%, 하
스브레드는 75%, 도넛 반죽은 60~70% 정도로
조절하는 것이 좋다.

20 이스트가 사멸된 후에도 80℃까지 탄산가스가
열에 의해 팽창하면서 반죽의 팽창은 지속된다.

21 팬기름(이형유)은 발연점이 210℃ 이상이 되는
기름을 사용한다.

22 ① 튀김유는 산소 차단이 중요하기 때문에 넓은
팬보다는 밀폐된 곳에 보관한다.
③ 튀김유를 식힌 후, 광선의 접촉을 피해 보관
한다.
④ 철제 팬에 튀긴 기름은 다른 그릇에 옮겨서
보관한다.

23 ② 콘칭(Conching) : 초콜릿을 90℃로 가열하여 수 시간 동안 저어주는 제조방법을 말한다.

③ 페이스트(Paste) : 과실, 채소, 견과류, 육류 등 모든 식품을 갈거나 체에 으깨어 부드러운 상태로 만든 것을 뜻하는 용어로, 빵 반죽(Dough)과 케이크 반죽의 중간에 위치하는 반죽을 가리킨다.

④ 템퍼링(Tempering) : 초콜릿을 녹이고 식히면서 카카오 버터를 안정적인 결정구조가 되도록 준비시켜 주는 과정이다.

24 당류의 상대적 감미도

과당(175) > 전화당(130) > 자당(100) > 포도당(75) > 맥아당(32) > 유당(16)

25 당도 = 용질 ÷ (용매 + 용질) × 100

  = 50 ÷ (100 + 50) × 100 = 33.33%

26 고율 배합은 설탕 사용량이 밀가루 사용량보다 많고, 수분이 설탕보다 많은 배합이다.

27 ② 라이페이스(Lipase) : 지방 → 지방산 + 글리세롤

③ 프로테아스(Protease) : 단백질 → 펩타이드 + 아미노산

④ 아밀레이스(Amylase) : 전분(녹말) → 맥아당 + 덱스트린

28 생이스트(압착 효모)의 수분 함량은 70% 정도이고, 고형분은 30% 정도이다.

29 밀가루의 등급이 낮을수록 단백질 함량은 높다. 따라서 밀가루의 등급이 낮을수록 패리노그래프의 흡수율은 증가하고, 반죽 안정도와 시간은 감소한다.

30 당류를 고온(160~180℃)으로 가열하면 설탕은 캐러멜화하여 갈색으로 변한다.

31 ① 계피 : 열대성 상록수 나무껍질로 만든 향신료

② 너트맥 : 과육을 일광 건조한 것

③ 정향 : 상록수 꽃봉오리를 따서 말린 것

④ 카다몬 : 다년초 열매

32 필수지방산의 종류 : 리놀레산, 리놀렌산, 아라키돈산

33 단백질은 체조직(근육, 머리카락, 혈구, 혈장 단백질 등) 및 효소, 호르몬, 항체 등을 구성한다.

34 • 비타민 B_1 부족 시 : 각기병, 식욕 감퇴, 위장작용 저하

• 비타민 B_2 부족 시 : 구각염, 설염

• 비타민 B_{12} 부족 시 : 악성 빈혈

35 체중이 50kg인 성인의 1일 지방 섭취량은 50 × 1.15 = 57.5g이다. 지방은 1g당 9kcal의 열량을 발생시키므로 57.5 × 9 = 517.5kcal의 열량이 발생한다.

36 펙틴은 감귤류, 사과즙에서 추출되는 탄수화물의 중합체로 응고제, 증점제, 안정제, 고화방지제, 유화제 등으로 사용된다.

37 차아염소산나트륨 100ppm은 0.01%를 나타낸다.

ppm과 %의 변환

%는 백분율, ppm은 백만분율로, %에 10,000을 곱하면 ppm을 구할 수 있다.

예 1% = 1 × 10,000 = 10,000ppm

38 빵을 -18℃ 이하에서 급속냉동 보관하면 노화가 정지된다.

39 빵 포장 시 내부 온도는 35~40℃ 정도까지 냉각하고, 빵의 수분은 38%까지 식힌다.

40 빵류 포장재의 조건
- 위생적 안전성 : 포장재는 유해, 유독 성분이 없고 무미, 무취해야 한다.
- 보호성 : 내용물의 파손 위험이 없도록 물리적 강도가 커야 하고, 차광성, 방습성, 방수성이 우수해야 한다.
- 편리성 : 작업자나 소비자가 사용하기 편리하도록 밀봉이나 개봉이 용이해야 한다.
- 판매촉진성 : 소비자가 제품에서 청결감을 느끼고, 구입 충동을 느낄 수 있도록 광고효과가 있는 것이 좋다.
- 경제성 : 포장재는 저렴한 가격에 대량 생산할 수 있어야 하고, 가볍고 부피가 작아 운반이나 보관이 편리해야 한다.
- 환경친화성 : 플라스틱 용기나 금속 캔에는 알맞은 재활용 마크를 부착하여 포장재를 재사용하거나 재활용한다.

41 ② 컨덕트 냉동법 : 속이 비어 있는 두꺼운 알루미늄판 속에 암모니아 가스를 넣어 -50℃ 정도로 냉각시키는 방법으로, 40분 정도면 완전 경화된다.
① 에어 블라스트 냉동법 : 완제품을 -40℃의 냉풍으로 급속히 냉동시키는 것으로, 60분 정도면 완전 경화된다.
③ 나이트로겐 냉동법 : -195℃의 액체 질소(나이트로겐)를 이용하여 순간적으로 냉동시키는 방법으로, 약 3~5분 정도면 완전 경화된다.

42 소포제는 거품을 제거하고 억제한다.

43
- 제품회전율 = 순매출액 / 평균재고액
- 평균재고액 = (기초 제품 + 기말 제품) ÷ 2

44 안전관리인증기준(HACCP) 적용 원칙(식품 및 축산물 안전관리인증기준 제6조제1항)
- 1단계 : 위해요소 분석
- 2단계 : 중요관리점 결정
- 3단계 : 한계기준 설정
- 4단계 : 모니터링 체계 확립
- 5단계 : 개선조치 방법 수립
- 6단계 : 검증 절차 및 방법 수립
- 7단계 : 문서화 및 기록 유지

45 식품위생법은 식품으로 인하여 생기는 위생상의 위해를 방지하고 식품영양의 질적 향상을 도모하며 식품에 관한 올바른 정보를 제공함으로써 국민 건강의 보호·증진에 이바지함을 목적으로 한다(식품위생법 제1조).

46 교육(식품위생법 제56조제1항)
식품의약품안전처장은 식품위생 수준 및 자질의 향상을 위하여 필요한 경우 조리사와 영양사에게 교육(조리사의 경우 보수교육을 포함)을 받을 것을 명할 수 있다. 다만, 집단급식소에 종사하는 조리사와 영양사는 1년마다 교육을 받아야 한다.

47 ① 식품첨가물 : 식품을 제조·가공·조리 또는 보존하는 과정에서 감미, 착색, 표백 또는 산화방지 등을 목적으로 식품에 사용되는 물질을 말한다(식품위생법 제2조제2호).
② 기구 : 음식을 먹을 때 사용하거나 담는 것 또는 식품 또는 식품첨가물을 채취·제조·가공·조리·저장·소분·운반·진열할 때 사용하는 것으로서 식품 또는 식품첨가물에 직접 닿는 기계·기구나 그 밖의 물건을 말한다(식품위생법 제2조제4호).

④ 집단급식소 : 영리를 목적으로 하지 아니하면서 특정 다수인에게 계속하여 음식물을 공급하는 기숙사, 학교, 유치원, 어린이집, 병원, 사회복지시설, 산업체, 국가, 지방자치단체 및 공공기관, 그 밖의 후생기관 등의 급식시설로서 대통령령으로 정하는 시설을 말한다(식품위생법 제2조제12호).

48 행정처분 기준(식품위생법 시행규칙 별표 23)
조리사가 면허를 타인에게 대여하여 사용하게 한 경우
• 1차 위반 : 업무정지 2개월
• 2차 위반 : 업무정지 3개월
• 3차 위반 : 면허취소

49 구토, 복통, 설사를 유발하고 임산부에게 유산, 조산을 일으키는 증상은 맥각 중독이다. 카드뮴 중독은 이타이이타이병을 일으키며, 신장장애, 골연화증 등이 나타난다.

50 글루텐의 주성분은 단백질이다.

51 설탕량 5% 증가 시 수분 흡수율은 1% 감소된다.

52 • 폐흡충 : 제1중간숙주 → 다슬기, 제2중간숙주 → 게, 가재
• 광절열두조충 : 제1중간숙주 → 물벼룩, 제2중간숙주 → 민물고기(송어, 연어 등)
• 간흡충 : 제1중간숙주 → 왜우렁이(쇠우렁이), 제2중간숙주 → 민물고기(붕어, 잉어 등)

53 아마톡신은 독버섯에 함유된 자연독이다.
①, ④는 제조·가공·저장 중에 생성될 수 있는 화합물이고, ③은 환경호르몬에 해당한다.

54 감염병의 예방 및 관리에 관한 법률(감염병예방법) 제2조에 따르면, 감염병 관리상 환자의 격리가 필요한 감염병은 제1급 감염병(음압격리와 같은 높은 수준의 격리)과 제2급 감염병이다. 말라리아는 제3급 감염병, 에볼라바이러스병은 제1급 감염병, 장티푸스·콜레라는 제2급 감염병에 해당한다.

55 • 세균성 경구감염병 : 장티푸스, 세균성 이질, 콜레라, 파라티푸스, 디프테리아, 성홍열 등
• 바이러스성 경구감염병 : 감염성 설사증, 유행성 간염, 급성 회백수염(소아마비, 폴리오), 홍역 등

56 위생복의 상의와 하의는 더러움을 쉽게 확인할 수 있도록 흰색이나 옅은 색상이 좋다.

57 역성비누는 살균 목적으로 만든 비누이므로 세정력은 없다. 그런데 일반비누와 같이 사용하면 살균력이 떨어지므로 일반비누로 세척 후 역성비누를 사용하는 것이 좋다.

58 오버헤드 프루프(Overhead Proof)는 1차(중간) 발효기이다.

59 오버 베이킹(Over Baking)은 굽는 온도가 너무 낮으면 조직이 부드러우나 윗면이 평평하고 수분 손실이 크게 되고, 언더 베이킹(Under Baking)은 오븐의 온도가 너무 높으면 중심 부분이 갈라지고 조직이 거칠며 설익어 M자형 결함이 생긴다.

60 한 번에 넣고 튀기는 재료의 양은 일반적으로 튀김 냄비 기름 표면적의 1/3~1/2 이내이어야 비열이 낮은 기름의 온도 변화가 적다.

↻ 모의고사 p.167

01	①	02	②	03	④	04	③	05	④	06	③	07	②	08	①	09	③	10	④
11	②	12	①	13	②	14	③	15	③	16	②	17	③	18	③	19	④	20	③
21	④	22	④	23	②	24	③	25	③	26	①	27	①	28	④	29	④	30	①
31	④	32	④	33	②	34	④	35	④	36	①	37	②	38	④	39	①	40	①
41	④	42	④	43	④	44	②	45	①	46	①	47	④	48	④	49	②	50	③
51	②	52	①	53	②	54	④	55	②	56	②	57	③	58	③	59	①	60	②

01 강력분은 단백질 함량이 높고 점탄성이 있는 빵 반죽을 만드는 데 적합한 제빵용 밀가루이다.

02 이스트(Yeast)의 기능
- 발효하는 동안 증식 활동으로 가스를 발생한다.
- 반죽을 부풀게 하며 반죽에 점탄성을 강화한다.
- 발효할 때 알코올과 유기산류를 생성하여 제품에 풍미를 준다.

03 경수로 반죽하면 글루텐이 단단해지고, 발효 작용도 늦어지며, 반죽의 신장성이 적다. 따라서 물이 경수일 때는 이스트를 더 넣거나 물을 더 넣는다. 물이 연수일 때는 소금을 더 넣거나, 칼슘염(황산칼슘, 인산칼슘, 과산화칼슘) 등을 넣는다.

04 $(360g \times 0.1) \times 4kcal/g = 144kcal$

05 유산지에 다른 재료를 측정할 경우 유산지를 측정 판 위에 올리고 "용기" 키를 눌러 "0"으로 맞춘다. 그다음 재료를 유산지 위에 올려 순수한 재료만의 무게를 측정한다.

06 물은 체조직 구성요소로서, 보통 성인 체중의 3분의 2를 차지하고 있다.

07 치즈는 우유에 레닌(Rennin) 또는 젖산균을 넣어 카세인과 지방을 응고시켜 얻은 커드를 세균이나 곰팡이 등으로 숙성시켜 만든 유제품이다.

08 유지의 기능 : 쇼트닝 기능, 공기 혼입 기능, 크림화 기능, 안정화 기능, 식감과 저장성, 신장성, 가소성

09 초콜릿 템퍼링
스테인리스 그릇에 초콜릿을 담고 불 위에 중탕으로 녹인다. 이때 온도는 초콜릿의 모든 성분이 녹을 수 있도록 50~55℃로 한다. 그 이상이면 초콜릿 안의 유제품이 녹아 굳어지므로 주의한다.

10
① 클린업 단계 : 이 단계에서는 반죽기의 속도를 저속에서 중속으로 바꾼다(1단 → 2단). 수분이 밀가루에 흡수되어 한 덩어리의 반죽이 만들어지는 단계이다. 대체로 냉장 발효 빵 반죽은 여기서 반죽을 마친다.
② 발전 단계 : 글루텐의 결합이 급속히 진행되어 반죽의 탄력성이 최대가 되는 단계이며, 프랑스빵이나 공정이 많은 빵 반죽은 이 단계에서 반죽을 그친다.

③ 최종 단계 : 글루텐이 결합되는 마지막 공정으로 반죽의 신장성이 최대가 되며 반죽이 반투명한 상태이다. 대부분의 빵류의 반죽이 이 단계에서 반죽을 마친다.

11 설탕량이 많을 때는 두세 번에 나누어 투입하는 것이 좋다. 달걀 첨가 시 한 번에 너무 많은 양을 투입하면 달걀에 함유된 수분에 의해 분리되기 쉬우므로 조금씩 나누어 투입한다.

12 ② 오버나이트 스펀지 도법 : 빵의 맛과 풍미를 더하기 위하여 저온에서 장시간 발효하는 방법
③ 비상스트레이트법 : 반죽 온도를 30℃로 맞추고 1차 발효를 30분 이내로 짧게 주어 제조 시간을 줄이는 방법
④ 노타임법 : 냉동반죽 제조 시 반죽 온도를 20℃ 전후로 맞추고 1차 발효를 10~15분 정도로 짧게 하여 1차 발효를 거의 주지 않는 방법

13 • 70% 스펀지법(표준 스펀지법) : 전체 반죽에 사용될 밀가루의 70%를 스펀지 반죽에 사용
• 100% 스펀지법 : 전체 반죽에 사용될 밀가루의 100%를 스펀지 반죽에 사용

14 ① 스트레이트법 : 배합된 재료를 한꺼번에 반죽하는 1단계 공정법
② 스펀지 도법 : 재료의 일부를 사용하여 스펀지 반죽을 만들어 발효를 거친 다음, 나머지 재료를 혼합하는 본반죽을 하고 본반죽을 발효시키는 플로어 타임으로 구성되어 있는 반죽법
④ 액종법 : 사용하는 가루의 일부, 물, 이스트를 반죽하여 발효, 숙성시킨 발효종을 만들고 여기에 나머지 가루와 재료를 더해 본반죽을 완성시키는 반죽법

15
마찰계수 = 결과 온도 × 3 − (실내 온도 + 밀가루 온도 + 수돗물 온도)
= 32 × 3 − (24 + 27 + 18) = 27

16 스트레이트법을 비상스트레이트법으로 변경할 때의 필수 조치사항
• 생이스트를 2배로 늘린다.
• 물의 양을 1% 감소시킨다.
• 설탕을 1% 줄인다.
• 반죽 시간을 20~25% 증가시킨다(최종 단계 후기까지 반죽).
• 반죽 온도를 높인다(27℃ → 30℃).
• 1차 발효 시간을 줄인다(70~90분 → 15~30분).

17 온도, 습도에 따라 세균수의 급격한 변화가 일어나기 쉬우므로 품질 유지가 어려워 보관 용기나 사용하는 수저 등의 도구 청결이 매우 중요하다.

18 반죽기의 회전속도가 빠르고 반죽 양이 적으면 반죽 시간이 짧으며, 회전속도가 느리고 반죽 양이 많으면 반죽 시간이 길어진다.

19 냉동반죽법의 장점
• 생산성이 향상되고 재고관리가 용이하다.
• 계획 생산이 가능하다.
• 다품종 소량 생산이 가능하다.
• 시설비, 노동력이 절약되어 인당 생산량이 증가한다.

20 반죽의 비중이란 같은 부피의 물의 무게에 대한 반죽의 무게를 단위 없이 나타낸 값이다.
비중 = 동일한 부피의 반죽 무게 / 동일한 부피의 물의 무게
$$= \frac{430 - 60}{800 - 60} = 0.5$$

21 ① 고율 배합은 저온에서 장시간, 저율 배합은 고온에서 단시간 동안 굽는다.
② 믹싱 중 공기 혼입은 고율 배합이 많다.
③ 같은 부피를 만들 때 저율 배합이 고율 배합보다 화학 팽창제를 많이 쓴다.

22 건포도의 경우 건포도의 12%에 해당하는 27℃의 물을 첨가하여 4시간 후에 사용하거나, 건포도가 잠길 만큼 물을 넣고 10분 이상 두었다가 가볍게 배수시켜 사용한다.

23 • 토핑물 : 빵류의 굽기 공정 후에 추가적으로 제품 위에 올리거나 장식하는 식품을 말한다. 견과류, 초콜릿, 폰당(Fondant), 냉동 건과일 등이 있다.
• 충전물 : 빵류의 굽기 공정 후에 추가적으로 제품 사이에 추가하는 식품을 말한다. 크림류, 앙금류, 잼류, 치즈류, 채소류, 견과류, 육가공품 등이 있다.

24 발효란 믹싱을 통해 완성한 반죽을 적절하게 팽창시키는 과정으로 반죽의 팽창과 숙성, 맛과 향을 좋게 하는 효과가 있다. 발효가 잘된 반죽은 취급성이 좋아 분할, 둥글리기, 성형 등이 쉽게 되고 구운 빵은 노화가 지연된다.

25 ① 데니시 페이스트리는 2차 발효 시 상대습도를 낮게 한다.
② 발효실 온도는 유지의 융점보다 낮게 한다.
④ 일반적인 반죽 온도는 18~22℃이다.

26 ②, ③, ④는 2차 발효 온도가 낮을 때 생기는 현상이다.

27 둥글리기의 목적
• 분할하는 동안 흐트러진 글루텐을 정돈한다.
• 분할된 반죽을 성형하기 적정하도록 표피를 형성한다.
• 가스를 반죽 전체에 균일하게 하며 반죽의 기공을 고르게 한다.
• 성형할 때 반죽이 끈적거리지 않도록 매끈한 표피를 형성한다.
• 중간발효 중에 발생하는 가스를 보유할 수 있는 얇은 막을 표면에 형성한다.

28 중간발효에 적합한 온도는 27~29℃, 상대습도는 75%이다.

29 성형방법
• 밀어 펴기 : 햄버거빵, 잉글리시 머핀, 피자 등
• 말기 : 꽈배기, 크림빵류, 호밀빵, 바게트, 더치빵, 모카빵, 베이글류의 빵 등
• 봉하기 : 식빵, 앙금빵, 햄버거, 소보로빵 등

30 발연점이 높은 기름(210℃ 이상)을 사용한다.

31 반죽 분할량 = 팬 용적/비용적
= 2,600/4 = 650(g)

32 ① 전반 저온-후반 고온 : 많은 반죽을 한꺼번에 구워 내거나 높은 온도가 필요하지 않은 제품의 경우 초기에 낮은 열로 모양을 형성하고 후반에 고온으로 색을 내는 방법
② 전반 고온-후반 저온 : 일반적으로 많이 사용되며, 초기의 고온으로 빵 모양을 형성하고 색이 나기 시작하면 온도를 낮추어 수분을 증발시키고 단백질 응고와 전분의 호화작용으로 구워내는 방법
③ 고온 단시간 : 과다한 수분 증발을 막아 촉촉한 제품을 생산할 때 사용하는 방법

33 ① 데크 오븐 : 일반적으로 가장 많이 사용하며 선반에서 독립적으로 상하부 온도를 조절하여 제품을 구울 수 있다.
③ 컨벡션 오븐 : 고온의 열을 강력한 팬을 이용하여 강제 대류시키며 제품을 굽는 오븐이다.
④ 로터리 랙 오븐 : 오븐 속의 선반이 회전하여 구워지는 오븐으로, 내부 공간이 커서 많은 양의 제품을 구울 수 있다.

34 메일라드 반응 : 포도당이나 설탕이 아미노산과 만나 갈색 물질인 멜라노이딘을 형성하는 반응으로 비효소적 갈변에 해당한다. 반응에 영향을 미치는 요인으로 온도, 수분, pH, 당의 종류, 반응 물질의 농도 등이 있다.

35 튀김유 중의 리놀렌산은 산패취를 일으키기 쉬우므로 적은 것이 좋으며, 항산화 효과가 있는 토코페롤을 다량 함유하는 기름이 좋다.

36 그릇의 재질은 금속보다도 열의 전도가 적은 도기가 좋다.

37 **냉각방법**
• 자연 냉각 : 상온에서 냉각하는 것으로 3~4시간 소요된다.
• 터널식 냉각 : 공기 배출기를 이용한 기계식 냉각으로, 22~25℃의 냉각 공기를 이용한다. 2시간 30분 정도 소요되며 대규모 공장에서 많이 사용된다.
• 공기조절식 냉각(에어컨디션식 냉각) : 온도 20~25℃, 습도 85%의 공기에 통과시켜 90분간 냉각하는 방법이다.

38 수분 함량이 낮고 당류가 적을수록 노화가 빠르다.

39 속이 보이는 포장을 통해 소비자가 제품을 식별하도록 하고, 속이 보이지 않는 경우 내용물에 관한 상품 정보 및 전달 표시를 통해 정보력을 높인다.

40 함기 포장(상온 포장)은 일반적으로 기계를 사용하지 않는 포장의 대부분을 말하며 과자류 포장에 가장 많이 쓰인다.

41 소비기한에 영향을 미치는 요인
• 내부적 요인 : 원재료, 제품의 배합 및 조성, 수분 함량 및 수분 활성도, pH 및 산도, 산소의 이용성 및 산화 환원 전위 등
• 외부적 요인 : 제조 공정, 위생 수준, 포장 재질 및 포장방법, 저장, 유통, 진열 조건(온도, 습도, 빛, 취급 등), 소비자 취급 등

42 냉장법은 단기저장 이용법으로, 평균 5℃의 저온에서 식품을 신선한 상태로 보존하기 위한 방법이다.

43 식품의 동결 중에는 변색, 단백질의 변성, 지방의 산화, 비타민의 손실, 건조에 따른 감량, 드립(Drip) 등이 일어나 품질이 저하된다.

44 전분의 노화는 수분 30~60%, 온도 0~5℃일 때 가장 일어나기 쉽다.

45 ② 변패 : 단백질, 지방질 이외의 탄수화물 등의 성분들이 미생물에 의하여 변질되는 현상
③ 산패 : 유지가 산화되어 역한 냄새가 나고 점성이 증가할 뿐만 아니라 색깔이 변색되어 품질이 저하되는 현상
④ 부패 : 단백질 식품이 미생물에 의해서 분해되어 암모니아나 아민 등이 생성되어 악취가 심하게 나고 유해한 물질이 생성되는 현상

46 스펀지 반죽의 기본 재료는 밀가루, 생이스트, 이스트 푸드, 물 등이다. 설탕, 버터 등은 본반죽 시 사용한다.

47 목적(식품위생법 제1조)
이 법은 식품으로 인하여 생기는 위생상의 위해를 방지하고 식품영양의 질적 향상을 도모하며 식품에 관한 올바른 정보를 제공함으로써 국민 건강의 보호·증진에 이바지함을 목적으로 한다.

48 기록관리(식품 및 축산물 안전관리인증기준 제8조)
식품위생법 및 건강기능식품에 관한 법률, 축산물 위생관리법에 따른 안전관리인증기준(HACCP) 적용업소는 관계 법령에 특별히 규정된 것을 제외하고는 이 기준에 따라 관리되는 사항에 대한 기록을 2년간 보관하여야 한다.

49 야토병은 야토균에 의해 발생하며, 사람은 병에 걸린 토끼고기 또는 모피 등에 의해 피부 점막에 균이 침입되거나 경구적으로 감염된다.

50 소포제는 식품의 제조 공정에서 생기는 거품이 품질이나 작업에 지장을 주는 경우에 거품을 소멸 또는 억제시키기 위해 사용되는 첨가물이다.

51 • 독소형 식중독 : 보툴리누스, 포도상구균
• 감염형 식중독 : 살모넬라, 장염 비브리오, 장출혈성 대장균, 캠필로박터, 리스테리아

52 식중독 발생 시 대처방법으로는 현장 조치, 후속 조치, 예방 사후관리가 있다.
③ 전처리, 조리, 보관, 해동관리는 현장 조치사항이 아니라 후속 조치사항에 해당한다.

53 • 간흡충(간디스토마)
  – 제1중간숙주 : 우렁이
  – 제2중간숙주 : 붕어, 잉어 등의 민물고기
• 폐흡충(폐디스토마)
  – 제1중간숙주 : 다슬기
  – 제2중간숙주 : 가재, 게

54 ①은 병실, ②는 음료수, ③은 화장실 및 하수구 소독에 사용된다.

55 소화기 눈금이 녹색에 위치해야 정상이다.

56 제품 설명서 작성 시 포함사항
• 제품명, 제품 유형 및 성상
• 품목제조 보고 연월일, 작성자 및 작성 연월일
• 성분 배합비율 및 제조(포장) 단위
• 완제품의 규격
• 보관·유통(또는 배식)상의 주의사항
• 소비기한(또는 배식시간)
• 포장방법 및 재질, 표시사항

57 • 내부적 특성 : 조직, 기공, 속 색상, 향, 맛 등
• 외부적 특성 : 부피, 껍질 색상, 껍질 특성, 외형의 균형, 굽기의 균일화, 터짐성 등

58 ③ 교차오염을 예방하기 위하여 각 작업이 바뀔 때마다 교체가 필요하다.

59 ① 작업대 주변을 정리하고, 음용에 적합한 40℃ 정도의 온수로 3회 씻는다.

60 ② 작업실의 조도는 300lx 이상으로 밝게 한다.

합격의 공식 시대에듀

SDEDU

교육이란 사람이 학교에서 배운 것을 잊어버린 후에 남은 것을 말한다.

– 알버트 아인슈타인 –

참 / 고 / 문 / 헌

- 교육부(2019). NCS 학습모듈(세분류 : 제과·제빵). 한국직업능력개발원.

- 권영회(2024). 제과기능장이 집필한 제과제빵기능사·산업기사 필기 한권으로 끝내기. 시대고시 기획.

- 식품의약품안전처(2022). 2022년 식품안전관리지침. 식품의약품안전처.

좋은 책을 만드는 길, 독자님과 함께하겠습니다.

답만 외우는 제빵기능사 필기 CBT기출문제 + 모의고사 14회

개정4판1쇄 발행	2025년 01월 10일 (인쇄 2024년 10월 23일)
초 판 발 행	2021년 06월 04일 (인쇄 2021년 04월 30일)
발 행 인	박영일
책 임 편 집	이해욱
편 저	김선영
편 집 진 행	윤진영 · 김미애
표지디자인	권은경 · 길전홍선
편집디자인	정경일
발 행 처	(주)시대고시기획
출 판 등 록	제10-1521호
주 소	서울시 마포구 큰우물로 75 [도화동 538 성지 B/D] 9F
전 화	1600-3600
팩 스	02-701-8823
홈 페 이 지	www.sdedu.co.kr
I S B N	979-11-383-8129-1(13590)
정 가	17,000원

답만 외우는 지게차운전기능사

190×260 | 13,000원

답만 외우는 기중기운전기능사

190×260 | 14,000원

답만 외우는 천공기운전기능사

190×260 | 15,000원

답만 외우는 로더운전기능사

190×260 | 14,000원

답만 외우는 롤러운전기능사

190×260 | 14,000원

답만 외우는 굴착기운전기능사

190×260 | 14,000원

※ 도서의 이미지와 가격은 변경될 수 있습니다.

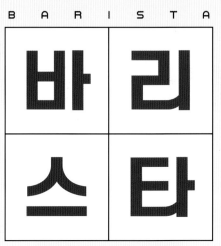

BARISTA

바리스타

자격시험

전문 바리스타를 꿈꾸는 당신을 위한

합격의 첫걸음

'답'만 외우는 바리스타 자격시험 시리즈는 여러 바리스타 자격시험 시행처의 출제범위를 꼼꼼히 분석하여 구성하였습니다. 이 한 권으로 다양한 커피협회 시험에 응시 가능하다는 사실! 쉽게 '답'만 외우고 필기시험 합격의 기쁨을 누리시길 바랍니다.

'답'만 외우는
바리스타 자격시험 1급
기출예상문제집
류중호 / 17,000원

'답'만 외우는
바리스타 자격시험 2급
기출예상문제집
류중호 / 17,000원

※ 표지 이미지와 가격은 변경될 수 있습니다.